能源与环境出版工程
（第二期）

总主编　翁史烈

“十三五”国家重点图书出版规划项目
低碳环保动力工程技术系列

先进燃煤技术与实践

Advanced coal combustion technology and practice

陶邦彦　潘卫国　俞谷颖　李　新　编著

支持单位：

上海电力大学
北京能源与环境学会
中国动力工程学会

上海交通大学出版社
SHANGHAI JIAO TONG UNIVERSITY PRESS

内容提要

本书为“低碳环保动力工程技术丛书系列”之一。主要内容包括我国改革开放40多年来先进燃煤发电技术的发展，大型超临界燃煤发电锅炉机组的设计和运行，系统优化及其制造工艺；整体煤气化联合循环发电技术的研究成果与工程实践经验；膜法、磁致空分富氧燃烧技术，化学链燃烧技术等；有效的电厂提效节能措施和创新理念；探讨我国以燃煤为主的一次能源向多种能源发电的演化趋势。

本书的读者对象为从事能源与生态环保的实践者，大中专学生，科研院校的研究人员、教师和研究生。

图书在版编目(CIP)数据

先进燃煤技术与实践/陶邦彦等编著. —上海:上海交通大学出版社,2019

能源与环境出版工程

ISBN 978-7-313-21898-8

Ⅰ.①先… Ⅱ.①陶… Ⅲ.①燃煤技术—研究 Ⅳ.①TK227.1

中国版本图书馆CIP数据核字(2019)第227524号

先进燃煤技术与实践

编　　著：陶邦彦　潘卫国　俞谷颖　李　新

出版发行：上海交通大学出版社　　地　　址：上海市番禺路951号

邮政编码：200030　　电　　话：021-64071208

印　　制：常熟市文化印刷有限公司　　经　　销：全国新华书店

开　　本：710mm×1000mm　1/16　　印　　张：18.5

字　　数：353千字

版　　次：2019年11月第1版　　印　　次：2019年11月第1次印刷

书　　号：ISBN 978-7-313-21898-8

定　　价：78.00元

能源与环境出版工程
丛书学术指导委员会

能源与环境出版工程
丛书编委会

低碳环保动力工程技术系列编委会

总　　序

能源是经济社会发展的基础，同时也是影响经济社会发展的主要因素。为了满足经济社会发展的需要，进入21世纪以来，短短10余年间(2002—2017年)，全世界一次能源总消费从96亿吨油当量增加到135亿吨油当量，能源资源供需矛盾和生态环境恶化问题日益突显，世界能源版图也发生了重大变化。

在此期间，改革开放政策的实施极大地解放了我国的社会生产力，我国国内生产总值从10万亿元人民币猛增到82万亿元人民币，一跃成为仅次于美国的世界第二大经济体，经济社会发展取得了举世瞩目的成绩！

为了支持经济社会的高速发展，我国能源生产和消费也有惊人的进步和变化，此期间全世界一次能源的消费增量38.3亿吨油当量中竟有51.3%发生在中国！经济发展面临着能源供应和环境保护的双重巨大压力。

目前，为了人类社会的可持续发展，世界能源发展已进入新一轮战略调整期，发达国家和新兴国家纷纷制定能源发展战略。战略重点在于：提高化石能源开采和利用率；大力开发可再生能源；最大限度地减少有害物质和温室气体排放，从而实现能源生产和消费的高效、低碳、清洁发展。对高速发展中的我国而言，能源问题的求解直接关系到现代化建设进程，能源已成为中国可持续发展的关键！因此，我们更有必要以加快转变能源发展方式为主线，以增强自主创新能力为着力点，深化能源体制改革、完善能源市场、加强能源科技的研发，努力建设绿色、低碳、高效、安全的能源大系统。

在国家重视和政策激励之下，我国能源领域的新概念、新技术、新成果不断涌现；上海交通大学出版社出版的江泽民学长的著作《中国能源问题研究》(2008年)更是从战略的高度为我国指出了能源可持续的健康发展之路。为了“对接国家能源可持续发展战略，构建适应世界能源科学技术发展趋势的能源科研交流平台”，我们策划、组织编写了这套“能源与环境出版工程”丛书，其目的在于：

一是系统总结几十年来机械动力中能源利用和环境保护的新技术和新成果；

二是引进、翻译一些关于“能源与环境”研究领域前沿的书籍，为我国能源与环境领域的技术攻关提供智力参考；

三是优化能源与环境专业教材，为高水平技术人员的培养提供一套系统、全面的教科书或教学参考书，满足人才培养对教材的迫切需求；

四是构建一个适应世界能源科学技术发展趋势的能源科研交流平台。

该学术丛书以能源和环境的关系为主线，重点围绕机械过程中的能源转换和利用过程以及这些过程中产生的环境污染治理问题，主要涵盖能源与动力、生物质能、燃料电池、太阳能、风能、智能电网、能源材料、能源经济、大气污染与气候变化等专业方向，汇集能源与环境领域的关键性技术和成果，注重理论与实践的结合，注重经典性与前瞻性的结合。图书分为译著、专著、教材和工具书等几个模块，其内容包括能源与环境领域的专家最先进的理论方法和技术成果，也包括能源与环境工程一线的理论和实践。如钟芳源等撰写的《燃气轮机设计》是经典性与前瞻性相统一的工程力作；黄震等撰写的《机动车可吸入颗粒物排放与城市大气污染》和王如竹等撰写的《绿色建筑能源系统》是依托国家重大科研项目的新成果和新技术。

为确保这套“能源与环境出版工程”丛书具有高品质和重大的社会价值，出版社邀请了杜祥琬院士、黄震教授、王如竹教授等专家，组建了学术指导委员会和编委会，并召开了多次编撰研讨会，商谈丛书框架，精选书目，落实作者。

该学术丛书在策划之初，就受到了国际科技出版集团 Springer 和国际学术出版集团 John Wiley & Sons 的关注，与我们签订了合作出版框架协议。经过严格的同行评审，截至 2018 年初，丛书中已有 9 本输出至 Springer，1 本输出至 John Wiley & Sons。这些著作的成功输出体现了图书较高的学术水平和良好的品质。

“能源与环境出版工程”从2013年底开始陆续出版，并受到业界广泛关注，取得了良好的社会效益。从2014年起，丛书已连续5年入选了上海市文教结合“高校服务国家重大战略出版工程”项目。还有些图书获得国家级项目支持，如《现代燃气轮机装置》《除湿剂超声波再生技术》(英文版)、《痕量金属的环境行为》(英文版)等。另外，在图书获奖方面，也取得了一定成绩，如《机动车可吸入颗粒物排放与城市大气污染》获“第四届中国大学出版社优秀学术专著二等奖”;《除湿剂超声波再生技术》(英文版)获中国出版协会颁发的“2014年度输出版优秀图书奖”。2016年初，“能源与环境出版工程”(第二期)入选了“十三五”国家重点图书出版规划项目。

希望这套书的出版能够有益于能源与环境领域人才的培养，有益于能源与环境领域的技术创新，为我国能源与环境的科研成果提供一个展示的平台，引领国内外前沿学术交流和创新并推动平台的国际化发展！

翁史烈

2018年9月

序　一

在新时代阳光的沐浴下，我国经历了改革开放40多年的风风雨雨，又迎来了新中国成立70周年华诞。本丛书从环保动力的角度反映了我国新老动力科技工作者不忘初心，为实现中华民族的伟大复兴，矢志不渝、艰苦奋斗的精神。科技工作者不断解放思想、破除迷信、学习先进，亲身见证并记录了自主知识产权的创新业绩；通过不断积累和总结前人的实践经验和技术成果，一步一个脚印地推动了我国能源革命和高质量国产化、清洁发电动力装备的发展，表现出对科学和中华文化的自信。

科学技术的大发展历来都是与社会大变革联系在一起的。我国体制上的供给侧改革给能源、环保、装备产业转型带来巨大的发展机遇，使各产业从手工作坊式生产走向工业化革命，从机械化转向自动化，从智能化走向大数据、云计算的信息化时代。在历史的舞台上，不断上演着与时俱进的创新技术的剧情。

我国虽然地大物博，但人均资源却十分短缺。直面当前节能减排的现状，转变思维方式尤为重要。我国可采能源远远跟不上社会经济发展的需要，大量消费煤炭给环境容量和治理污染带来巨大的压力；大量进口油气有能源安全的巨大风险；大量使用化石燃料面临不可持续发展的困境。

高效率、节能减排的超临界发电技术有着自身发展的规律。发展光伏、光热发电，风电以及低温能源是当今能源转型的主要方向。在电力供给侧，发展分布式能源有利于节能提效，充分利用现有的低温能源、工业余热、城市垃圾资源（包括当地的风能、屋顶太阳能、生物质能的再生资源）等。建立有效的区域能源体系和微电网是能源高效利用、地区低碳循环经济发展的必然趋势。此外，第四代核能的研发和未来的核聚变技术将是中长期能源的发展目标。

我国能源利用技术和产品的发展长期以来受体制和经费的约束，产、学、研、用严重脱节，以至于真正付之于实际应用的技术事倍功半。如今企业成为承担科技项目的主体，强调技术落地、开花、结果，在有序的竞争中兴百家争鸣之风气，推动着各自技术的不断升级换代，促进我国企事业的同步改革。

本丛书主要为能源与环保的生产实践者、青年学者、科研院校的研究人员、教师和研究生以及对此感兴趣的读者提供了解多学科、多种技术交集的视野，以改变传统重理论教育、偏学术论文而疏于应用的倾向，使读者了解更多的边缘学科专业知识和新技术的发展信息，取得举一反三、触类旁通的学习和运用效果。同时，也期待行业专家、工匠们为之大显身手，化知识为社会产品和财富，指点能源与环保，同予评说！

倪维斗

2019年2月

序　　二

能源是人类生存和发展的基础。随着经济的快速发展，化石能源消耗量持续增加，人类正面临着日益严重的能源短缺和环境破坏问题，全球气候变暖成为国际关注的焦点。据国际能源署分析，到2030年世界能源需求将增长60%。目前，作为一次能源主要构成的化石能源，由于其不可再生，将在不久的将来被开采殆尽。在此背景下，发展低碳环保技术以实现能源的清洁高效利用对保障能源安全、促进环境保护、减少温室气体排放、实现国民经济可持续发展具有重要的现实意义。

为了实现能源的健康、有序和可持续发展，国家战略布局中已经明确了各类能源发展的总体目标。一方面，与发达国家相比，我国的能源利用效率整体仍处在较低的水平，单位产值能耗比发达国家高4～7倍，单位面积建筑能耗为气候条件相近发达国家的3倍左右。因此，我国在节能方面的潜力巨大，节能减排是当前我国经济和社会发展中一项极为紧迫的任务。为缓解能源瓶颈的制约，促进经济社会可持续发展，一方面，近年来我国相继出台了一系列相关的政策及法规，大力推动能源的高效利用，促进国民经济向节能集约型发展。另一方面，国家大力推动太阳能、风能等可再生能源的利用，与之相关的产业亦得到了迅速的发展。在这样的行业背景下，很高兴看到“低碳环保动力工程技术”丛书的问世。这套丛书不仅对清洁能源利用和分布式能源技术进行了详细的介绍，而且指出绿色环保、清洁、高效、灵活是火电技术今后发展的必由之路。丛书是校企合作成果的结晶，由中国动力工程学会环保装备与技术专业委员会、上海电力大学和上海发电设备成套设计研究院合作编写。丛书共有四册，其内容涵盖传统的燃煤发电技术、清洁能源发电技术及一些高效智能化的能源利用系统，具体包括先进的煤电节能技术、燃煤电站污染物的脱除、太阳能光伏/光热、风力发电技术、生物质利用技术、储能技术、燃料电池、核能技术以及分布式能源系统等。

本丛书有如下特色：内容跨度较大，有广度、有深度，各章节自成体系、相互独立，在结构上条理清晰、脉络分明。

相信本套丛书的出版定会推动低碳环保动力工程相关技术在我国的应用与发展，为经济和社会的可持续发展起到积极的作用，故而乐意为之序。

岑可法

2019年5月

前　　言

《先进燃煤技术与实践》记录了我国改革开放40多年来关于火电工程技术的演化及其装备的发展过程，汇集了许许多多新老动力环保工匠们的研究和实践成果，总结了动力科技发展和技术交流的新信息，体现了产业结构转型时期的“大众创业、万众创新”的时代风貌。

古语云，天道酬勤，厚积薄发。编者梳理了多年来累积的诸多公开资料、文献，从多学科、宽领域总结对热能动力低碳环保理论和实践的认识，以更广阔的视野、多种思维角度、多种研究方法去探索技术与装备发展的未来。

本书是现代火电发电技术与实践相结合的浓缩版，在结构编排上采取叙史记事，以点带面，以项目的工程示范与评议方式，因地制宜地列举一案一例，结合编者的实践与认识编写而成。

本书围绕“创新、协调、绿色、开放、共享”五大发展理念，借鉴国外先进的燃煤燃烧技术和生态环境治理经验，从煤电节能减排、资源化利用，探索常规动力发电设备的性能与结构改进方向，发展低碳循环经济。通过低碳清洁煤的利用技术和资源耦合应用的案例反映了动力科技的进步和复兴中华的新时代精神。这对我国建立绿色低碳循环经济产业体系，加快先进火电技术装备的智能化制造，落实“中国制造2025”的相关指标，大力推进生态文明建设，维护国家能源、生态的安全有着积极的现实意义。

本书分为7章，其中第1章由陶邦彦、潘卫国、俞谷颖负责撰写，论述创新驱动在电力能源中的魅力；第2章由高京生、陶邦彦等撰写，主要介绍煤电技术发展；第3章由李彦、闫霆、杨宗煊、赵中平、俞谷颖、陶邦彦撰写，主要介绍大容量超临界锅炉技术；第4章由陶邦彦、潘卫国撰写，主要介绍空气分离与富氧燃烧技术；第5章由李庆伟、陶邦彦撰写，主要介绍化学链燃烧技术；第6

章由王文欢、高京生、陶邦彦撰写，主要介绍燃煤发电节能技术；第7章由应雨龙、杨道刚、高京生、陶邦彦撰写，主要介绍整体煤气化联合循环(IGCC)技术；附录专题研究由陶邦彦、俞谷颖撰写。全书由陶邦彦负责统稿。

本书适合从事能源与生态环保的生产实践者、科研院校的研究人员、教师和研究生阅读参考，为他们提供了解多学科、多技术交集的思路，并开阔他们发展低碳高效燃煤电站的视野。

编者在编写过程中得到了上海发电设备成套设计研究院(原机械部汽轮机锅炉研究所)燃气轮机专家杨道刚教授、材料专家赵中平教授、锅炉专家杨宗煊教授、自动控制专家吕润泉教授，上海电力大学任建兴教授、朱群志教授、吴懋亮副教授以及许多同仁的支持和建议。在此对为编写本书提供帮助的动力工作者以及清洁高效燃煤发电技术中心表示衷心的感谢！

本书的内容仅是科技百花园中的几束花朵和几个果实而已，难免存在疏漏或谬误，敬请读者批评、指正。

目　　录

第 1 章　绪论——创新驱动在电力能源中的魅力 …… 001
1.1　能源转型的必然性 …… 001
1.1.1　能源结构的演变 …… 001
1.1.2　我国能源消费现状 …… 002
1.2　创新驱动“中国制造 2025” …… 002
1.2.1　“中国制造”的升级换代 …… 003
1.2.2　政策导向 …… 003
1.2.3　低碳绿色电力 …… 004
1.3　现代电力能源与装备的创新 …… 006
1.3.1　环保动力技术的创新 …… 006
1.3.2　产业升级、转型是时代的进步 …… 007
1.3.3　“废物”与资源的转换 …… 009
1.3.4　绿色电力产业管理及转型 …… 012
参考文献 …… 013

第 2 章　煤电技术发展 …… 015
2.1　煤电发展 …… 015
2.1.1　煤电发展要素 …… 015
2.1.2　煤电技术发展趋势 …… 016
2.2　超超临界机组的发展 …… 016
2.2.1　简述 …… 016
2.2.2　发展目标与步骤 …… 018
2.2.3　国内火电发展情况 …… 019
2.3　电站建设中的创意 …… 020
2.3.1　简述 …… 020
2.3.2　电站建设设想 …… 023

2.3.3 电站设备优化 …… 023
2.3.4 实例 …… 025
2.3.5 关键技术问题 …… 026
参考文献 …… 028

第3章 大容量超临界锅炉技术 …… 030
3.1 概况 …… 030
3.1.1 大容量超临界锅炉机组发展 …… 031
3.1.2 700℃超超临界燃煤火电机组研发 …… 032
3.1.3 新一代燃煤火电机组的工程应用 …… 034
3.2 锅炉整体设计 …… 035
3.2.1 机组整体布置 …… 036
3.2.2 燃烧设备 …… 038
3.2.3 超临界压力锅炉水冷壁管屏 …… 044
3.2.4 超临界压力锅炉的水动力 …… 046
3.2.5 主/再热蒸汽特性(控制策略) …… 054
3.2.6 甩负荷特性 …… 057
3.2.7 密封性 …… 058
3.2.8 安全性(锅炉爆管、空气预热器) …… 059
3.3 高压高温材料 …… 061
3.3.1 简述 …… 061
3.3.2 应用材质 …… 062
3.3.3 锅炉用钢 …… 062
3.3.4 锅炉材料研究 …… 063
3.4 系统特性 …… 065
3.4.1 锅炉启动系统 …… 065
3.4.2 点火与稳定燃烧系统 …… 066
3.4.3 制粉系统 …… 069
3.4.4 烟气净化系统 …… 070
3.4.5 一次风布置 …… 071
3.4.6 气力输送 …… 071
3.4.7 蒸汽管道优化 …… 073
3.4.8 补给水系统 …… 076
3.5 关于燃煤电站建设的建议 …… 077

3.5.1 整体系统优化 …… 077
3.5.2 规范新机组容量参数的考量 …… 078
参考文献 …… 079

第4章 空气分离与富氧燃烧技术 …… 082
4.1 概况 …… 082
4.1.1 降能耗 …… 082
4.1.2 几种空分的经济性 …… 083
4.1.3 富氧燃烧的魅力 …… 084
4.2 空分技术 …… 084
4.2.1 成熟制氧技术 …… 085
4.2.2 膜法分离技术 …… 086
4.2.3 磁电极选富氧空分技术 …… 095
4.3 富氧燃烧技术 …… 098
4.3.1 富氧燃烧特性 …… 099
4.3.2 富氧应用实例 …… 099
4.3.3 大机组富氧点火稳燃 …… 106
4.4 富氧燃烧研究与设计 …… 108
4.4.1 富氧燃烧研究 …… 108
4.4.2 富氧锅炉性能设计 …… 114
4.4.3 富氧燃烧产物 …… 119
4.5 建议 …… 125
参考文献 …… 126

第5章 化学链燃烧技术 …… 129
5.1 简述 …… 129
5.2 化学能梯级利用 …… 130
5.2.1 反应体系中的㶲与吉布斯自由能 …… 130
5.2.2 直接燃烧与化学链燃烧 …… 131
5.2.3 化学能级利用 …… 132
5.3 化学链燃烧技术研究 …… 133
5.3.1 气相燃料的试验研究 …… 133
5.3.2 固相燃料的试验研究 …… 136
5.3.3 系统设计研究 …… 142

5.3.4 关键技术 …… 146
5.4 实验案例 …… 150
参考文献 …… 159

第6章 燃煤发电节能技术 …… 161
6.1 概述 …… 161
6.1.1 国内外电站装备的节能情况 …… 161
6.1.2 设计理念创新 …… 163
6.1.3 系统一体化 …… 164
6.1.4 研发绿色燃煤技术 …… 165
6.2 节能减排成果荟萃 …… 166
6.2.1 锅炉侧节能 …… 167
6.2.2 汽轮机侧节能 …… 171
6.2.3 辅机节能 …… 176
6.2.4 运营维护节能管理 …… 185
6.3 问题与建议 …… 189
参考文献 …… 191

第7章 整体煤气化联合循环技术 …… 193
7.1 概况 …… 193
7.1.1 燃煤清洁利用技术 …… 194
7.1.2 国外 IGCC 的发展 …… 201
7.1.3 国内 IGCC 技术的发展 …… 206
7.2 气化炉的研发与实践 …… 210
7.2.1 煤气化炉的一般特性 …… 210
7.2.2 几种气化装置的应用 …… 211
7.2.3 几种气化炉的特性 …… 216
7.3 IGCC 与系统 …… 221
7.3.1 简述 …… 221
7.3.2 合成气燃气轮机 …… 222
7.3.3 余热锅炉——蒸汽轮机循环系统 …… 225
7.3.4 空气分离系统 …… 228
7.3.5 合成气净化与二氧化碳的捕集、存储 …… 232
7.4 案例 …… 242

7.4.1　兖化集团多联产工程 …… 242
7.4.2　天津华能 IGCC 电厂 …… 245
7.4.3　宝钢高炉煤气燃气轮机联合循环机组 …… 247
7.5　几点建议 …… 251
参考文献 …… 252

附录　从制造大国跨入制造强国的新时代 …… 254
Ⅰ.　他山之石——“工业 4.0”之精髓 …… 254
Ⅰ.1　德国工业 4.0 背景 …… 255
Ⅰ.2　主要内容 …… 256
Ⅰ.3　面向世界合作的未来 …… 258
Ⅱ.　“中国制造 2025”——民族复兴之光 …… 259
Ⅱ.1　制造业是最强大的发动机 …… 259
Ⅱ.2　目标和任务 …… 261
Ⅱ.3　发展三部曲 …… 263
Ⅱ.4　路径和措施 …… 265
Ⅱ.5　借鉴国外经验转型 …… 266
参考文献 …… 269

索引 …… 270

第1章　绪论——创新驱动在电力能源中的魅力

“互联网＋”给科技工作者带来了清新的理念、资讯和考查的便捷。然而，面对相关技术专业、经济政策领域内洋洋洒洒的文字堆，梳理出务实创新的独到见解绝非易事。尤其是“互联网＋电力能源与装备”板块，其内容层出不穷，技术炫目多彩。

如何深刻理解创新驱动的内涵，运用其强大的内生动力去创新事物，使研发成果与产业经济紧密联系一起，促使粗放型制造大国成为智能制造的强国，这已经成为当今各行业必须解决的重大课题。让我们凭借新时代赋予的创新驱动环境，总结和梳理我国动力工程技术与装备发展的昨天和今天，持续地创造更美好的明天。

1.1　能源转型的必然性

历史表明，社会大变革的时代，一定是哲学、社会科学大发展的时代[1]。

进入21世纪以来，学科交叉融合加速，新兴学科不断涌现；新一轮科技革命和产业变革正在孕育兴起，全球科技创新呈现出新的发展态势和特征[2]。

我国国民经济的发展主要依靠资源等要素投入，这种推动经济增长和规模扩张的粗放型发展方式是不可持续的。我国科技发展的方向是创新、创新、再创新[3]。政府大力倡导创新发展，不仅包括技术创新、思维创新，还包括体制和运作机制创新，给人以更多创新空间，把人的所有潜在正能量尽可能地发挥出来。

循环经济的发展模式体现着人与自然的辩证统一关系，在突出发挥人的主观能动性的同时遵循自然规律，达到人与自然的和谐。这就是循环经济的高级阶段，是绿色发展的基本内涵。也就是说，绿色发展就是人与自然关系的否定与否定之否定的发展过程，在改造客观世界的同时，既合理利用自然资源又保护生态环境。环保、绿色、低碳的理念正是绿色发展的基本特征。它强调人类主体在经济高效、生态平衡、环境净化下的生活质量，强调可持续循环经济的发展规律。

1.1.1　能源结构的演变

全球能源的需求与供给呈现长期增长的趋势，有限的化石燃料储藏量警示人们：

2015年全球煤炭探明储量仅满足全球生产114年,天然气储量可满足生产52.8年,石油储量有小幅增加,可供使用50.7年[4]。

当今,能源结构正向低碳能源转型。2015年全球一次能源的需求仅增长了1.0%,增幅远低于10年来1.9%的平均水平。燃料供给侧的种类随技术进步而增加。美国的页岩气革命、可再生能源的增长支撑着能源结构的转型。其中石油占全球能源消耗的32.9%,煤炭占29.2%,天然气占23.8%,可再生能源突破2.8%,核电占全球一次能源消费量的4.4%。

能源的开发在于技术创新。我国干热岩地热资源开发潜力巨大[5],最新统计表明3~10 km深度的地热资源总量为2.09×10^{7} EJ,折合为7.149×10^{14} t标准煤。若按可利用率2%计,则相当于中国2010年全年能源消耗总量的4 400倍。

随着深海勘探技术的发展,2017年5月,我国“蓝鲸Ⅰ号”钻井平台在南海成功试开采天然气水合物(可燃冰),甲烷含量最高达99.5%。试开采、连续试气点火60天,照亮南海的蓝天,燃烧着一种新能源的希望[6]。

1.1.2 我国能源消费现状

煤炭仍是我国能源消费的主导燃料,2015年占比为64%,是历史最低值,而近年的最高值是2005年前后的74%。2015年,我国能源消费量占全球的23%,占能源消费净增长的34%;二氧化碳排放降低了0.1%,这是其自1998年以来首次负增长,远低于4.2%的十年(2005—2015年)平均增长水平,也低于0.1%的全球平均增长。

在非化石能源中,太阳能增长(+69.7%)最快,其次是核能(+28.9%)和风能(+15.8%),核能增长高于过去十年(2005—2015年)平均值12.4%的两倍。水电在2014年增长了5.0%。可再生能源全年增长20.9%。仅十年间,我国可再生能源在全球总量中的份额从2%提升到17%。

通过推动能源结构优化,到2020年,全国万元国内生产总值能耗比2015年下降15%,能源消费总量控制在50亿吨标准煤以内[7]。

展望未来,2035年我国在全球能源消费中的占比仍超过25%,对全球能源需求的占比从2015年的23%升至26%,占全球净增长量的35%。我国能源结构演变如下:煤炭占比从2015年的64%降至2035年的42%;天然气比重翻了近一倍至11%,石油的比重从18%升至20%;石油进口依存度从2015年的61%升至2035年的79%。天然气进口依存度从30%升至2035年的40%[8]。

1.2 创新驱动“中国制造2025”

创新是引领社会发展的第一动力;协调是持续健康发展的内在要求;绿色是永续

发展的必要条件;开放是国家繁荣发展的必由之路;共享是中国特色社会主义的本质要求。这是破译当前和今后一个时期发展难题的答案。

1.2.1 "中国制造"的升级换代

2014 年 5 月,习近平总书记在河南考察时提出"推动中国制造向中国创造转变、中国速度向中国质量转变、中国产品向中国品牌转变",对"中国制造"升级换代做了精辟的论述[9]。

1) "互联网+"功能

"互联网+"是"创新 2.0"下互联网发展的新业态,是知识社会"创新 2.0"推动下的互联网形态演进及其催生的经济社会发展新形态,是大众创业、万众创新的新工具。

"互联网+工业"即传统制造业采用移动互联网、云计算、大数据、物联网等信息通信技术,改造原有产品及研发生产方式,与"工业互联网""工业 4.0"的内涵一致。

2) "互联网+"特征

"互联网+"具有六大特征:①跨界、变革、开放和融合;②创新思维、驱动求变;③重塑功能性结构;④尊重人性;⑤开放生态、化解制约因素;⑥连接一切为目标。它为大众创业、万众创新提供优良环境,成为中国经济提质增效升级的"新引擎"。

3) "互联网+电力能源与装备"促进电力构成的变革,促进电站智能制造业

"互联网+电力能源与装备"开拓了电力技术的发展空间。在实施生态环保标准、高效利用能源的整体框架下,涌现出许多新技术交集的平台,这些平台犹如长江后浪推前浪,加快了各专业学科交集向纵深发展,特别是明确了企业为发展的主体,扫除了行业分隔的樊篱,组合为接地气的"产学研管用"的合作模式,极大地发挥了人的主观能动性,促进电力构成的变革,促进电站智能制造业的转变。创新驱动是事物发展最大的内动力,是中国梦的源泉。

1.2.2 政策导向

我国的国民经济改革告别了计划经济,步入政策指导下的市场经济,促使能源、生态环境紧密而有机地联系在一起。政策指导下的市场经济有力地推动了电力科技创新,为企业产品的升级换代和产业转型服务。改革实践充分证明了政策指导下的市场经济的正确性和有效性。

1) 创新规划

2016 年 7 月 28 日,国务院颁发了《"十三五"国家科技创新规划》(简称《"十三五"规划》),从创新主体、创新基地、创新空间、创新网络、创新治理、创新生态六个方面提

出建设国家创新体系的要求。在发展的五大主要领域中，列入动力工程的相关内容有绿色低碳新能源、核技术、节能环保、高端装备与新材料产业等。

《"十三五"规划》突出了科技与经济的结合，科技与创新的结合。其中一大亮点就是从整个创新链条规划，涵盖了从研究开发一直到产业化的全过程。创新不仅仅是一个科技概念，更是一个经济概念。创新是综合作用的结果，研究和开发只是创新的一个环节。

《"十三五"节能减排综合工作方案》要求加快节能减排共性关键技术研发示范推广，加快高效超临界发电、低品位余热发电、小型燃气轮机、煤炭清洁高效利用、垃圾渗滤液处理、多污染协同处理等新型技术装备研发和产业化。

2) 催生节能环保的创意

我国能源与生态环境的改革借鉴了国外行之有效的经验(环境税、排污权交易政策、环境产业政策、生态补偿等)，通过发展绿色经济的政策，建立健全完善的能源与环境政策体系构架，规范市场健康发展。

清洁能源涵盖许多学科的研究内容。环保型火电技术正处在变革的前沿，有大量创新点。在具体项目上，清洁能源可能是治理的个案，从整体看，它具有系统工程的特征，具有普遍性。在相应政策的环境下，它会催生大量创意，开拓新能源、新型环保技术装备的发展空间。

在科学理论的指导下，人们的无限创意转变为科学研究、生产实践的巨大动力。摆在我们面前的创意有：

(1) 改变现有的热电转换方式，大力发展梯级能源利用装备，减少电厂排放热量，减轻对周边环境的热污染，回收更多的热能，提高资源利用率。

(2) 利用自然界的再生资源(风、光、水、生物质能、干热岩等)，提高再生能源占总消耗能源的百分比。

(3) 利用发电过程以及生活中的废弃物，通过人们的创意改变污染物的物质形态，重新赋予它生产原料或商品的属性，实现科学的循环经济。

目前，可以说利用梯级能量发电是热能工程中提高能源利用率的最大创意。在工程实践中涌现出许多新的节能环保理论、技术和装备，为利用梯级能源开辟了更广阔的天地。

在推进环保火电装备的产业化中必须建立配套可实施、行之有效的管理体制，有效开展前瞻性产品的研发项目。

1.2.3 低碳绿色电力

电力行业是我国经济的重要支柱，以化石能源为主要燃料的火电行业，能源消耗大，污染排放量高，CO_2 排放量占全国碳排放总量的50%以上。降低能源消耗，减少碳排放，积极发展清洁煤电、低碳经济是中国火电企业发展的必经之路。火电厂历来是很大的污染源，治理电厂“三废”要从根本上着眼，建设资源节约型、环境友好型的低碳绿色电力。

1）研究对象

低碳、绿色电力是人类命运共同体共同奋斗的目标。可是，限制温室气体排放、有效控制气候变化与经济社会对能源的需求相矛盾，因此亟须开发清洁能源。各国因地制宜，依据资源储备采取不同的技术发展路线。我国能源特点是煤炭多、油气少，发电燃料以煤为主。因此，火电厂在解决清洁高效利用燃料的同时，要求兼备脱污、脱碳功能；不断提升再生能源和核电的占比份额，构建我国清洁能源体系。绿色能源必然成为终极目标。

2）研究方法

循环经济和低碳经济同属于绿色经济的两种经济发展模式，两者是整体与局部的关系。低碳经济（见图 1－1）是发展循环经济（见图 1－2）模式的应用。

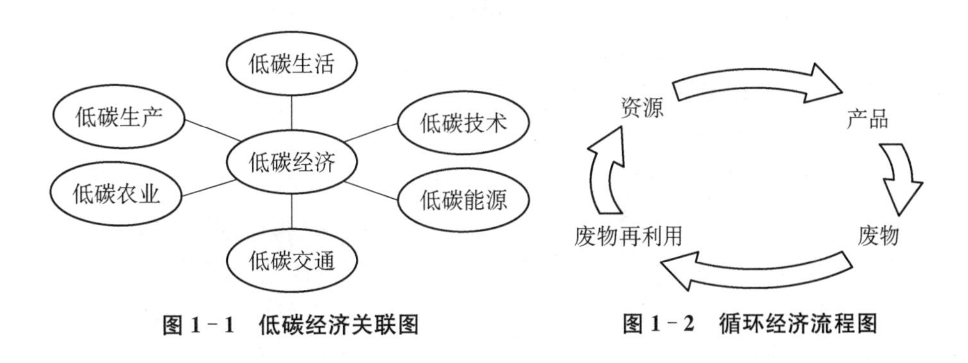

图 1－1　低碳经济关联图　　图 1－2　循环经济流程图

低碳经济更在意经济发展与能源消费造成的碳排放“脱钩”，通过任何形式实现碳排放与经济的此消彼长（碳排放低增长、零排放或负增长）；循环经济则以高效能循环利用资源为核心，即以“减量化（reduce）、再利用（reuse）、资源化（resource）”（3R）为原则，以低消耗、低排放、高效率为基本特征，体现出 3R 与生态环境友好的协调关系，反映着这对矛盾的对立与统一。

影响低碳排放的因素：①产业结构和能源结构不合理；②环保技术水平相对落后；③消费观念跟不上时代的发展要求[10]。

在绿色经济的模式中，低碳经济、循环经济是发展绿色电力的关键词。凭借现代的科技水平解决“做什么”“怎样做”的问题，也就是说，寻找恰当的技术、工艺以适合这种经济模式。

以前，我国在技术引进、吸收消化过程中，往往借鉴国外的经济发展模式及其工艺。现在，学术上不需要“言必称希腊”，“鞋子合不合脚自己穿着才知道”。只有走适合我国国情的道路，最终才能走得通、走得好。

3）评价与协调

社会正在快速发展，人们的环保意识不断提高，折射在电力环保技术与装备的发展上，反映了不断深化改革的思想和丰富的创新内容。

学术成果评价体系是指挥棒，建立客观公正的评价体系有利于有序规范市场，有利于认识理论创新内涵的真正价值和生命力，有利于服务大众，有利于解决发展中的难题。

循环经济本质上是生态经济，它以物质的高效利用和充分循环利用为核心，使经济活动对自然环境的影响降低到尽可能小的程度，实现社会、经济与环境的可持续发展，强调人、自然、社会经济和谐共生。

环保型火电装备制造业要想在激烈的社会竞争中持续生存发展，就必须改变传统的生产模式，调整产业结构、进行供给侧结构性改革[11]。到 2020 年，煤炭占能源消费总量比重下降到 58%以下，电煤占煤炭消费总量比重提高到 55%以上，非化石能源占能源消费总量比重达到 15%，天然气消费比重提高到 10%左右[7]。

1.3 现代电力能源与装备的创新

发电形式多种多样，虽然不同的发电方式有着不同的内容，但是在遵循其科学规律、实施产业化的原则上是一致的。近年来环保动力技术创新亮点频现，一批又一批的高科技开发项目和重大工程装备在国际演示平台展出，让世人刮目相看。

外高桥第三电厂实现了高于 46%的供电净效率，为世界发电行业树立起火电的"中国标杆"。大型重点工程有燃煤电厂烟气超低排放改造、第三代核电的"华龙一号"、CP1000 核电工程的投建。超导托卡马克实验装置(EAST)在全球首次实现了上百秒的稳态高约束运行模式，让 5 000 万摄氏度等离子体持续 100. 12 s，领先于国际热核聚变实验堆计划(ITER)的数据等[12]。

敦煌 10 MW 熔盐塔式太阳能光热电站，其装备采用 5 800 t 熔盐作为吸热、储热和换热的介质系统，配置有 138. 3 m 高的吸热塔，环形围绕布置着由 53 375 片镜子组成的 1 525 面定日镜，圆满地实现了 24 小时连续发电运行[13]。

总之，在自主创新驱动下，全国不少重大的动力工程项目将不时闪亮登场。

1.3.1 环保动力技术的创新

基于有限资源与无限需求、环境脆弱性与地域容纳量窄小等绕不开的难题，我国《电力发展"十三五"规划》制订了电力工业发展方向、目标和路径，实践"创新、协调、绿色、开放、共享"的发展理念。

1）节能环保，创意无限

1956 年我国第一台 6 MW 汽轮发电机组（见图 1－3）的问世，凝聚着几代人的不懈努力，标志着发电动力装备从技术引进跨入大型装备的自主制造时代，为了这一跨越，我们走过了艰难创业的历程。

图 1－3　典型的百万机组发电装置

火电厂节能环保不断深化，其内容如下：

（1）改造常规火电厂污染物排放系统，实现烟气超低排放、废水零排放、CO_2 捕集储存和利用（CCUS）。

（2）提高燃料利用率，节能、减排、降能耗；研发高效发电技术、先进可靠的热力循环系统与装备。

（3）降低发电用化石燃料的比例，发展风电、光电、生物质能等再生清洁能源及核电。

（4）考察发电装备的生命周期，研发低碳环保发电装备，遏制温室气体排放增量。

2）新标准、新法规引领创新

我国执行《火电厂大气污染物排放标准》（GB13223—2011）。2014 年新法规规定了在含氧量为 6%的条件下达到天然气燃机的排放限值（烟尘为 5 mg/m^3、SO_2 为 35 mg/m^3、NO_x 为 50 mg/m^3），使煤电行业兴起烟气脱污的改造，变污染源为清洁生产，并推动了非电行业节能减排的技术改造。

3）多学科的环保与发电装备创新

环保是一门涵盖多领域的综合学科，火电环保是其中的重要子项之一。它不仅影响企业效益和周边生态环境，还与管理体制关联，是一项实践性很强的系统工程。

我国现有的产学研体制上还留有不少计划经济的痕迹，学科分类上保留过细的研究分工，各行各业分工很细，归口不一，以至于组建复合型的研发团队很重要。

电力“十三五”规划呼唤着智能清洁煤-能-电技术和装备的面世，着重强调煤电污染问题必须从源头解决，发展多种梯级能发电技术，攻克各种发电装备的智能制造关。

1.3.2　产业升级、转型是时代的进步

多重频发的生态危机迫使人类对传统生产、生活方式、思维观念进行全面反思，进行科学技术全方位的变革。转型是主动求新、求变的过程，是指客体事物的结构、

运营模式和主体观念发生根本性转变的过程，是创新过程的终极形态。不同客体的转型状态与客观环境的适应度决定其转型内容和方向的多样性。

当今，绿色经济成为变革的核心内容。节能、提效、合理控制能源需求成为能源战略之首。我国经济已走到了一个必须转型发展的关键期，即由“以粗放型供给满足增长过快的需求”向“以科学的供给满足合理需求”转变；从资源的低效、高消耗向资源的节约高效利用转变。

环保火电产业的任务是将以前节能与环保分离的状态有机地统一起来。产业升级的目的不仅要变革现有功能单一的环保装备为多功能的环保装备，而且要寻找更有效消除污染的节能环保型火力发电方式以及相关联的循环经济产业，推动污染控制、减排、污染处理与废物综合处理服务的产业，有力地促进低碳技术和循环经济可持续发展。

1）新技术

创新发展是人类认识客观世界的能动过程。人类探索的本能使我们总能学会认知周遭的变化，当运用逆向思维、多角度地去思索应对事物的缺陷或不足时，认识就会取得进步。

无论是技术创新，还是新材料的问世以及与之相应的新工艺的支撑，都能引发新产品的开发，而其经济性的评价决定了实用性工艺的选择。不少新技术受制于约束条件而期待未来突破。

在社会科学和自然科学的实践中往往酝酿着新理念，一旦突破理论必将推动一波新技术产生。这种例子比比皆是，如富氧/化学链燃烧技术、低沸点新工质、薄膜分离技术等。

(1) 应用燃料能级开拓了动力装备及系统节能降耗的空间。当锅炉机组系统压力、温度参数提效接近极致，布雷顿循环的高温优势尤为突出，两者组合的高效率联合循环应用成为必然。

(2) 富氧/化学链燃烧技术适应火电机组的低碳排放要求。随着碳税、碳交易政策的出台，新的经济富氧空气分离、富集二氧化碳（CO_2）的燃烧技术将大有用武之地。

(3) 低沸点工质的应用技术有助于余热、地热、干热岩、海水等低温热源的利用，有助于提高设备热效率。不少研究者探索低沸点工质的超临界特性，有望实现动力装备的高效热效率。

(4) 薄膜分离技术受到了动力环保市场的特别关注。烟气净化、废污水零排放以及燃料电池的应用都离不开膜技术和膜产品。

(5) 以低碳经济为导向的电力技术集成是新时代能源经济发展的必然趋势。无论是传统火电发电系统还是区域分布能源的非传统发电供热系统都将会沿着这一终极目标发展。目前已经或者正在形成的集成技术有高参数动力发电技术（动力装备制造技术、机组运行调负荷调峰技术、智能电控电网技术等），燃煤火电烟气的洁净排放技术（脱硫岛，包括除尘、脱硝、消白烟技术），废水零排放技术（电厂水平衡），储能技术（储电-储能转换），富氧空气分离技术（空分岛），分布能源体系技术（包括余热发电技术，再生能源发电或与火电耦合发电以及微电网等），废弃物转换资源技术（垃圾发电、生物质利用技术）和先进的核电技术（第三代、第四代）等。

2）新材料

新技术的开发总离不开适用的新材料：发电机组参数的提升依靠耐高压高温的新钢种；稀土合金如第三代稀土永磁钕铁硼（NdFeB）广泛应用于机电及其他需永磁的装置和设备中；薄膜材料的开发使水处理分离（微滤、反渗透、超滤、电渗析等）技术突飞猛进，其应用又延伸到气体分子的分离，为制取需要的气体降低了能耗。新材料是创新技术的基础。

3）新工艺

新工艺是新技术产业化的支撑。在制订新产品的技术路线、制造工序时，适用的新工艺总与市场接受的生产成本挂钩。大量专利技术在产业化之前，只有尽快落地生根发芽，才免除被束之高阁。显然，在新产品的研发阶段更需要接地气的技术，需要政策方面的扶持。

4）新体制

“中国制造 2025”为电力产业绘制了大发展的宏图，冲击着过时的、不合理的结构与体制，要求大力发展再生能源、核电，建立经济区域内的分布能源体系和微电网，改变常规电网一网独大的局面。建设区域分布能源体系势不可当，尤其是弃风、弃光和弃水电的现象必须从体制构建中妥善解决。

1.3.3　“废物”与资源的转换

任何加工过程中的副产品或废弃物都是物质资源，重新利用便成为产品，弃之便成为垃圾，关键在于转化技术或再加工工艺能否达到约束条件下的先进水平。

以生态环境为代价的电力能源建设是不可持续的，它只能是竭泽而渔，恶化生存环境，危及生态安全。我们要金山银山，更要青山绿水，青山绿水就是金山银山；完善、延伸“废物”转换的资源链成了环保领域又一重大课题。

1.3.3.1　超低排放与零排放

锅炉废烟气、废水和灰渣一直是电站环保的整治重点。随着环保标准的提高，电站的“三废”治理向纵深发展。

（1）过程废物量的控制开启烟气“超低排放”协同治理下的循环经济，为发展后续的循环经济奠定基础。电厂清洁煤的利用过程大致分三步走：第一步，大量烟气废弃物达标排放，包括《煤电节能减排升级与改造行动计划(2014—2020年)》的限值排放；第二步，提高能源利用率，有效降低二氧化碳排放量；第三步，控制碳排放，实施低碳经济。

目前，我国东部地区火电厂的第一步改造基本完成；中西部地区的火电烟气排放改造将于2020年全部完成；非电行业烟气排放改造正在展开。第二步正在进行碳捕集与存储(carbon capture and storage, CCS)的研究和碳捕集和利用(carbon capture and utilization, CCU)示范。第三步正在探索矿化技术的产业化路径，推广中试的研究成果。

(2) 力争实现废水零排放。我国淡水资源匮乏，而电力行业又是用水、排水大户。这有悖于国民经济的均衡发展。开展火电厂水平衡、水资源梯级利用，实现废水零排放势在必行。目前电厂的冷却塔、烟囱每天排放着大量的水蒸气。从电厂系统节水的角度看，我国在研发深度冷凝回收水蒸气的创新技术与装备方面取得了显著效果。

(3) 降低碳排放。杭州G20会议增强了世界各国对温室气体控制的信心和决心。低碳经济就是以技术创新、制度创新提高能源利用率，是构建以清洁能源体系为核心的经济发展模式。发展低碳经济成为各国的紧迫任务，针对燃煤电厂烟气CO_2的捕获、矿化和催化，开展碳排放交易，打造CCUS产业链。

我国碳排放现货远期交易的第一个市场于2016年4月27日在湖北武汉开放，启动交易量达680.22万吨，成交金额为1.5亿[14]。几种能源的碳排放系数见表1-1。

表1-1　几种能源的碳排放系数

能源种类	原煤	原油	柴油	燃料油	天然气
碳排放系数	0.755 9	0.585 7	0.592 1	0.618 5	0.448 3

数据来源：中国统计年鉴。

1.3.3.2　能源、资源的转换

1) 城市生活垃圾转换能源

我国正在将城市生活垃圾的消极管理模式转变为积极主动的管理模式，将废物转化为资源。

垃圾焚烧发电技术经过30余年的发展，相关核心设备均已实现国产化。《“十三五”生态环境保护规划》指出，垃圾焚烧发电将是“十三五”发展重点，到2020年，垃圾焚烧处理率达到40%。到2019年，全国建成的生活垃圾焚烧厂近400座，基于我国城市的垃圾情况，运营设备排放限值达到甚至一些限值超越了欧盟2000排放标准。对于生活垃圾产出量小的广大农村地区，适宜用气化技术消纳生活垃圾，通过中低温

还原降解法可将生活垃圾转换成可燃气、轻油、碳粉等资源[15]。

2）核废料的嬗变技术

核能安全、核废料的处置已经困扰着各国核电发展，尤其是世界上几次核事故使一些国家、地区不得不放弃核电，规避核危险。面对核资源的有限性和极大危害性的世界性难题，各国倾力研究核燃料全闭式循环。目前，第一代核反应堆技术已进化为第三代和第四代堆。为提高核能利用率、减少核废料，各国展开钚和铀混合氧化物(MOX)燃料的应用和加速器驱动次临界系统(accelerator driven sub-critical system, ADS)的研究。

中国科学院团队运用 ADS 嬗变处理核废料[16]，可使之在 300～700 年内降低到普通铀矿的放射性水平，其核废料体积（玻璃化后可）减少至开环模式的$\frac{1}{50}$和分离铀/钚闭式循环模式的$\frac{1}{10}$左右，基本上可解决地质存储的核废料容器和地质条件存在的问题。

加速器驱动铅铋冷却反应堆(China lead-bismuth eutectic cooled accelerator driven reactor, CLEAR)具有较硬的中子能谱和高效的次锕系核素嬗变能力，嬗变支持比可达到 11 以上，每年可处理 11 套标准压水堆卸出的高放核废料；而快堆由于受到运行稳定性的限制，其支持比只能达到 2～5[17]。

核能技术正朝着终极技术“人造太阳”发展。对于一个 1 000 MW 的电站需要 50 万吨煤，常规核电站需要 30 吨核燃料，而同样级别热核聚变电站仅需要 100 kg 重水和金属锂。

我国下一代核聚变装置的建设以及与国际核聚变清洁能源的合作开发，为核电安全持续利用奠定了坚实的技术基础。

1.3.3.3　系统协同循环

1）清洁煤电＋CCUS

目前清洁煤的利用技术投资高、运行费用高，这恰恰也是对动力工作者协同治理烟气污染、降低成本的挑战。CCUS 的研发是多赢的技术。

2）多联产煤化工技术

打开化工多联产之门，实现能源高效利用，可为企业创造良好的经济效益。我国兖化集团首座煤气化电力-甲醇联产示范工程的运行试验对系统的各种运行模式进行数据采集、分析、比较和评价，得出联产系统比分产系统的总能利用效率高 3.14％的结论，验证了联产系统的优越性。从产品收益角度考察，多联产系统收益丰厚。而国产单一发电的整体煤气化联合循环(integrated gasification combined cycle, IGCC)示范电站受约束条件的限制，投资与效益有相当距离。如能实现供热、制冷、发电的多联产,那么单一发电的IGCC装备更适合列入地区的分布能源体系。

3) 多级发电技术

探索燃料能级利用,如生物质与燃煤耦合发电、采用高温燃料电池与燃气轮机联合循环发电配套,其理论的能源利用率将会很高。目前,该组合技术的系统受到可靠性、投资及运行成本的制约,需要加大探索的力度。

1.3.4 绿色电力产业管理及转型

电力产业结构性转型属于电力供给侧改革的重要内容,需要刚性的政策导向。

1) "加减法"

2015年11月召开的中央财经会议首次提出"着力加强供给侧结构性改革",阐述供给侧结构性改革的现实依据、深刻内涵、根本目的和工作要求。推进供给侧结构性改革要处理好"减法"和"加法"之间的关系。

(1) 精准施"减",淘汰落后的热能装备和过剩产能,为新颖的电力装备产业发展腾出更多资源,做好产业结构优化升级,加快改造传统产业为智能制造。

(2) "加"出成效,"改"出活力。扩大有效供给和中高端产品的供给,为经济增长培育新动力;做好供给侧结构性改革的"加法",发展高新技术产业,防止盲目投资、重复建设、浪费资源,改出活力。

2) 产业转型是一种量变到质变的过程

燃煤电厂一直是环境的污染源。在电厂的"三废"治理中,从单一排放指标的治理转向综合治理的实践改变了人们对环保重要性的认识。火电厂在执行相关新法规后发生了质的变化,给煤电机组以清洁的效果,给人以清新的环境享受。

3) 清洁煤电的突破口

脱碳是燃煤清洁利用的一道严厉关卡。在现有的火电机组上实施CCS,势必造成机组效率大幅降低,导致发电成本增加。探索新的高效燃烧技术(富氧燃烧、化学链燃烧等)和新颖的发电装备是中国制造的一大挑战;实行碳税交易则是制度的创新。两者相辅相成,相得益彰。

4) 电网供给侧改革

2017年中国配电技术高峰论坛以"配电技术创新,建设世界一流现代配电网"为主题,引领配电技术的发展潮流和方向。

电力产供销的链接由发电—输电—变电—配电—用电五个环节构成。从电力供需侧划分,电网中心通过信息系统、物流和能量流的系统灵活融合满足用户用电的各种需求。其中发电系统有常规电厂和分布能源的非常规电力系统两类,以此构成规模大、系统结构复杂、点多面广的配电网特点[18]。

通过一套遵循IEC61968/61970标准的国家电网统一配电模型标准,可构建有效支撑智能化运维管控的电网配电环节(配电自动化系统、设备运维精益管理系统——PMS2.0、智能化供电服务指挥平台)。

分布能源系统为非传统电网系统,有着孤岛运行模式的微电网,可以集成周边的可再生电源,包括屋顶光伏发电、余热余压发电、生物质能发电等,作为大电网的拓展。常规电网与非传统电网系统相互补充,利用中小电站灵活的应变能力,调节电能供需平衡,有利于发挥大机组高效、高利用率的优势。

采用地方售电、实施电价精准服务;放开直购电交易的措施打开了再生能源、天然气分布式能源余电上网的大门[19];推进售电侧的改革试点,落实输配电电价改革的政策。这对“互联网+电力能源与装备”促进电力构成的变革,促进电站智能制造业有着至关重要的积极作用。

综上所述,创新驱动的本源在于发挥人的主观能动性,冲破电力能源体制上阻碍生产力发展的藩篱,运用科学的辩证规律,落实任务、勇于担当。在国家《能源发展“十三五”规划》和《能源发展战略行动计划(2014—2020 年)》的指导下,创造低碳绿色发电装备、智能制造的中国发展模式,为地球村的大家园作出更大贡献!

参考文献

[1] 习近平. 习近平在哲学社会科学工作座谈会上的讲话[EB/OL]. (2016-05-17)[2016-05-18]. http://www.xinhuanet.com//politics/2016-05/18/c_1118891128.htm.

[2] 习近平. 把关键技术掌握在自己手里[EB/OL]. (2014-06-09)[2016-04-19]. http://news.sohu.com/20160419/n444989847.shtml.

[3] 习近平. 习近平出席两院院士大会开幕会并发表重要讲话[OL]. [2018-05-28]. http://news.cctv.com/2018/05/28/ARTIppXGM9bTWs4XhX2JoKeS180528.shtml.

[4] 钱伯章,李敏. 世界能源结构向低碳燃料转型——BP 公司发布 2016 年世界能源统计年鉴[J]. 中国石油和化工经济分析,2016,8:35-39.

[5] 杨丽,孙占学,高柏. 干热岩资源特征及开发利用研究进展[J]. 中国矿业,2016,25(2):16-20.

[6] 李刚,常钦. 中国首次可燃冰试采圆满结束连续试气点火 60 天[N]. 人民日报,2017-7-31.

[7] 国务院. “十三五”节能减排综合工作方案[EB/OL]. (2016-12-20)[2017-01-05]. http://www.gov.cn/zhengce/content/2017-01/05/content_5156789.htm.

[8] BP 集团.《BP 世界能源展望》(2017 版)[OL]. [2017-3-31]. http://www.bp.com/zh_cn/China/reports-and-publications/_bp_2017_.html.

[9] 梅克保. 把我国经济发展推向质量效益时代[N]. 人民日报,2014-12-26(7).

[10] 田义文,李芋蓁,张明波,等. 论低碳经济与循环经济的协调发展[C]. 低碳陕西学术研讨

会,西安:2010.
[11] 陶邦彦,徐洪海.火电环保装备发展中的创意、创新与转型[C].贯彻“十二五”环保规划、创新火电环保技术与装备研讨会,张家界:2011.
[12] 吴长锋.我国下一代“人造太阳”启动工程设计[EB/OL].[2017-7-17].http://www.cnnc.com.cn/cnnc/300555/300561/485322/index.html.
[13] 北京首航艾启威节能技术股份有限公司.关于敦煌 10 兆瓦熔盐塔式太阳能光热电站并网发电的公告[EB/OL].[2016-12-27].http://data.eastmoney.com/notices/detail/002665/AN201612270219298220,%7Bgpmc%7D.html.
[14] 吴文娟,张熙.全国首个碳排放权现货远期交易产品推出[N].湖北日报,2016-4-28.
[15] 陶邦彦,潘卫国,陈鸽飞.城市生活垃圾无氧热裂解转化技术的展望[J].发电设备,2015,29(3):231-233.
[16] “未来先进核裂变能——ADS 嬗变系统”战略性先导科技专项研究团队.“ADS 嬗变系统”战略性先导科技专项及进展[J].中国科学院院刊,2015,30(4):527-534.
[17] 柏云清,汪卫华,蒋洁琼,等.加速器驱动核废料嬗变堆 CL E A R 概念设计[C].第五届反应堆物理与核材料学术研讨会、第二届核能软件自主化研讨会,重庆:2011.
[18] 宁昕.国家电网公司智能配电网顶层设计技术路线[R/OL].(2017-07-20)[2017-07-26].http://www.sohu.com/a/160139584_313719.
[19] 中国投资咨询网.成都放开天然气分布式能源余电上网电价[OL].(2017-08-03).www.ocn.cn/touzi/chanjing/2.

第 2 章　煤电技术发展

经济学是一门研究人类经济行为和经济现象的学科，是实践中进行权衡取舍的学问。我国人口、资源、环境和经济等可持续发展的四大问题都与能源资源及其开发利用密切相关。如何实现能源可持续利用和经济可持续发展？发展清洁高效的发电机组成为动力行业发展的主要任务。

2.1　煤电发展

我国能源稀缺和环境恶化的问题成为实现经济可持续发展和“中国梦”所面临的重大挑战[1]。我国动力燃料以煤炭为主，为适应经济的崛起，煤电大发展势在必行。

2.1.1　煤电发展要素

国民经济发展的事实充分证明，社会主义市场经济的良好运行需要市场和政府两方面有机统一、相互补充、相互协调、相互促进。让“看不见的手”充分施展，让“看得见的手”有效调控，归根到底是要提高资源配置的效率，以尽可能少的投入获得尽可能大的收益，以非同一般的能量和动力，创造出世所罕见的经济发展奇迹[2-3]。

低碳经济是一种以低能耗、低排放、低污染为特征的可持续经济发展模式。有学者从低碳经济发展对能源结构要求的角度提出社会经济效益、能源规划效益和环境效益三个维度，以考察各维度构成要素的消长[4]（见图 2－1）。

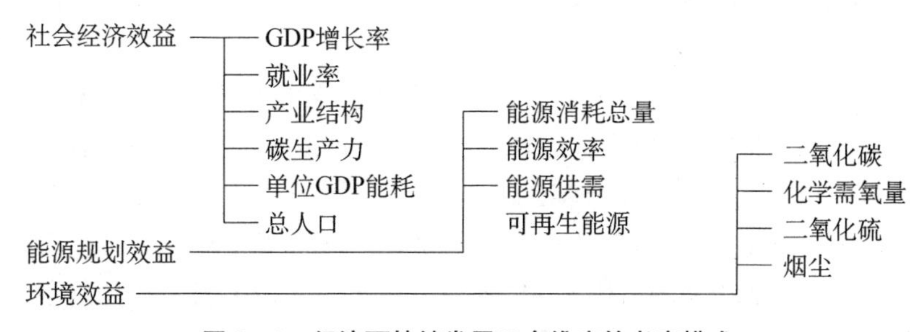

图 2－1　经济可持续发展三个维度的考察模式

2.1.2 煤电技术发展趋势

改革开放以来，随着我国国民经济的增长，电力行业突飞猛进，创造了世界奇迹。许多新技术取得了丰硕的研究成果，例如超临界机组、整体煤气化联合循环（IGCC）示范机组、空冷发电技术的应用、富氧燃烧和增压流化床联合循环（PCFB）等新技术的探索，尤其是超临界燃煤发电工程的大发展更是喜人。原国家计委及经贸委启动"九五"重大装备国产化"600 MW 超临界火电机组研制"项目，在市场技贸结合为导向下，火电机组蒸汽参数经历了从高压高温、超高压到亚临界、超临界的发展过程，并向超超临界 700℃的巅峰进军[5]。同时，政府加大电厂污染物的治理力度，坚持两条腿走路，特别是环保一票否决制度实施后，火电厂的环保力度得到了加强，为实现我国电力工业低碳、绿色发展提供了保障。

当今，我国把大幅度提高火电机组的发电效率、加速发展洁净燃煤技术的超临界机组作为可持续发展、节约能源、保护环境的重要举措。

2.2 超超临界机组的发展

世界经历了石油、金融危机之后，在 20 世纪 90 年代欧洲、美国、日本相继推出超超临界燃煤发电计划，在研发超临界高温材料的同时开展循环系统和组件的优化研究，以实现电站整体设计布局合理、减少镍基用料量的目标，控制投资和建设周期。国外电力技术的发展经验值得借鉴。

2.2.1 简述

世界上第一台试验性的超临界机组是西门子公司制造的。1949 年苏联安装了第一台超超临界试验机组，直流锅炉出口参数为 29.4 MPa、600℃（12 t/h），经节流至 15 MPa 后通入汽轮机；以后又生产了 29.4 MPa、650℃型号为 P－100－300 的 100 MW 机组，作为改造中压机组的前置级。

1956 年联邦德国投运 1 台参数为 34 MPa、610℃/570℃/570℃，容量为 88 MW 的机组。

美国在 20 世纪 50 年代末投运了 2 台具有代表性的超超临界机组：菲罗电厂 6 号机组，容量为 125 MW，参数为 31 MPa、621℃/566℃/538℃；艾迪斯顿电厂 1 号机组，容量为 325 MW，参数为 34.3 MPa、649℃/566℃/566℃。费城电力公司的艾迪斯顿电厂 1 号机组从 1960 年开始按设计参数运行 8 年后，因材料问题出现一些故障，从 1968 年起参数降为 31 MPa、610℃/557℃/557℃。美国一开始就试制这样高参数的超超临界机组，不可避免地频繁发生事故，不得不降低参数运行。在开发初期，过高的蒸汽参数超越了当时的技术水平。后来蒸汽参数降至 24.1 MPa、538～566℃，并逐步完善，这种蒸汽参数保持了 20 余年。

日本引进美国的技术并结合欧洲的适合变压运行的本生式直流锅炉，成功开发了超超临界机组。在 1989 年和 1991 年成功地投运 2 台 700 MW、31 MPa、566℃/566℃/566℃的机组，运行情况良好，可用率水平很高。1998 年投运主蒸汽和再热蒸汽温度均为 600℃的原町 2 号 1 000 MW 机组，该机组实测发电机端效率达 44.7%。

欧洲在 1995—1999 年至少投运 9 台蒸汽压力为 28.5～31.0 MPa、温度为 545～587℃的超超临界机组。当时在建的 10 台机组将蒸汽温度提高至 600℃以上，其中丹麦投运的 2 台超超临界机组的热效率可达 47%～49%。

我国由哈尔滨锅炉厂引进日本三菱(MHI)技术生产的 1 000 MW 超超临界直流锅炉于 2007 年在华能玉环电厂投入商业运行，过热蒸汽流量为 2 952.54 t/h，压力为 27.46 MPa，温度为 605℃。截至 2013 年 8 月，我国已经投运 600℃超超临界机组达 100 台，超过 80 000 MW，数量和总容量位居世界第一。国内外超临界机组的发展情况见表 2-1。

表 2-1　国内外超临界火电机组发展情况[6-8]

国家	机组规模容量、参数	最早投运时间	备注
美国	到 1992 年 100 多台 800 MW 以上机组在役，最大 1 300 MW；1999 年 Vision21 计划开发更高蒸汽参数	1957 年 Philo 电厂(6＃)	首套设备商为 B&W 和 GE，第二套锅炉为 CE 产品
俄罗斯	苏联 300 MW 以上机组全部超临界，共 224 台，占装机容量 50%以上；平均供电煤耗 326 g/(kW・h)。新一代机组参数为 28～30 MPa/580～600℃		全部国内设计制造，但 800～1 200 MW 大容量机组利用率不高
日本	600～1 000 MW 机组(从引进到自制 3～5 年时间)；技术上采用 31 MPa/654℃/566℃/566℃、二次中间再热为佳(川越电厂)，但系统复杂，缺乏市场，20 世纪 90 年代后采用高温参数；2000 年橘湾电厂投运 1 050 MW、25.5 MPa/600℃/600℃	1967 年沛崎电厂	日立引进 B&W 技术，其他公司也引进美、德技术
德国	2000 年 Niederanbem 电厂 965 MW(26.9 MPa/580℃/600℃)，Hessler 电厂 700 MW (30 MPa/580℃/600℃)	1956 年投运 88 MW 机组	20 世纪 70 年代后受环境约束，大力发展高参数机组，最大容量为 1 025 MW、单轴
丹麦	2×400 MW 机组(29 MPa/582℃/580℃/580℃)，分别安装于 Nordjyllandsvaerket 和 Avedore 电厂	1998/2001	燃煤燃气各 1 台，海水冷却，效率为 47%～49%

（续表）

国家	机组规模容量、参数	最早投运时间	备注
中国	1 000 MW 机组，27.04 MPa/605℃/605℃，锅炉效率 93.8%，汽机热耗为 7 316 kJ/(kW·h)，发电机效率为 98.9%	2002 年 600 MW 机组招投标	20 世纪 80 年代末引进 16 台超临界机组，合计 9 000 MW，相继投运

说明：1999 年美国能源部(DOE)提出 Vision 计划，开发高参数(35 MPa/760℃/760℃/760℃)火电机组，热效率大于 55%，CO_2 及其他污染物减少约 30%。但机组结构系统复杂、可控性差、可用率下降，因而需降参数。

日本电源开发公司(EPDC)分二阶段开发。1981—1994 年蒸汽参数由 24.2 MPa/538℃/538℃提升到 24.2 MPa/593℃/593℃，热效率增加 2.2%；1995—2001 年蒸汽温度提高到 630℃/630℃，热效率增加 4.8%。

欧盟自 20 世纪 90 年代起实施 COST501 计划，蒸汽温度为 580℃/600℃；COST522 计划，蒸汽温度为 600℃/620℃，欧盟"AD-700"计划采用蒸汽温度 700℃/720℃。

二次再热可提高热效率 1%～2%，但受调温、受热面布置以及成本明显增加的制约，除少量机组采用二次再热外，一般倾向于一次再热系统。

2.2.2 发展目标与步骤

在火电高效技术发展方面，许多工业国家制订了发展规划和实施步骤(见表 2-2)。

表 2-2 国内外火电技术的发展目标与步骤[8-9]

名称	启动年月	主要目标	实施步骤
美国"A-USC"计划	2001 年开始由美国电力研究院(EPRI)俄亥俄州能源协会(EIO)负责	制订 15 年计划(2001—2015 年)，2016 年开始实现高效火电技术的商业化。参数目标为 38.5 MPa/760℃/760℃，发电效率目标为 46%～47%	分为 2001—2006 年材料试验验证、2006—2007 年专题及 2008—2015 年示范电厂 3 个阶段。2017 年左右建成 750 MW 示范电站
欧盟"AD700"计划	1998 年 1 月	建立 500 MW、35 MPa/700℃/720℃等级示范电站	分 4 阶段完成，包括可行性研究和材料性能试验、材料验证和初步设计、部件验证和示范电站，第四阶段受材料原因推迟
日本"A-USC"计划	2000 年开始可行性研究；2008 年 8 月正式启动	开发 700℃级燃煤发电机组，先实现 35 MPa/700℃/720℃/720℃；最终再热蒸汽温度提高到 750℃，效率达到 46%～48%(HHV)	计划 9 年(2016 年)完成；日本经济产业省(METI)负责，各公司承担项目：锅炉(IHI、B&H、三菱)、汽轮机(三菱、东芝、日立和富士)、材料(住友、国家材科院)
我国"十二五"计划	2010 年 7 月 23 日成立"创新联盟"。2011 年 6 月 24 日启动 700℃超超临界燃煤发电技术的研发	初步拟定技术路线(2010—2015)，目标参数为压力大于等于 35 MPa、温度大于等于 700℃、机组容量大于等于 600 MW，争取在"十二五"末建示范电厂	2011 年 4 月 29 日签署联合研发协议，并落实依托工程，推进超超临界火电机组关键阀门和四大管道国产化，实现 700℃超超临界燃煤发电技术的自主化，为电力行业的节能减排开辟新路径

2.2.3　国内火电发展情况

我国投运的火电机组蒸汽参数节节高升，紧跟国际先进技术潮流。20 世纪 80 年代实施技贸结合的市场政策，引进 300 MW、600 MW 大功率亚临界火电技术和制造技术，并启动“九五”重大装备国产化。引进的机组考核项目有山东石横电厂 300 MW、安徽平圩电厂 600 MW。1992 年 6 月上海石洞口第二电厂引进的首台 600 MW 超临界机组投产；2004 年 11 月首台国产 600 MW 超临界机组在沁北电厂顺利投产；2006 年 11 月首台国产 1 000 MW 超超临界机组在华能玉环电厂投产。截至 2015 年 9 月，我国已建成 1 000 MW 等级超超临界机组 82 套，具备发展 700℃等级超超临界技术的基础。

为了应对全球气候变化，我国提出了 2020 年非化石能源消费比重达到 15%左右，2020 年单位 GDP 的二氧化碳排放强度比 2005 年下降 40%～45%的目标。

众所周知，700℃与 600℃的超超临界燃煤机组发电效率分别约 51%、45.4%，其设计发电标煤耗分别为 241 g/(kW·h)、271 g/(kW·h)。在二氧化碳排放方面，700℃超超临界机组与 600℃的相比，CO_2 减排 11%，其优越性显著[5]，自主发展我国超超临界技术是必由之路。超临界压力与亚临界蒸汽参数经济性的比较见表 2-3。

表 2-3　超临界压力与亚临界蒸汽参数的比较[10]

项目 比较	蒸汽参数/(MPa/℃/℃)			净效率差/%	备注 (以石洞口第二电厂 2×600 MW 机组为例)
	超超临界	超临界	亚临界		
参数 1	—	25/540/560	16.5/538/538	+1.6	(1) 其利用率相当，分别为 88.24%、96.53%。 (2) 设备投资高，为 67%(设备占总投资 1/3) (3) 工程建设费增加 2%～3%(5～6 年回收) (4) 当标煤价大于 30 $/t 时宜采用超临界
参数 2	27/580/600	25/540/560	—	+1.3	
参数 3	30/625/640	27/580/600	—	+1.3	
参数 4	30/700/720	30/625/640	—	+1.6	
造价	国外超临界机组造价 790 $/kW，亚临界的机组为 775 $/kW				
供电煤耗	超临界机组标准煤耗为 310～329 g/(kW·h)；我国平均为 378 g/(kW·h)				
调峰性能	国外机组一般带基本负荷，随核电发展，提出变压运行；当汽轮机采用复合变压运行时可满足				
收益	估算从亚临界提升到超临界时，电站投资增大约 2%；CO_2 减排 10%～15%，甚至更多				

2.3 电站建设中的创意

我国的电力建设突飞猛进，在新时代的“双创”鼓舞下，电力建设正按照自身的发展规律，不断汲取国外先进的技术，涌现出大量绿色火电技术的创意。

2.3.1 简述

世界上一些先进工业国家在经济效益最大化的驱动下，最早在电站建设中探索高效的超临界发电技术和装备，有的国家引进电站制造技术，后来居上。

1) 超临界机组技术特点

在许多动力制造公司的购并整合后，超超临界技术在设计制造方面分别以欧洲的西门子(Siemens)、阿尔斯通(Alstom)和日本的三菱、东芝、日立为代表形成两大流派[11]。表 2-4 所示为各技术流派的特点。

表 2-4 超临界机组技术特点

公司	西门子	Alstom	三菱	日立
产量	45 台(含 700 MW 以下)	40 余台(含原 ABB 公司)，600 MW 以上有 15 台	28 台，包括 10 台 700 MW、6 台 1 000 MW	28 台
蒸汽参数	30 MPa/600℃/600℃ HMN 系列可用 200～1 200 MW	超临界机组：24.0 MPa，540℃/565℃；超超临界机组：30.0 MPa，600℃/620℃	24.5 MPa/600℃/600℃	1 000 MW 机组，24.5 MPa/600℃/600℃及 30.0 MPa/600℃/600℃
结构	高压缸、单流程，小直径筒式，中压缸进口双层并作涡旋冷却、轴承箱与汽缸分离，刚性落地	模块化设计，涡壳结构；ABB 传统焊接转子；高压分置内缸，外缸，结构紧凑，降低热应力	引进 WH 技术，反动式汽轮机。1 000 MW 四缸四排汽，双分流高压缸、中压缸和 2 个双流半转速低压缸	引进 GE 技术
膨胀与振动	各轴承座直接支撑基础；绝对死点和相对死点均在高中压间的推力轴承处	两个转子间共用一个轴承支座；四缸机组仅用 5 个轴承，缩短机组长度		

（续表）

公司	西门子	Alstom	三菱	日立
密封措施	中压缸与低压内缸设推拉装置减少低压段动静相对间隙；汽缸与轴承座有耐磨滑动性好的金属介质	围带第一列用刷握式汽封（Ni 基材料），其余传统汽封，耐700℃，两者间隙近零		
高压缸/管子材料	内缸转子 10% Cr、静叶环/内缸 9%～10% Cr、排气缸 1% CrMoV	内缸、转子用高铬钢；9% Cr 钢中添 W，管材 P91、E911 和 P92，叶片用奥氏体钢；625℃时采用 11% Cr 添加 Co、B 以增强抗氧	≤ 650℃ 时，转子用 A28G，内缸用 316H，叶片用 W545	600℃等级汽轮机转子动静叶全部采用铁素体钢 12Cr，阀门及汽缸为加 B 的 Cr－Mo－V 铸钢、9Cr－1Mo 及 12Cr 铸钢

2）几种水循环系统[12]

丹麦 Elsam 电力公司将 400 MW、主蒸汽 580℃的单级再热燃煤机组改造成 700℃的“双锅炉汽水循环系统”，如图 2－2 所示。

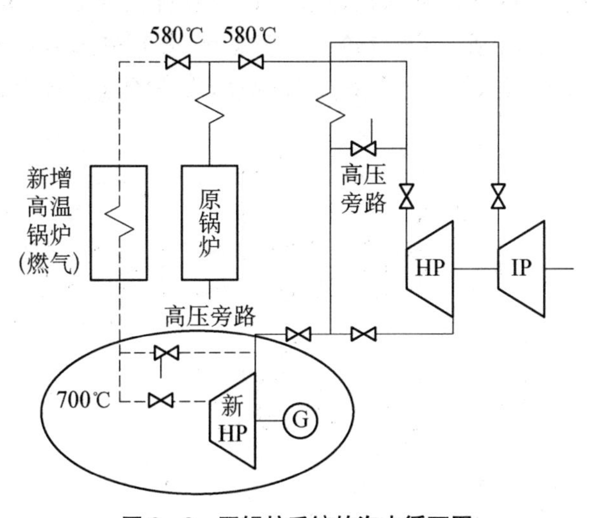

图 2－2　双锅炉系统的汽水循环图

改造的主要目的在于利用现有机组的改进以实现 700℃的技术思路。经研究者证明，该技术可行，仅需评估成本与经济效益。

3）增加超高压缸的系统

日本研究者在高压-中压-低压（HP－IP－LP）汽缸布局的基础上增加超高压缸（VHP），采用两级再热，参数 35 MPa/700℃/720℃/720℃，包含 1 个 VHP、1 个 HP－IP 混合缸、2 个 LP（见图 2－3），热效率可达 46%，比 25 MPa/600℃/600℃调高 3 个百分点。该方案系统布局上变化不大，关键在于焊接与冷却，减少镍基材料数量，降低投资。

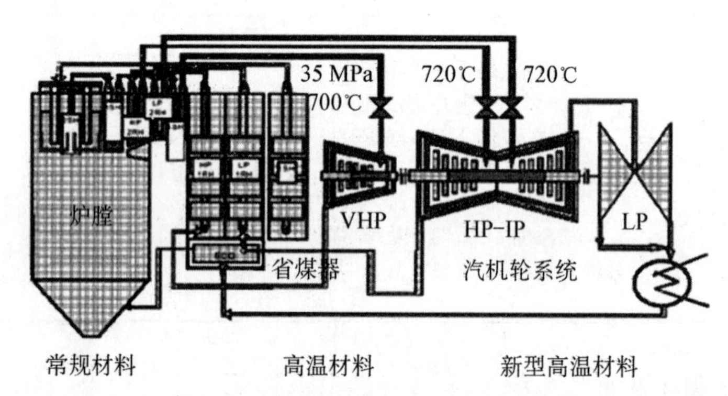

图 2－3　增加 VHP 的汽水循环系统

4）新系统方案

由图 2－4 可见，中压缸未置抽汽系统。高压缸排汽分 3 股，分别进入再热器、＃1高压加热器和 T－汽轮机。T－汽轮机设置 4 级，分别进入＃2 高压加热器、除氧器，其 3、4 级抽出蒸汽进入最后 2 级低压加热器，其排汽进入混合式加热器 LPH4。

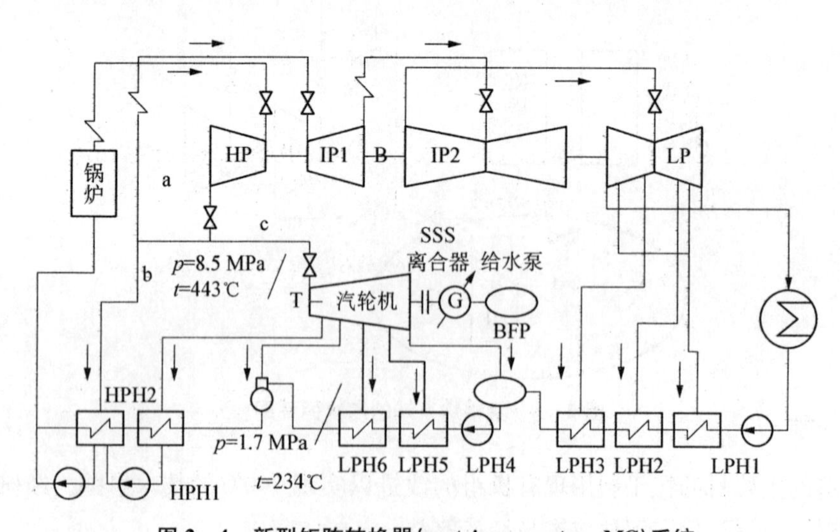

图 2－4　新型矩阵转换器（matrix converter，MC）系统

低压缸3级抽出蒸汽进入3级低压加热器，其排气进冷凝器。利用T-汽轮机抽汽，解决中压缸抽出蒸汽过热的问题，其湿蒸汽又可直接进入加热器。正常运行时T-汽轮机驱动给水泵，发电机为发电模式；机组启停时T-汽轮机停止运行，切换SSS离合器，发电机转为电极运行模式驱动给水泵。这种两级再热方式在理论上可改善热耗3.5%，机组效率提高到53%，实际可行性还需验证。

2.3.2　电站建设设想

在高效发电技术的不同发展阶段，人们针对不同工程的实施条件提出不同的建设理念。而不同的工程项目有着相同的目标，即工程项目的实施总是以建设要求、装备投资、建设工期及投资回报率高低等作为工程评判的指标。

1）电站建设要求

电站建设要求风险低、投资少、回收快；设备可靠性高、可利用率高、运行灵活、维护方便；执行快；环境污染小。

2）模块化设计

西门子公司某项目按Varioplant系列模块化设计，应用集成软件SIGMA平台，包括标准软件，如三维/两维CAD、电厂数据管理环境（PDME）及商务和工程进度管理（SAP R3）等，使工期缩短为34～36个月（第一台＋第二台6个月）。

3）紧凑设计理念

在电站设计中为减少镍基材料用量，欧洲“AD700”提出电站紧凑设计的理念。这种电站布局改变了传统的设备布置，有利于减少系统管道连接，降低压损，提高效率。

人们针对电站的3种布置方式提出如下几种方案。

水平布置：提高汽轮机平台，显著缩短主蒸汽/再热蒸汽管道长度，经与Π形锅炉比较，蒸汽管道减少20%。塔式布置：采用机炉同轴布置，减少管道和弯头数量，腾出的空间布置汽机侧组件。双锅炉方案：类似于双锅炉汽水循环系统，以期降低电站投资。

2.3.3　电站设备优化

火力发电站的优化目标：受压部件与电站总体布局的安全性、可靠性与经济性指标达标。700℃等级的超超临界发电机组是未来先进蒸汽参数等级最高的机组。

1）700℃等级燃煤锅炉

超临界压力锅炉炉型（水平式、塔式、Π形结构）、管材、受热面和布置以及制造样式见表2-5。

表 2-5　几种炉型的特点与性能

炉型		特点	比较
1 水平	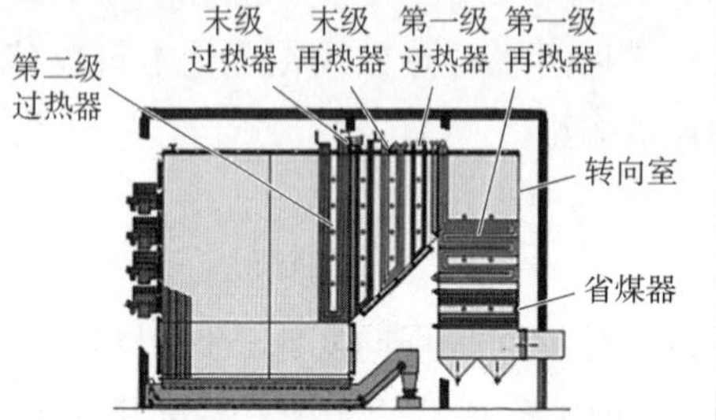 第二级过热器；末级过热器；末级再热器；第一级过热器；第一级再热器；转向室；省煤器	水冷壁管为内螺纹垂直管屏，良好水动力特性，炉膛高度低，节省管道和安装费	500 MW 机组的高度为 30 m，而塔式为 90 m，Π 形为 60 m；但占地面积大；机组具有 20% 低负荷运行安全性和变负荷适应性
2 塔式	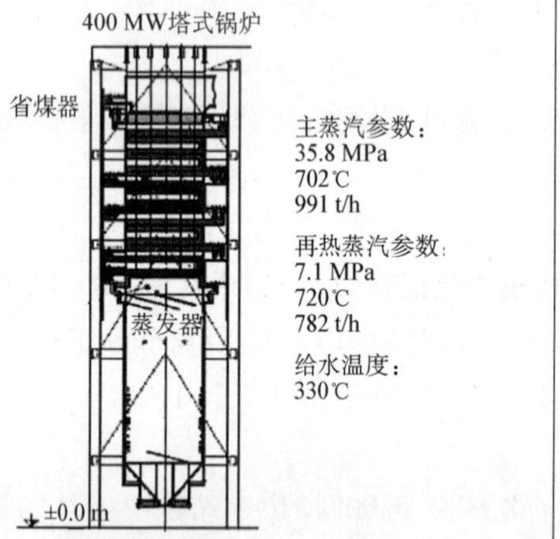 400 MW塔式锅炉；省煤器；蒸发器；±0.0 m；主蒸汽参数：35.8 MPa 702℃ 991 t/h；再热蒸汽参数：7.1 MPa 720℃ 782 t/h；给水温度：330℃	结构简单紧凑、占地面积小、节省材料	与 1、3 比，受热面高位布置、管道长、钢构架负载重，造价增加。400 MW 机组 35.8 MPa/702℃/720℃，高温镍基合金占 16%，奥氏体钢占 24%
3 Π 形	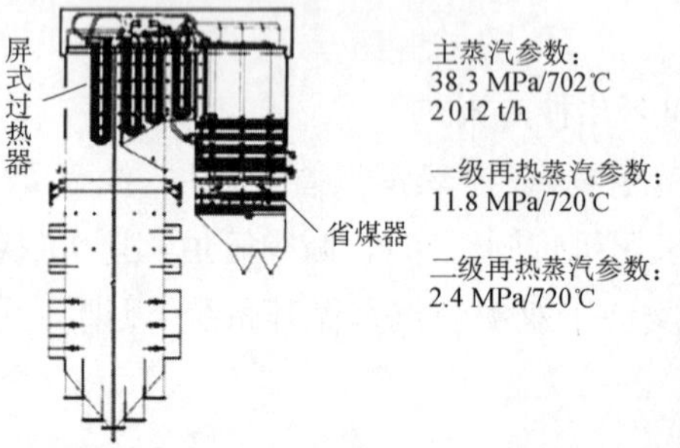 屏式过热器；省煤器；主蒸汽参数：38.3 MPa/702℃ 2 012 t/h；一级再热蒸汽参数：11.8 MPa/720℃；二级再热蒸汽参数：2.4 MPa/720℃	广泛采用的样式，受热面利用率较高；利于大载荷设备低位布置，但占地面积较大	关注水冷壁、过/再热管道的制造与焊接以及长期性能的验证。与 2 相比，炉膛热偏差大，易磨损、爆管

2）汽轮机设计

汽轮机设计集中在缸体设计、布置与转子设计，着眼于少用镍基材料下的经济性和安全性。例如西门子设计的 400 MW 单级再热机组，采用典型的 HP-IP-LP 同轴布置，主/再热蒸汽流量分别为 270 kg/s、220 kg/s，参数为 35 MPa/700℃/720℃。高压缸采用单流程筒式结构，以大幅降低工作应力。

如图 2－5 所示，高压缸进汽部分冷却蒸汽引自锅炉过热器段 6.4 MPa/410℃蒸汽；中压缸为西门子单流程传统设计（见图 2－6），其进汽部分采用高压缸冷却排汽（0.5 MPa/320℃）。高压内缸和转子均采用焊接结构，减少镍基合金。因此，蒸汽冷却和焊接技术成为 700℃汽轮机系统设计的重点。

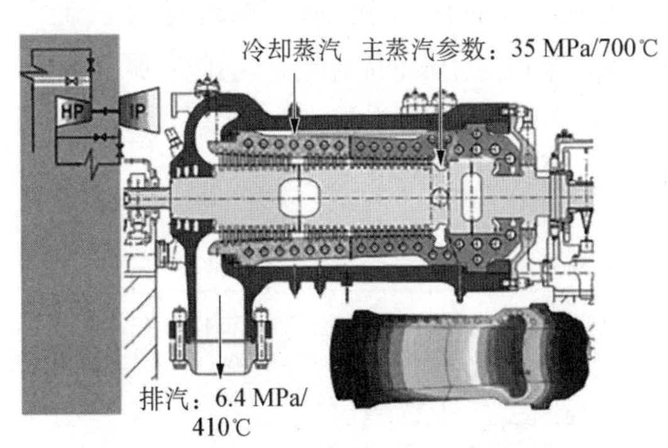

图 2－5　西门子高压缸结构示意图

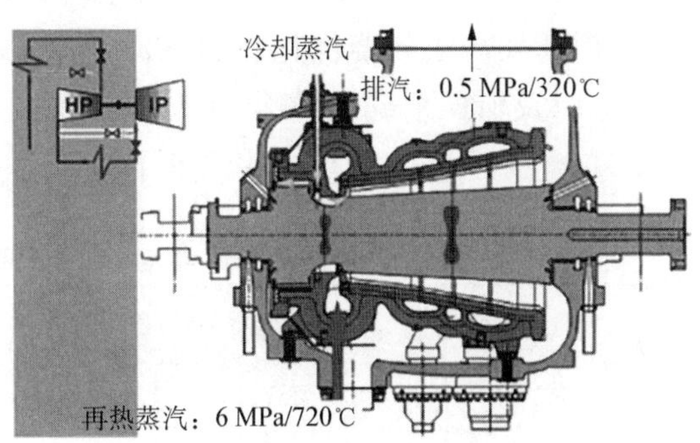

图 2－6　西门子中压缸结构示意图

3）双壁阀门

Alstom 双壁阀门的设计如图 2－7 所示，阀门分为内外两层壁，两层壁之间引入温度较低的冷却蒸汽（17.5 MPa/565℃）。冷却蒸汽既冷却内壁又降低内壁承受的内外压差，可使得用镍基合金制成的内壁厚度减薄；承受主要压差的外壁有冷却蒸汽的保护，工作温度较低，可使用 9%～12%铬（Cr）常规材料制造。

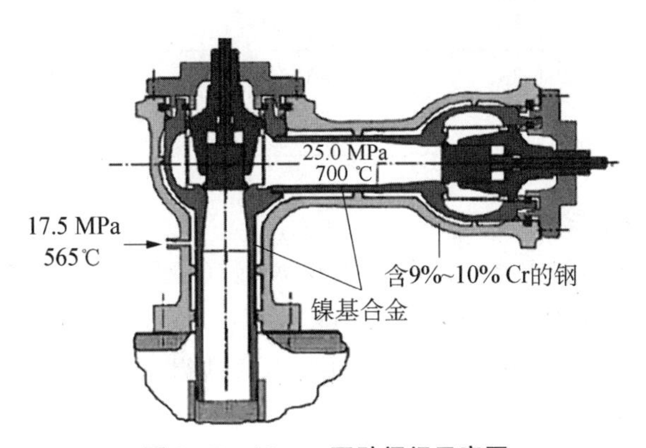

图 2－7　Alstom 双壁阀门示意图

2.3.4　实例

在快速建设百万级电站的进程中，涌现出不少先进的工程项目，在电站设备的设计、制造、安装、运行等方面取得了不少经验。据2010年全国1 000 MW超超临界燃煤机组数据(见表2-6)可知,1 000 MW机组平均发电煤耗为290.36 g/(kW·h),最优水耗为0.12%,厂用电率为4.40%。以下举例说明。

1) 国华宁海发电厂1 000 MW超超临界燃煤机组

研究者[13]对锅炉燃烧及制粉系统、汽轮机凝汽器背压系统、辅控系统进行了全面分析,实施了燃烧优化、汽轮机滑压曲线优化、电除尘闭环优化、空气预热器间隙改造以及辅控系统的综合治理,在节能方面取得了良好的效果,发电煤耗降低了5.91 g/(kW·h),厂用电率降低了0.7%,负荷系数增加了6.11%。

表2-6 2010年度全国1 000 MW超超临界燃煤机组数据

机组	发电煤耗/(g/(kW·h))	厂用电/%	发电水耗/%	等效可用系数/%
玉环4号	287.07	4.00	0.28	100
邹县8号	286.68	4.37	2.17	99.99
北仑6号	284.38	3.63	0.27	83.74
泰州1号	287.9	4.24	0.12	92.53
北仑7号	288.08	3.88	0.25	93.67
玉环1号	292.55	4.36	0.28	93.74
泰州2号	287.1	4.26	0.12	94.24
邹县7号	288.29	4.19	2.17	92.03
宁海6号	294.85	4.98	0.29	84.88
最优值	284.38	3.63	0.12	100
平均值	290.36	4.40	0.90	91.04

2) 上海外高桥第三发电厂

2008年,全国火电机组平均供电煤耗为349 g/(kW·h),上海外高桥第三发电厂(外三电厂)超超临界机组达到287.44 g/(kW·h)。2011年外三电厂每年度煤耗为276.02 g/(kW·h)。2014年10月9日外三电厂获得全国唯一的"国家煤电节能减排示范基地"称号金牌[14]。

2.3.5 关键技术问题

据有关部门预测,到2020年全国发电装机容量超过17亿千瓦,煤电装机容量将超过10亿千瓦。显然,选用超超临界蒸汽参数的燃煤火电机组占有相当比例。然而,超超临界燃煤发电主要设备及部件还存在影响机组可用率的一些统计数据:锅炉管子泄漏事件比例占38.5%，汽机及辅助设备事件占21.9%，发电机事件占15.6%，变压器事件占11.5%，外部锅炉管道占3.7%，等等。

这些事件的发生与机组的性能设计、结构设计、高温材料选择、加工制造工艺、焊接及控制检测方法等密切相关。其关键技术需要攻关，其中最关键的问题是开发热强度性能高、工艺性好、价格低廉的材料，以便具备700℃超超临界燃煤发电机组的自主设计、开发和制造能力，全面提升我国冶金、机械和电力企业的核心竞争力。为此需落实以下几个重要环节。

1）主设备高温部件的性能验证试验

性能验证试验要在一台现役的火电机组上进行，需建立一个高温部件的验证试验平台。在完成700℃材料和部件研发的同时，将促进600℃等级材料国产化进程。

蒸汽温度从600℃提升到700℃对材料技术是巨大的挑战，尤其是材料的持久蠕变性能、抗蒸汽腐蚀性能、焊接性、冷-热加工性能和材料的经济性问题。现阶段，700℃高温材料的价格是600℃的10倍以上，经济因素也是欧洲“AD700”示范工程暂缓的重要原因。700℃的高温对锅炉受压件材料要求更高，其耐腐蚀性、抗氧性等特性需要进一步研究。

2）大型高温铸件、锻件制造

大型高温铸件、锻件质量将达到10～30 t，大型高温铸件、锻件的加工及各种不同高温材料的焊接都是攻关的重点。目前采用的合金钢有低铬耐热钢、9%～12% Cr钢、改良型9%～12% Cr铁素体-马氏体钢、新型奥氏体耐热钢。

3）超超临界发电设备

清洁燃煤发电方式有多种，包括1 000 MW超超临界发电机组、400 MW-IGCC、600 MW超临界循环流化床锅炉、正压循环流化床锅炉技术。超超临界发电设备是发电装备的主流产品，需要同步研究燃煤污染物一体化控制，二氧化碳捕集、利用和封存技术等。

1 000 MW机组的研发难点集中在锅炉、汽轮机、发电机的部件强度研究，高参数、大型化的主辅机优化设计。

锅炉研究内容包括大尺寸炉膛内的空气动力场、稳定的燃烧特性；管内水动力和传热特性；锅炉性能与结构设计；再热器热偏差；旁路启动系统；主蒸汽温度调节；压力部件结构强度和制造工艺等。

汽轮机研究内容包括高效率、高可靠性本体结构配置与结构设计；高温部件冷却、叶片抗固体颗粒侵蚀及叶片喷涂技术；发电机组转子动力学特性等。

发电机研究内容包括额定电压27 kV的绝缘设计与制造；定子线棒绕组的电晕结构、防止定子绕组端部松动和结构件发热、转子护环与转子本体的配合结构及槽楔材料与结构的分析;防止转子绕组匝间短路的分析、通风冷却系统优化、发动机或电网发生两相或三相短路故障时汽机发电机轴系扭振问题的分析;绝缘材料国产化等。

4) 设计理念差距

在火电厂设计方面,如何充分利用各种环境资源(包括再生能源),辩证选用不同等级的火电机组,对项目综合性经济指标的影响很大。机组的先进性评价是综合性的,除了供电煤耗和污染物排放达标外,还有设备利用率、负荷变化率、使用寿命和维修费用等。

在选用机组方面,优先采用热电联产;坑口电站以及低热值动力用煤选用亚临界参数火电机组;在煤价高、设备年运行时间长的情况下,机组蒸汽参数越高对整体经济性越有利。当煤价为 0.8~1.8＄/GJ 时宜投资超临界机组。目前,沿海地区的煤价大多超过 300 元/吨标准煤,采用超临界要比亚临界更经济。

在机组维护与冗余配置方面,国外侧重提高机组利用率,降低寿命周期的成本。

综上所述,我国的经济发展受资源和环境的严重约束,必须坚持走低碳绿色能源的发展道路,建设资源节约型和环境友好型电力体系,发展循环经济。

开展持久性的火电厂节能减排工作,不只遵从火电机组"供电煤耗论",还要力求工程项目具有高的能源利用率、投资回报率;加大整治环境的力度,发展多种形式的清洁燃煤技术,包括再生能源的耦合发电模式,自主设计制造性能先进、经济的新颖发电装备。

为解决经济发展受资源环境制约的难题,实现循环经济应着力健全产业市场的各种规范机制,加强监督检查和项目后评估,促使环保火电技术与装备产业的创新发展。

参 考 文 献

[1] 林伯强.能源经济学的历史与方向[J].中国石油石化,2008,16:32-33.

[2] 习近平.正确发挥市场作用和政府作用推动经济社会持续健康发展[N/OL].[2014-05-27] http://www.gov.cn/xinwen/2014-05/27/content_2688228.htm.

[3] 田闻之.让无形之手与有形之手相得益彰[N].北京日报,2014-05-30.

[4] 范德成,王韶华,张伟,等.低碳经济范式下能源结构优化程度评价研究[J].运筹与管理,2013,22(6):169-176.

[5] 孟祥路.700℃超超临界燃煤发电技术蓄势待发[J].化工管理,2011,9:46-48.

[6] 姜成洋.超大容量超超临界燃煤发电机组的现状及发展趋势[J].锅炉制造,2006,3:46-49.

[7] 徐通模,袁益超,陈干锦,等.超大容量超超临界锅炉的发展趋势[J].动力工程,2003,23

(3):2363 - 2369.

[8] 徐炯,周一工. 700℃高效超超临界技术的发展[J]. 中外能源,2012,17(6):13 - 17.

[9] 纪世东,周荣灿,王生鹏,等. 700℃等级先进超超临界发电技术研发现状及国产化建议[J]. 热力发电,2011,40(7):86 - 88.

[10] 田成文,范庆伟,杜娟. 高效低污染超临界发电技术[J]. 节能,2006,4:25 - 28.

[11] 肖俊峰,朱宝田. 国外超超临界火电机组技术特点的分析[C]. 超超临界火电机组技术协作网第一届年会,温州:2004.

[12] 张燕平,蔡小燕,金用成,等. 700℃超超临界燃煤发电机组系统设计研发现状[J]. 热能动力工程,2012,27(2):143 - 146.

[13] 孙波,陈石明,钱朝明. 1 000 MW 超超临界燃煤机组节能分析及优化[J]. 浙江电力,2012,9:27 - 30.

[14] 施敏. 节能型低成本超低排放系列技术[C]. 亚洲绿色火力发电高峰论坛,上海:2017.

第 3 章　大容量超临界锅炉技术

近年来，我国通过引进电站技术和装备，经消化吸收，在主辅机设计和制造以及系统优化设计方面，拥有了自主设计制造百万级火电机组的能力。超临界火电清洁发电技术与装备在提高能源利用率和改善生态环境方面取得了十分显著的效果[1]。

3.1　概况

热力学告诉我们，当水蒸气参数高于气液相变临界状态点压力和温度值时，称为超临界参数。而所谓超超临界(ultra supercritical, USC)的概念实际为一种商业的称谓，表示发电机组参数压力和温度更高。通过提高蒸汽工质的温度和压力来获取更高的热效率，现有的超超临界机组的发电效率可达 43%以上，甚至高达 47%。

超超临界发电技术与增压流化床联合循环发电技术(PFBC - CC)及整体煤气化联合循环(IGCC)发电技术都备受各国青睐(见表 3 - 1)。

表 3 - 1　清洁发电技术对能源利用率及环境的影响

比较项目	发电技术		
	超临界/超超临界机组+脱硫(SC/USC+FGD)	增压流化床(PFBC)	IGCC
建设成本(元/兆瓦)	10 000	12 000	11 600
热效率/%	41～45	第 1 代:36～39	第 1 代:40～46
		第 2 代:40～50	第 2 代:50～54
SO_2/%	4～10	5～10	1～5
NO_x/%	13～15	17～18	17～32
CO_2/%	75～85	70～80	65～75
水消耗/%	100	70～80	50～70
固体废弃物/%	95～110	95～600	50～95

说明:单位取%的项，其比较对象为常规煤粉炉的平均排放量。

从20世纪50年代开始，世界上以美国和德国等为主的工业化国家开始了超临界和超超临界发电技术的研究。经过半个多世纪的不断完善和发展，目前超临界和超超临界发电技术已经进入了成熟期和商业化运行阶段。

从国外超超临界发电机组参数的发展进程来看，主流是走大幅度提高蒸汽温度(相对较高的600℃等级)、小幅度提高蒸汽压力(多见25～28 MPa)的技术发展之路。超超临界今后发展的重点仍侧重于材料研发以及锅炉机组的安全可靠性[2]。

如今，超超临界发电技术的经济性、可靠性和环境的友好性更为成熟，成为各国大型发电机组的优先选择。我国国产超临界、超超临界火电机组的数量占世界同类机组总量的50%以上，正在进行大规模的商业化运行。

3.1.1　大容量超临界锅炉机组发展

多数国家把超临界参数的技术平台定在24.2 MPa/566℃/566℃上，而把高于此参数(不论压力升高还是温度升高，或者两者都升高)的超临界参数定义为超超临界参数。日本将压力大于24.2 MPa或温度超过593℃(也有说超过566℃)的工况定义为超超临界状态；丹麦认为蒸汽压力为27.5 MPa是超临界与超超临界的分界线；西门子公司则认为应从材料的等级来区分超临界和超超临界机组等。《中国电力百科全书》中的定义超超临界为蒸汽压力高于27 MPa的工况。超临界和超超临界实际上没有统一的定义，一般认为，“压力为25 MPa以上”与“温度为580℃以上”均为超超临界，两者无本质区别。于是，业界将蒸汽压力大于25 MPa，蒸汽温度高于580℃等级的机组视为超超临界机组。

20世纪90年代欧洲、美国、日本相继推出超超临界燃煤发电计划。我国燃煤火电自20世纪80年代后达到超临界参数，90年代跨进超超临界时代，引进国外制造技术。哈尔滨锅炉制造公司(简称“哈锅”)引进日本三菱、英国三井Babcook公司的技术，东方锅炉制造公司(简称“东锅”)引进日本Babcook-日立技术，上海锅炉制造公司(简称“上锅”)引进Alstom技术，同时还引进了一批俄罗斯超临界机组。

热力学朗肯循环理论指出，火电机组的不同蒸汽参数直接决定机组的热效率[3](见表3-2)。

表3-2　不同蒸汽参数机组的效率与供电煤耗

机组类型	蒸汽压力/MPa	蒸汽温度/℃	热效率/%	供电煤耗/(g/(kW·h))
亚临界	16.7	538/538	～38	～324
超临界	24	538/566	～41	～300
超超临界	25～28	600/600	～45	～280
700℃	35	欧盟700/720 美国730/760	～52	～241

说明：供电煤耗是指燃煤发电厂每生产供应1 kW·h电能所消耗的标准煤量。

2004 年 6 月华能玉环电厂一期 2×1 000 MW 工程动工，2006 年 12 月投产。企业经济效益和社会环境效益巨大，机组热效率达 45.4%，供电煤耗 283.2 g/(kW・h)，比 2006 年全国平均供电煤耗 366 g/(kW・h)低 82.8 g/(kW・h)，大幅减少了包括二氧化硫、二氧化碳等废气量的排放，具有领先的低能耗和环保水平。

2007 年 8 月 31 日及 12 月 31 日，邹县电厂两台 1 000 MW 机组也建成投产。从此，我国电力工业跨入了 1 000 MW 超超临界发电的世界先进行列。从 2004 年 6 月到 2007 年 11 月，我国成功地建造了第一座拥有 4 台百万千瓦超超临界机组的浙江玉环电厂，同时先后又有数十台百万千瓦超超临界火电机组兴建或投产，电厂安装的均是国产化、具有世界先进水平的超超临界燃煤机组。

我国“十五”863 计划将超超临界燃煤发电技术的研发与应用列为能源技术的重大课题。在政策的推动下，我国在引进先进技术的同时进行技术创新，自主研究设计制造 600 MW、1 000 MW 等级、一次/二次再热、参数为 25～28 MPa/600℃/600℃等级的超超临界燃煤电站，并配套烟气除尘、脱硫和选择性催化还原(selective catalytic reduction, SCR)脱硝装置，实现了超超临界发电设备制造的国产化，并跻身于世界一流水平的行列。我国较早投运的 1 000 MW 超超临界机组情况如表 3-3 所示。

表 3-3　早期投运的百万千瓦级燃煤机组情况

机组	锅炉最大过热蒸汽流量/(t/h)	蒸汽参数/(MPa/℃/℃)	制造厂家	投运时间
玉环 1 号	2 953	27.56/605/603	哈锅(三菱)	2006.11
玉环 2 号	2 953	27.56/605/603	哈锅(三菱)	2006.12
玉环 3 号	2 953	27.56/605/603	哈锅(三菱)	2007.11
玉环 4 号	2 953	27.56/605/603	哈锅(三菱)	2007.11
邹县 7 号	3 070	25.25/605/603	东锅(BHK)	2006.12
邹县 8 号	3 070	25.25/605/603	东锅(BHK)	2007.01
泰州 1 号	2 980	26.15/605/603	哈锅(三菱)	2007.12
泰州 2 号	2 980	26.15/605/603	哈锅(三菱)	2008.03
外高桥 7 号	2 955	28.0/605/603	上锅(阿尔斯通)	2008.03
外高桥 8 号	2 955	28.0/605/603	上锅(阿尔斯通)	2008.06
北仑港 6 号	2 996	27.56/603/603	东锅(BHK)	2008.12

3.1.2　700℃超超临界燃煤火电机组研发

为进一步降低能耗、减少污染物排放和改善环境，在新材料研发的基础上，超超临界机组正朝着更高参数的技术方向发展。国外超超临界机组参数的近期目标如下：主蒸汽压力为 31 MPa，蒸汽温度为 620℃，并趋向更高。一些国家和制造厂商公布了下一代高效超临界机组的发展计划，主蒸汽温度为 700℃，再热汽温度为 720℃，相应的主蒸汽压力将从目前的 30 MPa 提高到 35～40 MPa。根据预测，到 2020 年，蒸汽温度将达到 650～700℃，循环效率可达到 50%～55%。

欧洲共同体正在进行的"Theme 700"计划论证了准备发展的燃煤电厂形式，其中关键的高温高压部件将采用镍基高温合金。

日本电力在通商产业省的支持下，与其他企业共同组织超超临界技术的开发。第一阶段目标：①用铁素体钢达到 593℃；②用奥氏体钢达到 649℃。

自 2002 年开始，美国能源部着手超超临界机组的高温高强度合金材料的研究项目，以增强美国锅炉制造业在国际市场中的竞争力。美国能源部目前正在组织和实施的"760℃计划"的目标如下：在现有材料的基础上，通过较少的技术改进，将超超临界机组的主蒸汽温度提高到 760℃的水平，使电厂的效率达到 52%～55%。

截至 2015 年，我国已建成 1 000 MW 等级超超临界机组 82 台。随着我国火电机组的迅猛发展，发展超超临界机组是我国目前发展洁净煤技术的必然选择，而自主发展超超临界技术是必由之路[4]。

我国也已具备了发展 700℃等级超超临界技术的基础(见图 3-1)。

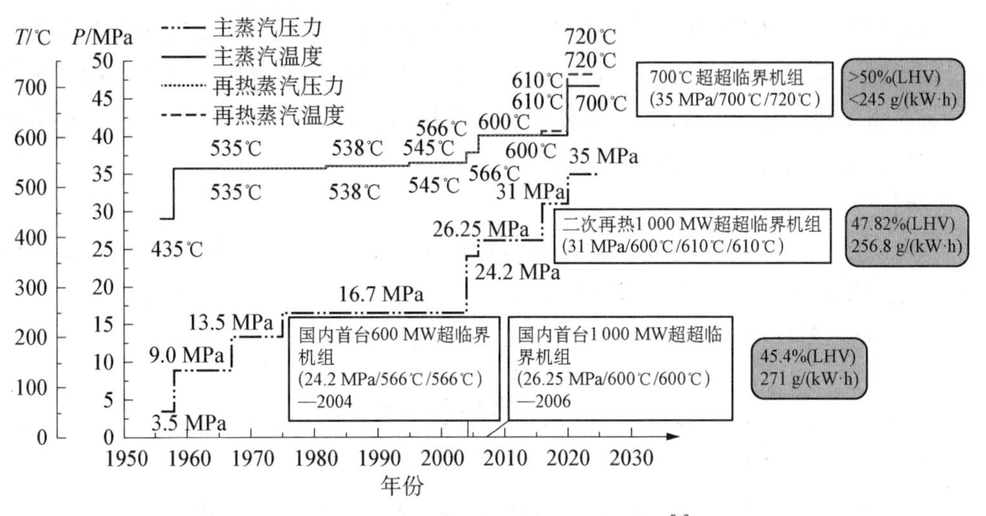

图 3-1　我国电站机组蒸汽参数发展[5]

2011 年 6 月 24 日，国家能源局会议正式启动 700℃超超临界燃煤发电技术研发计划。在研发高压高温材料的同时，研究更合理的循环系统和组件优化，优化电站布局、减少镍基材料、控制投资成为攀登电力技术制高点的阶梯[6]。

超超临界机组锅炉及其系统的研发创意可参阅本书第 2 章。

3.1.3 新一代燃煤火电机组的工程应用

自 2006 年国内第一台 1 000 MW 超超临界机组投运以来，我国在参数等级 25～27 MPa/600℃/600℃的超超临界机组设计、制造、安装、运行等方面均取得了长足进展，大幅度降低了煤耗和排放水平，积累了较丰富的经验[7]。

1) *超超临界技术的发展方向*

欧洲超超临界机组主蒸汽温度经 550℃、580℃发展到 600℃，再热蒸汽温度从 580℃、600℃发展到 620℃，大致上每 10 年上一个台阶。

(1) 提高机组性价比的 3 种发展方向如下：①进一步提升初参数、全面优化回热系统、集成拥有创新技术的新一代高效一次再热机组；②采用二次再热技术提升效率；③采用更大单机容量(1 200～1 300 MW)以降低单位造价。

(2) 采用二次再热的目的是进一步提高机组的热效率，并满足机组低压缸最终排汽湿度的要求。在所给参数范围内，采用二次再热使机组热经济性得到提高，其相对热耗率的改善值为 1.43%～1.60%，但二次再热使机组更加复杂。

在现有参数下，二次再热的经济性得益为 1.4%～1.6%，但机组的造价要高 10%～15%，机组的投资一般约占电厂总投资的 40%～45%，电站投资要增加 4%～6.8%。采用二次再热后，对锅炉的受热面布置、再热汽温控制提出了新的要求。

再热器蒸汽温度调节手段主要采用摆动燃烧器角度和烟气挡板措施。若采用二次再热，既要满足一次再热汽温又要满足二次再热汽温，除了采用上述两种调节手段外，势必将采用一部分喷水调温的手段，这又将影响机组的效率。二次再热循环不仅系统复杂，而且增加了压力损失。采用二次再热存在大量需要解决的技术问题，国外制造运行业绩少，技术经济性也不高。

相比之下，稳步提升高效一次再热机组的参数是目前兼顾创新和稳妥、切实可行、更适宜推广的技术路线。超超临界机组采用一次再热是适宜的，不必走欧美技术发展的老路。具体的参数提升对策如表 3-4 所示。

表 3-4 参数提升的影响和对策

项目	参数提升	设计方案
锅炉	锅炉出口主蒸汽 29.4 MPa	过热蒸汽部分受热面、集箱厚度增加
	锅炉出口再热汽 623℃	接管座 T92 温度有 26℃裕度，考虑最大温度偏差 20℃后还有 6℃的裕度

（续表）

项目	参数提升	设计方案
		加大 HR3C、Super304H 的使用范围，不采用 T23 及 TP347H，高端材料用量增加
		全面采取措施控制温度偏差，严格监控，再热器出口温度偏差控制在 20℃以内
		再热出口联箱 P92、接管座 T92、热段 P92 采购时增加腐蚀裕量、控制 δ-铁素体含量及硬度等，提高耐高温和防固相萃取(super PE, SPE)性能
		增加高温再热器管及其出口联箱壁厚，Super304H 全喷丸处理，提高防 SPE 性能

2) 新一代超超临界高效一次再热技术

(1) 万州百万千瓦级工程，提升发电机组初参数至 28 MPa/600℃/620℃。

(2) 锅炉主要的节能减排方法有烟气余热综合回收利用；创新优化技术集成。例如，集成应用降低辅机裕量、变频技术、高频电源等各种降低厂用电率的技术，对蒸汽驱引风机的综合节能效果则需根据项目情况客观分析。

(3) 烟气余热综合利用：分别对采用一级低温省煤器方案、两级低温省煤器＋低低温除尘器深度利用方案进行综合比较。

(4) 参数提升后的 1 000 MW 等级锅炉水汽侧、炉内烟气侧技术的继承性依旧不变。

万州工程设计供电标煤耗降至 273 g/(kW・h)以下，对照投运的 1 000 MW 超超临界机组而言又下降了不止 10 g/(kW・h)。由于设计方面首次采用了 10 余项同类工程的创新技术、60 余项先进的方案优化措施以及 80 余项精细化设计优化措施，全面实施了新一代 1 000 MW 高效一次再热机组技术路线，使国内超超临界机组技术水平提升到一个新的台阶。

3.2　锅炉整体设计

根据电站功能的要求确定锅炉的整体设计，使锅炉配置的主辅机设备及其系统完满地达到电站安全、经济运行的要求，获取更好的投资回报率。然而，锅炉必须根据使用的燃煤品种、燃煤燃烧特性、生态环保对污染物的排放限值、机组自动控制水平以及设备主要材料的国产化率等，开展项目的可行性研究，并对锅炉进行性能设计和结构设计，确保机组灵活应对各种运行工况的变化，达到高效率、环保的绿色发电的目标。

3.2.1 机组整体布置

锅炉炉型主要根据燃煤煤质的差异性和制造商的成熟经验进行选择。超临界、超超临界锅炉从整体布置可分为Π形布置、塔式布置、W形布置和T形布置。苏联采用T形布置，如引进苏联的伊敏、盘山电厂500 MW和绥中电厂800 MW锅炉。高灰分煤质、褐煤可选用塔式布置，除燃用无烟煤的锅炉少量采用W形布置外，国内的燃煤机组大多采用Π形布置。

W形火焰燃烧方式对难燃的贫煤及无烟煤在燃烧稳定性上优于四角和墙式燃烧方式，其下炉膛的截面积偏大，炉膛四周炉壁上敷设卫燃带，可使煤粉火焰具有较高温度，而又不易冲墙，减少了结渣的危险。然而，其炉膛截面积大、形状复杂，锅炉本体造价要增加20%左右。我国首台采用W形火焰燃烧方式的600 MW超临界锅炉于2009年7月在湖南省金竹山电厂投入商业运行。

目前我国1 000 MW超超临界锅炉制造主要以哈锅、东锅、上锅为主，其主要性能如表3-5所示[8,9]。

表3-5　我国三大锅炉厂1 000 MW超超临界锅炉主要特性

项目名称	哈锅(HBC)	东锅(DBC)	上锅(SBC)
技术支持方	三菱公司	巴布科克-日立公司	阿尔斯通公司
锅炉型式	Π形炉	Π形炉	塔式炉
燃烧方式	八角反向双切圆	前后墙对冲	四角双切圆
锅炉出力/(t/h)	2 950	3 033	2 955
炉膛尺寸/m^3	33 383	31 402	30 113
水冷壁型式	垂直上升管圈带中间混合集箱	螺旋形管圈+上部垂直上升管圈	螺旋形管圈+上部垂直上升管圈
启动系统	分离器/储水箱+启动循环泵	分离器/储水箱+启动循环泵	分离器/储水箱/疏水泵+启动循环泵
过热蒸汽调温方式	煤水比、三级减温喷水、燃烧器倾角	煤水比、二级减温喷水	煤水比、三级减温喷水、燃烧器倾角
再热蒸汽调温方式	尾部调温挡板、燃烧器倾角、事故喷水	尾部烟气挡板、事故喷水	再热汽挡板、燃烧器摆动倾角、事故喷水
锅炉效率/%	≥93.65	≥93.84	≥93.66

（续表）

项目名称	哈锅(HBC)	东锅(DBC)	上锅(SBC)
6% O_2 下 NO_x 保证值*/(mg/Nm^3)①	360	350	350
过热蒸汽出口压力/MPa	27.56	26.25	27.9
过热蒸汽出口温度/℃	605	605	605

* 新环保烟气排放限值执行之前的数值。

1）哈锅

哈尔滨锅炉制造公司的 1 000 MW 超临界机组锅炉（见图 3-2）为 Π 形单炉膛/平衡通风/悬吊结构/露天布置，采用低 NO_x 的 PM(pollution minimum)型摆动式燃烧器和 MACT(mitsubishi advanced combustion technology)燃烧技术、反向双切圆布置方式；内螺纹垂直上升管圈/膜式壁结构；循环泵启动系统等。过热器调温采用煤水比加三级减温喷水，再热汽调温采用挡板、摆动燃烧器和事故喷水方式。

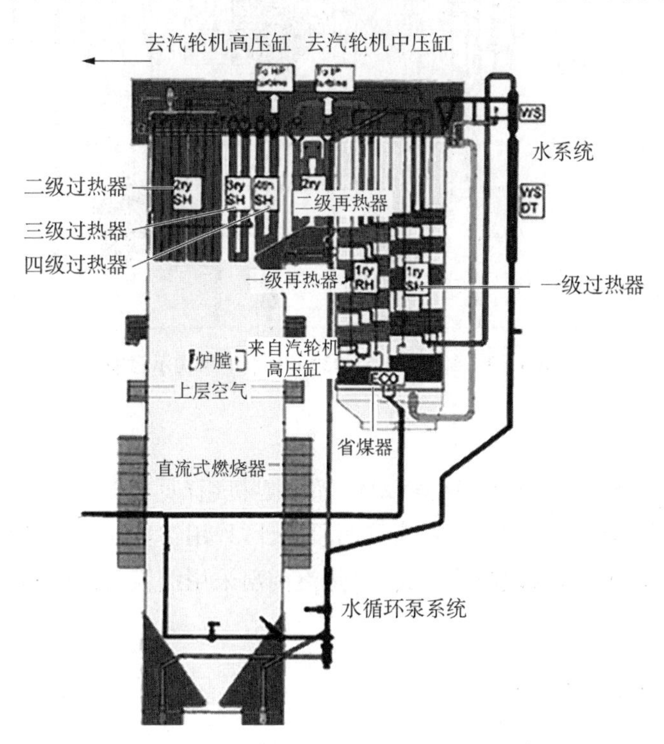

图 3-2　玉环电厂 2 950 t/h 锅炉结构示意图

① 本书 Nm^3 中的“N”表示该数据在标准状态下测得，这里的标准状态指压力为 101.325 kPa，温度为 0℃。

2）东锅

东方锅炉制造公司的 1 000 MW 超临界机组锅炉（见图 3－3）为 Π 形布置，采用内螺纹管螺旋形管圈水冷壁、不设节流圈，HT－NR3 低 NO_x 燃烧器、前后墙对冲，带循环泵的启动系统；过热汽温调节采用煤水比加两级减温喷水，再热汽温调节采用挡板和事故喷水调节方式。

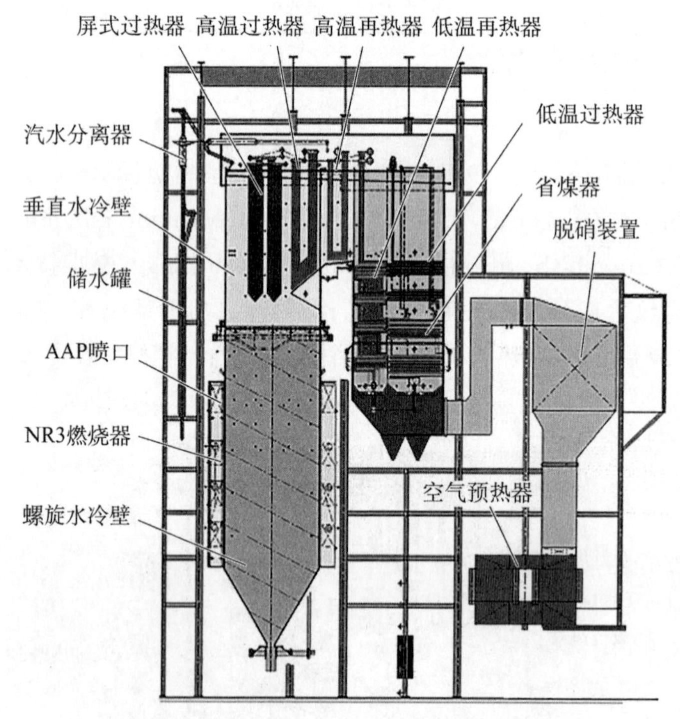

图 3－3　邹县电厂 3 033 t/h 锅炉结构示意图

3）上锅

上海锅炉制造公司生产的 1 000 MW 超临界机组（见图 3－4）为塔式布置，采用单炉膛、双切圆燃烧方式，螺旋＋垂直管两段设计，采用扩容式启动系统，过热汽调温采用调节煤水比加三级减温喷水方式，再热汽调温采用挡板、燃烧器摆动和事故喷水调节方式。

3.2.2　燃烧设备

电站锅炉燃烧器大致分为直流式、旋流式和双 U 形三大类。燃烧设备主要通过化石燃料与空气的燃烧释放化学能，并将转换成的热能传递给水-蒸汽工质。所以，锅炉炉内燃烧工况质量的优劣决定锅炉的燃烧效率，影响烟气污染物的排放量。随

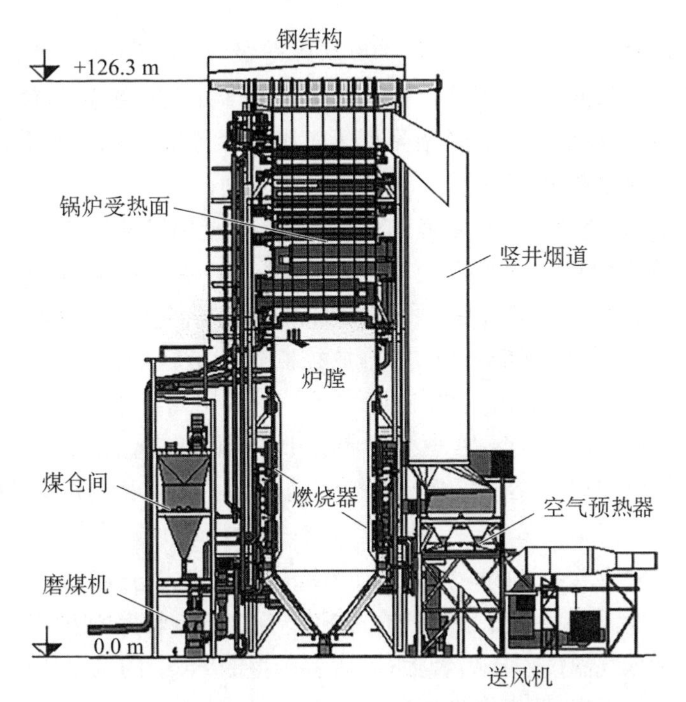

图3-4　外高桥电厂2 955 t/h锅炉结构示意图

着环保标准的提升,评判燃烧设备的性能由单一效率指标转向清洁高效的燃烧效果。

3.2.2.1　简述

超超临界锅炉的燃烧方式均沿袭制造厂商的成熟技术,如美国CE、日本三菱重工的直流燃烧器四角切圆布置;美国B&W和俄罗斯等旋流燃烧器、前后墙对冲燃烧仍是目前国内外应用最广泛的煤粉燃烧方式;而W形布置锅炉则采用双U形燃烧方式。

1) 国外燃烧器布置特点

Alstom-CE首先于1968年为Keystone电厂制造第一台850 MW单炉膛锅炉,燃烧器呈双切圆方式布置。日本三菱重工引进Alstom-CE的燃烧技术专利,其特点是2个切圆之间即炉膛中部无双面水冷壁,炉膛为一个整体——单炉膛,被称为八角双切圆布置燃烧方式。运行结果表明,采用该燃烧技术,其反向旋转的2个火球不仅不存在气流相互干扰和刷墙问题,而且炉膛内热负荷分布均匀,炉膛出口烟温偏差明显减小。

美国B&W公司、俄罗斯等则采用旋流燃烧器前后墙对冲燃烧方式。旋流燃烧器前后墙对冲燃烧方式具有锅炉沿炉膛宽度的烟温及速度分布较为均匀,过热器与再热器烟道左右侧的烟温和蒸汽汽温偏差相对较小的特点。

2）实践成果

我国从125 MW等级锅炉发展到300 MW等级，采用双炉膛布置、直流式双切圆燃烧技术。值得注意的是，采用2个相对独立的反向切圆燃烧方式，使气流对流热偏差叠加辐射热偏差形成互补，有效地降低了炉膛水冷壁出口处的工质温差。这种方式可使工质温差控制在40℃以下。

同样，旋流式燃烧器的对冲布置也利于降低水冷壁出口处工质的温差。

我国的超临界和超超临界锅炉煤粉燃烧技术基于机组的整体设计构思和实现煤粉初期着火稳定性的燃煤经验，采用多级配风控制燃烧区域的煤粉和氧浓度，形成区域性的还原气氛，实现低 NO_x 的排放控制。其措施如下：在喷嘴附近加强热烟气回流，强化着火或低负荷不投油的稳定燃烧；选用相对小功率的燃烧器以均衡火焰温度、降低水冷壁热负荷；在燃烧器布置上，利用炉内空气动力场对流互补，减少热偏差；适当增加炉膛容积和配置燃尽风，进一步实现燃烧高效率、NO_x 低排放[10]。

不同燃烧方式有着各自的炉内空气动力特性。直流式与旋流式燃烧器使炉内燃烧过程和烟气流动温度场以及由此产生的 NO_x 生成量有较大的差异。一般来讲，前者炉膛烟窗两侧烟气温度差比后者大；而后者产生的 NO_x 的量要比前者要高一些。但就总体燃烧性能而言，两者旗鼓相当。

20世纪90年代末，国内应用计算机数值模拟和炉膛模型试验研究的成果在多台锅炉机组上取得较好的运行效果，即炉内2个反向旋转的火球间不发生气流相互干扰和引发气流冲刷水冷壁墙的问题，且炉膛内热负荷分布均匀，炉膛出口烟温偏差明显减小。这种燃烧器布置方式成为超大型化切圆燃烧锅炉发展的样式。

采用数量较多的燃烧器，可解决单只燃烧器功率过大而产生的一些运行问题。

3）设计要点

锅炉性能设计的许多技术参数来自经验数据，所以大容量锅炉设计的燃烧器及布置对锅炉运行的安全性和可靠性尤为重要。

在不同煤种、不同负荷工况下要求精准控制沿炉膛高度上低 NO_x 的煤粉燃烧、碳燃尽度，控制燃烧区域容积热强度（Q/V）、炉膛截面热强度（Q/F）等指标与水冷壁的水动力特性相适应，避免水冷壁内膜态沸腾、水冷壁管上结渣和冲刷腐蚀现象，确保机组安全运行。主要考虑以下几点：①炉膛与单只燃烧器的容量匹配；②单只燃烧器具备降低 NO_x 的性能；③单只燃烧器容量的选择兼顾水冷壁型式的水动力性能；④降低燃烧器组合布置对炉膛出口烟气温度和水冷壁出口处工质的热偏差。

3.2.2.2 直流式燃烧器设计

锅炉燃烧设备通常按照所用燃料以及制造厂的实践经验选用。直流式燃烧器结构相对简单、操控灵活、煤种适应性较好而为大多数用户选用。

1) 哈锅燃烧器

哈尔滨锅炉公司燃烧器采用日本三菱公司 PM 型浓淡燃烧器(见图 3-5)和 MACT 燃烧系统技术(见图 3-6)。来自制粉系统的一次风(风煤粉比 $\gamma=1:1$)进入 PM 分离器,分配成浓淡($\gamma=6:4\sim8:2$)两股气流,分别通过浓相和稀相的两只喷口进入炉膛。

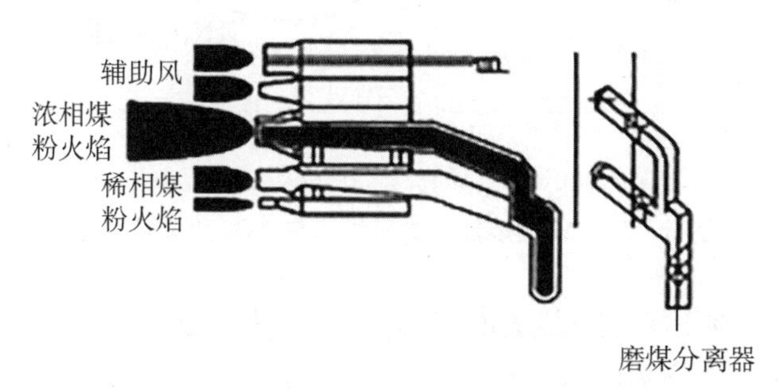

图 3-5　1 000 MW 机组锅炉 PM 型燃烧器

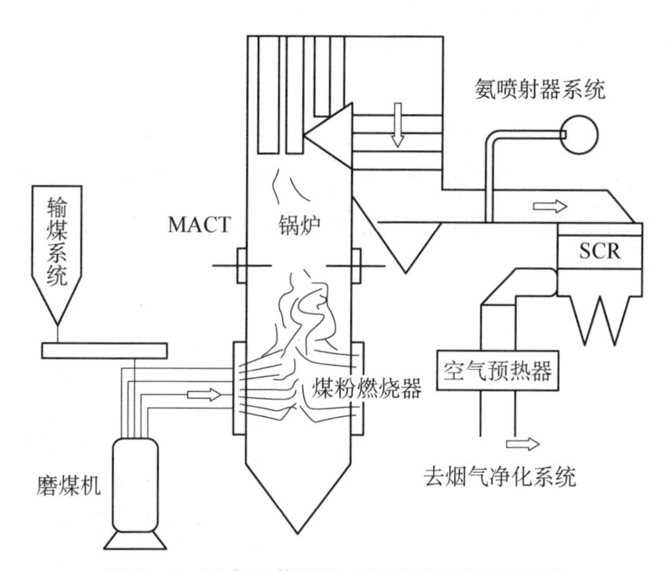

图 3-6　日本三菱制粉、燃烧器与 MACT 系统

PM 主燃烧器上方增设 4 层附加风喷嘴(AA 风)。燃烧器一次风煤比与 NO_x 生成量关系如图 3-7 所示。低 NO_x-PMMACT 型摆动燃烧器,八角反向双切圆布置,在热态运行中一、二次风喷嘴均可上下摆动,最大摆角为 30°,用于再热器蒸汽温度调节[11]。

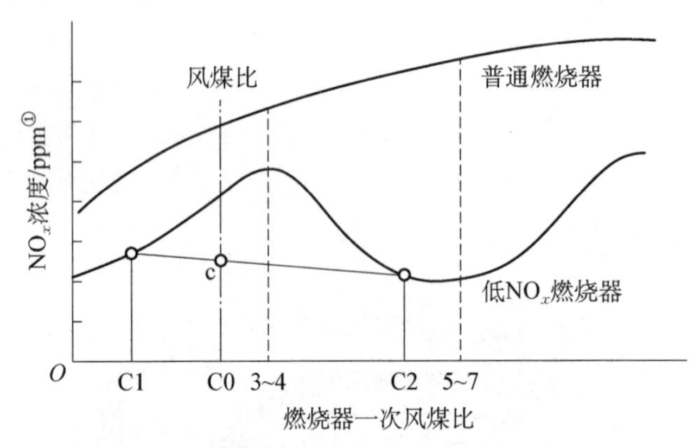

图 3-7　PM 燃烧器一次风煤比与 NO_x 生成量关系

日本三菱公司在 PM 型燃烧器的基础上，进一步发展了炉内三级燃烧的低 NO_x 燃烧技术。MACT 燃烧系统就是在 PM 主燃烧器上方一定高度增设二层 AA 风(附加风)喷嘴，达到分级燃烧目的。这样沿整个炉膛高度分成 3 个燃烧区域，即下部为主燃烧区，中部为还原区，上部为燃尽区，这种 MACT 分级燃烧系统可使 NO_x 生成量减少 25%[12]。

2) 上锅燃烧器

上锅燃烧器采用强化着火(EI)的煤粉喷嘴(见图 3-8)，包括上下 2 只偏置的 CFS 喷嘴，在主风箱上部设有 2 层紧凑燃尽风(CCOFA)喷嘴，主风箱下部设一层火下风(UFA)喷嘴，主燃烧器与炉膛出口之间布置热空气通道。燃烧器一次风管内的煤粉浓缩器如图 3-9 所示。

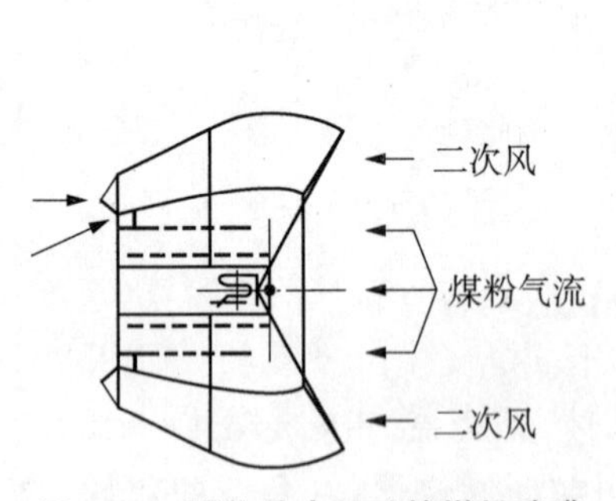

图 3-8　强化着火(EI)的煤粉喷嘴

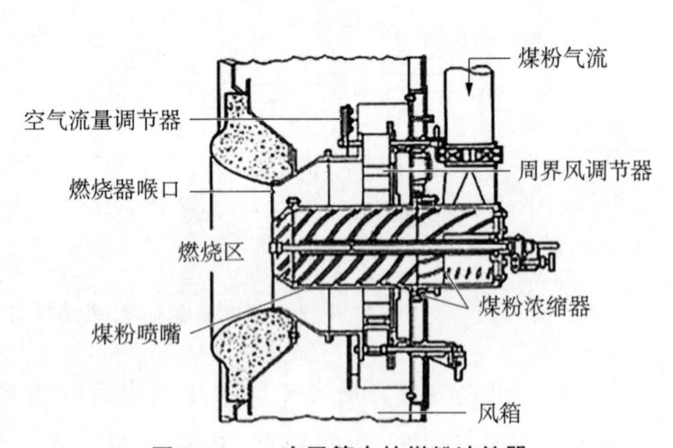

图 3-9　一次风管内的煤粉浓缩器

① ppm 表示百万分之一，是行业习惯用法。

3.2.2.3　旋流式燃烧器

旋流式燃烧器操控方便，也是用户选用的品种之一。它以调整气流的旋转强度来改变各种气流的混合和燃烧产物。如日立公司采用“扩大回流和缩短火焰”低氮燃煤燃烧技术，保证低 NO_x 下未燃尽碳含量不增加，通过导向衬套将三次风从燃烧器喷口的高温还原区分离出来。

1）东方日立的低 NO_x 燃烧器

其结构如图3－10所示，性能见图3－11。

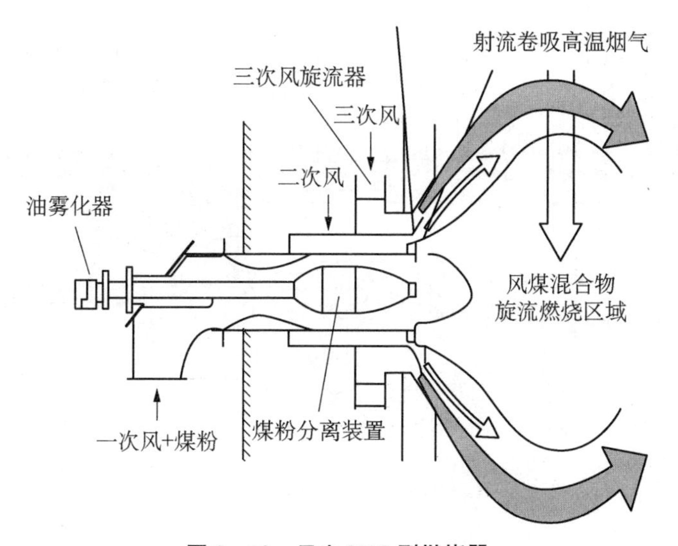

图3－10　日立NR3型燃烧器

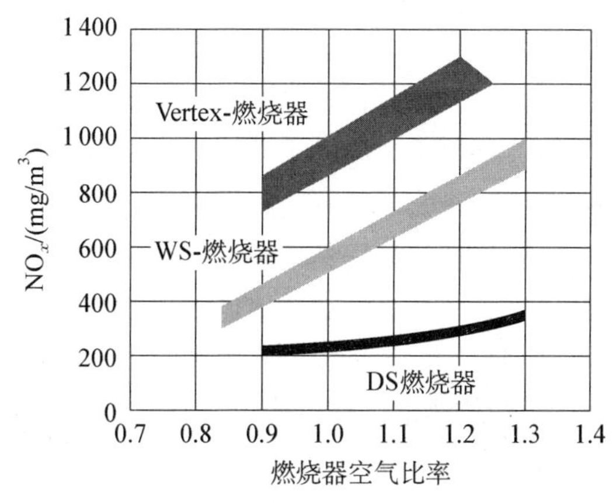

图3－11　燃烧过剩空气系数与排放 NO_x 的关系

2）北京巴威公司的燃烧器

北京巴威公司 600 MW 锅炉采用 B&W 公司 DRB－4Z™ 旋流式煤粉燃烧器。该燃烧器采用双调旋流式配一次风外围的过渡性供风，以实现火焰内脱氮。燃烧器空气供应 4 个区域(见图 3－12)，炉膛内 C、D 区域分别为设定比例的内外二次风，增强卷吸烟气调节燃烧。在炉膛前后墙最高一层燃烧器上方布置燃尽风(OFA)系统，即中心风为穿透力强的手调气流，边缘风具有可调的一定旋转强度。进入 OFA 喷口的二次风量由风箱入口挡板调节。

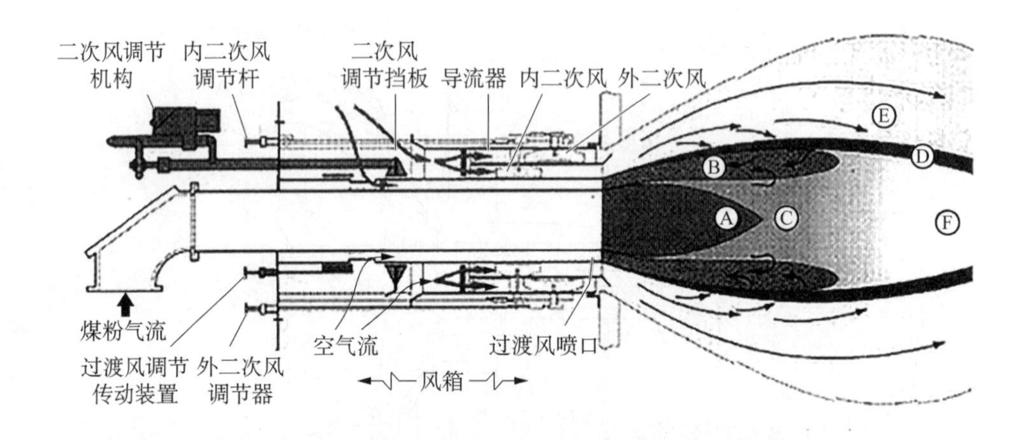

图 3－12　B&W 公司 DRB－4Z™ 旋流式煤粉燃烧器

A—贫氧区；B—热烟气回流区；C—NO_x 还原区；D—高温火焰过渡；E—可控二次风混合区；F—燃烬区

3.2.3　超临界压力锅炉水冷壁管屏

锅炉的初参数进入超临界时代，对于水工质变化的物理特性来说，直流锅炉水循环形式是唯一的选项。直流锅炉水工质的流动完全依靠锅炉给水泵的压力能。工质在水泵的驱动下克服锅炉各级受热面的流动阻力。锅炉炉膛的水冷壁管内的工质均为强制流动。

3.2.3.1　简述

超临界锅炉的参数高、容量大，其水冷壁内工质的压力、温度相应提高，外壁热流密度增加，水冷壁管内的水容积为满足安全质量流速的要求而减少；再则由于大容量锅炉水冷壁同时承载着自重和附加载荷，随炉膛断面和高度增大管子的线长比增大，刚度减小，温差增大，工作条件日趋苛刻。显然，这对水冷壁安全性提出了很高的要求。

直流锅炉汽水循环流动的特性与汽包锅炉的自然循环原理截然相反。其运行方式比较特殊，尤其是超临界锅炉在启动阶段，必须从亚临界压力参数过渡到超临界压力的运行工况。锅炉的滑参数运行方式使各受热面内工质的流动复杂化。不同水冷壁管圈的布置结构形式、工质回路行程的差异、所出现的水动力问题不尽相同，锅炉设计中必须谨慎妥善地处理。

直流锅炉水冷壁形式大致分为垂直上升管屏和螺旋上升管屏两种。而早期直流炉用的水冷壁结构，如二回程或三回程上升下降的垂直管屏、左右水平迂回上升的(Sulzer)管屏极少被大容量机组锅炉采用。

3.2.3.2　垂直上升管屏水冷壁

垂直上升管屏又分为一次垂直上升管屏和二次(或多次)垂直上升管屏。

1) 一次垂直上升管屏

在结构设计上，一次垂直上升管屏采用较小管径的厚壁钢管，所有水管并联，从炉底部向炉膛上部一次上升。在垂直水管上升过程中工质由管屏间的集箱进行二次混合，以减小管内工质温差。系统流程如下：一定量的欠焓水进入管屏，经过炉内吸热，管屏出口处工质接近干饱和状态，甚至达到微过热。其设计优点如下：①水动力稳定，重力压头改善了管内工质的水动力特性；②管屏支架结构架简单，制造方便、金属耗量少。

然而，在设计机组容量不太大的锅炉时存在突出的问题，那就是水冷壁内工质的质量流速受到运行工况的限制。首先，由于炉内燃烧条件的需要，炉膛横截面周界尺寸往往过大，且炉膛周界尺寸的增加与锅炉容量的增加不成正比，致使水冷壁内工质难以达到安全的流速。其次，在矩形或方形的炉膛内热负荷分布极不均匀，随机性的炉内燃烧扰动工况容易造成每根管子吸热量的差异；过大的管屏热偏差又导致管内工质的比热焓及温度的过大偏差，甚至管壁过热超温，危及设备安全运行。

显然，这种管屏的优点极适用于单机容量大的锅炉。据分析，燃煤锅炉水冷壁设计的一次上升垂直水冷壁管圈适宜大于700 MW等级的容量。

为了改善垂直上升水冷壁的工作特性，提高管壁内的传热系数，减少热力偏差和水力偏差，往往采用两种设计方法。一种是内螺纹管，可增强管壁内固液界面的传热；另一种是在管子入口端加装节流圈，调整管内的工质流量，使之适应炉内热负荷的变化。也有设计者着眼于水冷壁的“直立度”，提高水动力的补偿性能，减缓热效流量的危害。

2) 二次(或多次)垂直上升管屏

针对炉膛水冷壁管工质安全质量流速与适应燃烧工况的炉膛周界尺寸选定的问题，结构设计中采取多种措施，例如：①水冷壁为串联的二次垂直上升管屏，两者由炉外管连接，如早期的Benson式直流炉，采用串联的多次垂直上升管屏；②在内螺纹垂直管屏的上端采用分叉管结构，控制管内质量流速在合理区间等。

3.2.3.3 螺旋形水冷壁管圈

螺旋上升水冷壁由若干并联管子以一定上升倾角围绕炉膛四周盘旋上升而组成。它可灵活地改变管间节距或管子倾角来确定水冷壁的并联管数或管径，选择合适的安全的工质质量流速，兼顾炉内燃烧和传热工况。水冷壁管径的选择有较大的自由度，一般推荐水冷壁的上升倾角为 12.5°～30°[13]，回旋圈数为 1.5～2.5。并联的螺旋水冷壁管相向通过炉膛四壁的各个部位，其水动力稳定性好、各管的吸热度差异很小，可认为是抵御炉内燃烧干扰的最佳水冷壁布置形式。这种管圈适合调峰机组的滑压变负荷运行和滑参数启停，具有较高的机动性和经济性。当然，它也存在单管较长、流动阻力较大且结构设计要求高，制造安装工作量大，支吊架系统复杂等问题。

在实际应用中，一些超临界压力锅炉采用两者组合方式的水冷壁，即炉膛下部为螺旋上升水冷壁，炉膛上部为一次垂直上升水冷壁。这种水冷壁兼备两者的优点。

还有的设计采用复合循环系统，也就是在蒸发系统中加装汽水分离器和再循环泵。在超临界压力工作的额定负荷和部分高负荷下，它使蒸发受热面水冷壁中的工质保持在直流流动状态。在较低负荷进入亚临界压力工况时投入再循环泵，汽水分离器充当自然循环的汽包，承担蒸发系统补水的作用，保证锅炉水冷壁在调峰负荷工况下稳定安全的质量流速，又能避免高负荷下过高的质量流速，大幅度地降低给水泵的供电能耗。

螺旋形水冷壁管圈的这些优点使得水冷壁处在热偏差最小、流量偏差最小的良好状态。因此，其水动力稳定性较高，不会产生停滞和倒流，可以不装节流圈，最适合变压运行。

螺旋水冷壁管圈的缺点是结构复杂，流动阻力大，现场安装工作量大，管圈支吊架系统复杂，设计要求较高。

3.2.4 超临界压力锅炉的水动力

蒸发系统的水动力是锅炉安全运行的关键因素之一。水动力计算必须明确目标任务，保证系统汽水工质在各种运行工况下的传热稳定性。研究锅炉各级受热面内工质的稳定流动特性尤为重要。

3.2.4.1 水动力计算任务

水动力计算主要完成以下任务。

(1) 确定锅炉炉膛蒸发受热面水冷壁合理的结构布置和工作参数，保证受热面工作的可靠性。计算中要确定相对于不同负荷下工质的安全质量流速，流动稳定性的裕度，安全的水力偏差、热力偏差及受热面管子的温度工况；必要时制订出提高安全可靠性的措施。

(2) 确定锅炉整体汽水系统的压力降，选定锅炉给水泵的给水压头，提出对给水泵运行特性的要求。对于采用复合循环方式的锅炉，还要顾及蒸发系统中循环泵的工作特性。

(3) 直流锅炉机组的水动力计算在锅炉额定负荷和制造厂保证的最低安全运行负荷及启动工况下进行，以保证在额定工况、最低安全运行负荷和启动工况下锅炉炉膛水冷壁的工作性能安全可靠。

(4) 对于滑压变负荷的调峰机组的水动力计算，更要根据锅炉的调峰工况变化的要求，在超临界压力和低于临界压力以下的范围内，对锅炉受热面中间点工质温度改变了的特殊工况，进行不同运行工况的水动力计算，当然也需要锅炉热力计算的配合，以取得原始计算数据。

3.2.4.2　原始数据的确定

直流锅炉水动力计算必须在锅炉热力计算和受热面总体布置完成后，即方案设计完成之后进行。水动力计算前，首先需要确定下列原始数据。

(1) 采集水冷壁管件的相关结构数据(仅限于水冷壁受热面)，包括管圈管子直径、管长和并联管子数目；回路的流程形式；管屏处在炉膛壁面的方位等几何结构尺寸；水冷壁管组之间管路连接系统的尺寸和资料等。

(2) 计算管件的热力参数时可参照前人的经验或设计者实践积累的技术数据，预估受热面可能发生的热负荷分布偏差、管件间最大热偏差，确定管件内工质流量，管件进口工质温度、压力与吸热量等状态参数，工质的吸热量(按管件最大热力偏差计算)。

(3) 在进行锅炉最低安全负荷、启动负荷和滑压变负荷工况的水力计算时，应预先计算各工况下的锅炉热力参数，采集确定有关的计算数据。

3.2.4.3　水动力计算内容

1) 蒸发系统对水冷壁各参数的影响

①计算炉膛水冷壁各管件、水冷壁系统进口压力降，包括管组流动摩擦阻力、重位压头、局部阻力和工质的加速度压力损失，循环系统连接管道压降，必要时对进口集箱、中间混合集箱内的静压分布、压降以及混合与分配进行计算。②垂直管的水动力计算采用结构尺寸和吸热相等的原则[14]。经计算，可求得各工况下炉膛水冷壁系统的进出口压力降及系统各节点的压力，其数据供给水泵、循环水泵选型用。设计者还需要对水冷壁进行可靠性分析，包括非常情况下可能出现的最低给水焓对系统水动力特性的影响。

根据水力计算结果，绘制各工况下的水动力特性($\Delta p = f(G)$)的曲线图。由此分析各工况下水动力的稳定性，是否存在水动力多值性，乃至是否停滞和倒流。在工作区段内的压力降变化要有足够的陡度，流动压降的变化率与负荷变化率的比值 $\left(\frac{\Delta p_2}{\Delta p_1}-1\right)\Big/\left(\frac{G_2}{G_1}-1\right)$ 不应小于 2。如此，该系统所产生的水力偏差程度是可接受的。

2）水冷壁吸热偏差对温度工况的影响

通过计算水冷壁管组的热效流量偏差特性，求得吸热偏差 η_r 与水力偏差 $\eta_{\rho\omega}$ 的相关特性，作 $\eta_r=f(\eta_{\rho\omega})$ 曲线图，以探明管组的水动力特性对吸热偏差的补偿能力，计算出正常管与偏差管的工质流量、工质温度和管壁温度。其温度工况展示的管壁温度为该负荷下管壁金属的持续工作温度，应在管壁材质所允许的温度值内，否则会对管组工作寿命产生较大的影响，必要时应采取改进措施。

对于超临界压力锅炉机组，炉膛水冷壁受热面的热效流量偏差特性表明：在受热面工质平均焓增 Δi_0 和吸热偏差系数 η_r 为定值的情况下，当处在某一极限进水焓值 $(i_j)_{jx}$ 时，特性曲线的相应点上出现极小值 $\rho_{L_{\min}}=f[(i_j)_{jx}]$，即偏差管的工质流量最小，其出口温度出现极大值。研究得知，此极限进水焓值 $(i_j)_{jx}$ 随着 Δi_0 和 η_r 值的增大而减小；同时相应的热效流量偏差极小值 $\rho_{L_{\min}}$ 也下降，出口工质温度跃升更高。通过分析不同 Δi_0 和 η_r 值组合下的特性曲线得知：对于出现上述极值点的工况，其受热面平均工况管的工质出口焓均接近该压力下的最大比热点。根据这一自然规律，建议在选取水冷壁受热面的工质参数组合（i_j，Δi_0，η_r）时，应考虑使受热面的平均出口焓值设置在一个安全范围内，使偏差管内工质比容相对于正常管内工质比容的变化不至于过大，从而减小热效流量偏差的影响。

此外，还必须关注一种可能出现的危机工况，就是当某一工质参数组合（i_j，Δi_0，η_r）稳定的工况下，若 η_r 稍有增大（扰动），就导致 ρ_L 急剧大幅度下降，偏差管出口工质温度也大幅跃升，甚至出现了多值性现象。这时受热面的进水焓 i_j 称为最敏感进水焓。设计时不能有这样的工质参数组合，以免发生这种工况危机。

水冷壁受热面良好的传热环境水力计算的目的是要保证水冷壁管壁温度在允许的波动范围内，确保锅炉安全运行。

在超临界压力下，大比热区（即 $C_p\geqslant 8.4$ kJ/(kg·℃) 的区域）内，管壁与工质之间的放热规律有许多类似亚临界压力下沸腾时的传热特点，水平受热管内存在上下壁温差。若管壁热负荷与质量流速之比 $\left(\frac{gi}{\rho\omega}\right)$ 过大，即单位质量流量的吸热量过大，则上下壁温差加大，管壁温度出现峰值。

垂直上升管内，工质在大比热区内的局部放热系数按下式迭代计算：

$$\alpha=0.023\frac{\lambda}{d}Re^{0.8}p_{r_{\min}}^{0.8} \tag{3-1}$$

式中，$p_{r_{\min}}$ 为按管内壁温度和工质温度查得的普朗特数中的较小者。

水平管因存在上下壁温差，管子上半壁的放热系数比下半壁小很多，故考虑计算上半壁的放热系数。计算时，取垂直管的放热系数乘上因水平管倾角不同的修正系数，又因水平管的放热系数小于垂直管的，故修正系数小于1，管子倾角越小，修正系数越小。当管子倾角大于或等于45°时，修正系数为1，即倾角45°的管子放热系数等同于垂直管。

传热恶化均发生在流动稳定管段，传热恶化程度仅取决于比值$\left(\frac{g_f}{\rho\omega}\right)$的大小。当出现危险工况时，可以采取提高质量流速或降低热负荷的改进措施。为了防止发生传热恶化，建议在锅炉额定负荷下使受热面的比值$\left(\frac{g_f}{\rho\omega}\right)$不大于0.42 kW・s/kg。

在亚临界压力下，若有不良的工况参数组合，即压力 p、质量流速 $\rho\omega$、热流密度 g_f 及工质质量含汽率 x 组合不适宜，工质流动结构会偏离核沸腾或者附壁液膜被蒸干。此刻管壁对工质的放热系数急剧下降，管壁温度跃升，出现峰值，引发传热危机。

当前，因大容量燃煤或燃油锅炉中炉膛水冷壁的热流密度尚未能达到表面沸腾时的临界热流密度，可以认为，水冷壁的传热恶化主要原因与热负荷无关，没有液滴湿润的液膜蒸发现象所引发的第二类传热恶化危机。决定此类危机的主要参数是在受热面管内发生危机截面上的工质含汽率，称之为界限含汽率(x_{jx}°)。对于进口为欠热水(包括进口含汽率 x_j 低于阻力危机含汽率 $x_{\Delta p}$ 的汽水混合物)的水冷壁受热面，界限含汽率(x_{jx}°)与热负荷无关而由压力、质量流速和管径决定。随着质量流速增大，界限含汽率下降。而压力对界限含汽率的影响如下：压力低于5 MPa时，压力上升，界限含汽率增大；压力大于5 MPa时，界限含汽率随着压力的上升而减小。管子内径越大，界限含汽率越低。这里所述的内容均为受热的垂直管中的流动工况。

在水平管中，管子上部的液膜要比下部的薄些，传热更差。因此，水平管中的换热恶化区域比垂直管大得多，其界限含汽率更低，而倾斜管介于两者之间。

当达到界限含汽率而发生换热恶化的瞬间，液膜被蒸干，由液膜冲刷的管内壁瞬间被蒸汽冲刷，该蒸汽流速相当高，管壁对工质的放热系数虽然有所下降，但还是较高且稳定，故管壁温度的跃升程度有限，数值大小用管壁温度 $t_{b\max}$ 与工质温度(饱和温度)t_{bh} 之差值 $\Delta t_{\max}$ 表示。研究表明，质量流速越大，温差值 $\Delta t_{\max}$ 越小，其管壁温度跃升越低；降低受热面热负荷，则管壁温度跃升幅度降低；工作压力增大，管壁温度跃升减小。

值得注意的是，在一定压力下沿汽水混合物流动的管壁温度变化取决于热负荷与质量流速的比值。比值足够小时，跃升后温度立即开始下降；比值增大时，最初跃升后的管壁温度继续增大，然后下降。当低质量流速 $\rho\omega=500\ \mathrm{kg/(m^2\cdot s)}$ 时，换热恶化区中管壁温度一直上升。

同时，在产生液膜蒸干范围管段内由于管壁附近有小股残留水和靠近管壁的气流做不规则的流动以及蒸干截面周期性地前后移动而造成波动幅度很大的温度脉动，使管壁金属疲劳破坏加剧。为此，建议在换热恶化区中，管壁与工质之间的温差 Δt_{max} 不超过 80℃。

只有经过严谨的水动力计算，才能确保机组炉膛水冷壁管屏的安全稳定运行。

从图 3－13 可见，某机组炉膛回路在额定负荷不同流量下的压降、水冷壁压降均随流量的增加而线性增加，水动力特性值保持稳定。较好的正向流动特性可保证各种工况下水动力的稳定性。

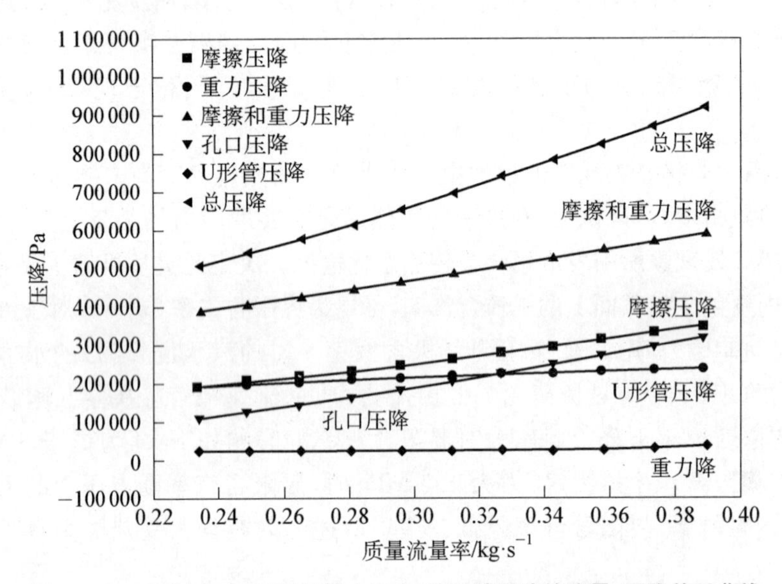

图 3－13　100% BMCR(锅炉最大出力)下炉膛回路的流量-压降关系曲线

3.2.4.4　直流炉水冷壁管内流动的脉动工况

直流炉水冷壁管内发生流体周期性地脉动现象，有整体脉动和管间脉动两种。

1）整体脉动

所谓整体脉动是指水冷壁受热面管子的进出口工质均出现同相位的周期性变化现象。其主要原因有：①锅炉给水泵选型不合适，其运行特性曲线的陡度和压头不够；②若受热面的进水流量稳定，而出口蒸汽流量、压力和温度发生波动，则其波动周期和振幅变化由炉内燃烧、给水或者外部压力的剧烈扰动所致，当扰动消除后，脉动也会停止。

2) 管间脉动

在水冷壁管组中，流体是不允许产生管间脉动的，但往往由于某工况的参数发生扰动变化，导致有些管圈中出现流体的管间脉动。其进水流量和出口蒸汽流量两者的变化曲线相位角正好相反，进水流量的振幅要比出口蒸汽流量的振幅大好多倍，蒸汽流量总是在正值上方波动，而进口水流量的波动呈正负值交替变化。当出口蒸汽流量达到最大值时，进水量最小，甚至会发生倒流现象。

脉动产生原因与消除措施如下。

(1) 管组中有些管子受到某些干扰，$\frac{g_f}{\rho\omega}$突然增大，吸热量增大，蒸发点前移，产生一个附加蒸发量 dG/dt，蒸发管段的流动阻力增大，导致进口段的压力增加，改变进口工质流量，却增加受热面的蓄热量。前者是外因，后者是内因。由此周期性反复波动，成为产生下一个脉动的能量。

随着管内压力和质量流速的增加，以及受热面热负荷的降低，发生管间脉动的可能性减小。显然，垂直管组中不出现脉动的界限质量流速要比水平管组更高。

(2) 超临界压力下，进口工质焓 $i_j < 1\ 650$ kJ/kg、工质焓增 $\Delta i_0 > 1\ 470$ kJ/kg 的管组有可能发生管间脉动。

(3) 当管组布置结构确定后，校验管中质量流速，当其大于界限质量流速($\rho\omega_{jx}$)时是安全的，否则在管子进口加装节流圈，提高阻力比值，抑制脉动。为了控制给水泵的电耗，设计中往往在工质含汽率较低的区段(0.15～0.2)上加装呼吸箱，平衡各蒸发管在开始沸腾区段的压力，以降低蒸发段的阻力，减弱管间脉动。

(4) 汽水分层流动的校验。水平管或微倾斜管(倾角小于 15°)会发生汽水分层流动，管子下母线处管壁对沸腾水放热系数的影响极大，而管子上母线处则随流动工况的变化而有很大差异，造成管子上下壁温差 Δt 很大，甚至超出允许值。分析表明，Δt 与受热面热负荷、压力质量流速和含汽率等因素有关。在亚临界压力下，上下壁温极大值 Δt_{max} 出现在 x 为 0.25～0.35 的范围内；当压力接近超临界($p =$ 22 MPa)时，Δt_{max} 移向 $x = 0$ 的附近。由此可见，即使在水欠热区域内也会发生上下壁温差。

为消除汽水分层，需要对水平管或微倾斜管设定最佳质量流速。

辐射受热面：$(\rho\omega)_{min} \geqslant 400$ kg/(m^2·s)；对流受热面：$(\rho\omega)_{min} \geqslant 300$ kg/(m^2·s)。

(5) 水动力多值性校验。在一定热负荷的水冷壁中，无论进口欠热水、出口高含水率混合物或者过热蒸汽，都有可能出现水动力的多值性。因为系统水动力的特性($\Delta P = f(G)$)曲线是三次方曲线，出现两个极值点。在同一个进出口压差下，蒸发管内工质可能在三个不同流量工况下运行，会造成管子出口很大的热偏差。对于超临界压力下运行的水冷壁管组，入口水焓达到敏感值时也会出现多值性。当 $p > 17$ MPa

时，水动力特性稳定，一般不发生多值性，但进口欠热水焓对多值性的影响很大。为此，超临界压力下的水平管组若能满足下式，则水动力特性为单值。

$$\Delta i_{gh} \leqslant \left(1+\frac{\sum_{jL}}{z}\right)\frac{7.46r}{c\left(\frac{V''}{V'}+1\right)} \quad (\mathrm{kJ/kg}) \qquad (3-2)$$

式中，Δi_{gh} 为管组入口工质欠焓(kJ/kg)；V'、V''为工质饱和水、饱和蒸汽比容(m^3/kg)；r 为工质汽化潜热(kJ/kg)；$\sum_{jL}$ 为节流圈阻力系数(按管内流速计算)；z 为管子总阻力系数(包括管子总长度及局部阻力)；c 为考虑安全裕度、提高特性曲线陡度的修正系数，与压力有关。当 $p \leqslant 10$ MPa时，取 $c=2$；当 $10\ \mathrm{MPa} < p < 14$ MPa时，取 $c=(p/4)-0.5$；当 $p \geqslant 14$ MPa时，取 $c=3$。对于管子进口装节流圈的管组，其节流度越大，进口欠焓越大。

3.2.4.5 水冷壁变压运行设计要点

采用一次上升垂直管屏水冷壁的系统水动力特性，重点研究解决变压运行及特殊工况下水冷壁的传热安全问题。

变压运行的超临界、超超临界压力锅炉，其水冷壁的三个运行阶段如下：第一阶段为自点火到最低直流负荷的强制循环，此阶段中水冷壁的安全性主要是保证水动力稳定性(多值性和脉动)和控制水冷壁管之间的温度偏差；第二阶段为亚临界直流运行阶段，避免水冷壁在低干度区间的工质膜态沸腾(DNB)，控制在近临界压力下高干度区间的干涸(DRO)；第三阶段为超临界压力运行阶段，管壁温度控制在选定材料的许可范围内，防止出现“类膜态沸腾”管壁温的骤升。在给定的内螺纹管管径、螺纹的特性参数以及管子内壁热负荷条件下，其安全性均取决于质量流速。对于直径为28.6 mm的垂直内螺纹水冷壁可保证水动力的稳定性，同时可控制管内最大温度偏差。水冷壁的安全性与质量流速的选择[15]见表3-6。

表3-6　水冷壁负荷与管内质量流速

水冷壁负荷	启动0～25% BMCR	25%～60% BMCR	75%～100% BMCR(≤600 kW/m^2)
界限质量流速/(kg/m^2·s)	350(一般取450)		1 000(一般取1 800左右)
备注	自点火到最低直流负荷的强制循环	亚临界低干度	近临界高干度区，控制DRO时壁温飞升

MHI质量流速与蒸汽流量的关系如图3-14所示，内螺纹管中蒸汽干度、质量流量和热负荷关系如图3-15所示。

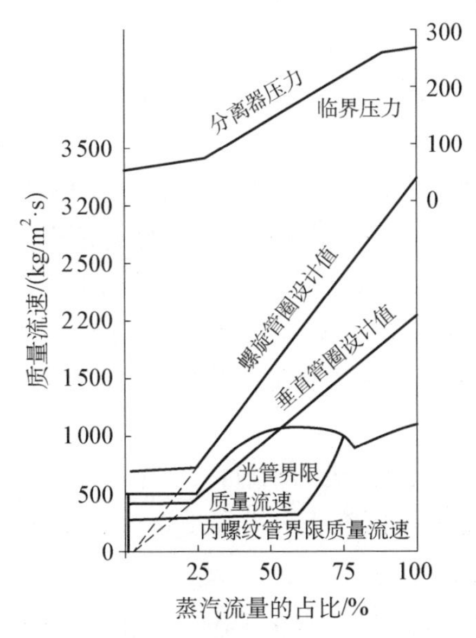

图 3-14　MHI 质量流速与蒸汽流量的关系

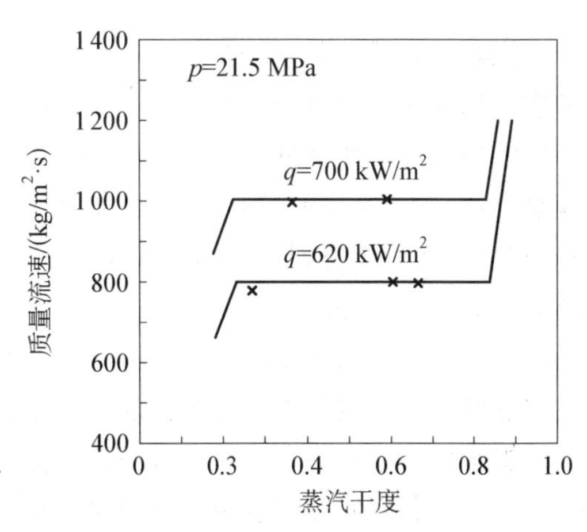

图 3-15　内螺纹管中蒸汽干度、质量流量和热负荷关系

对特大容量锅炉而言，由于炉膛周界的热负荷偏差大，加剧一次上升垂直水冷壁管圈的出口温度偏差。为此，水冷壁上增加二级混合器的集箱。其试验结果表明，与一次上升垂直水冷壁相比，在直流工况运行时水冷壁出口温度偏差减少 30%，降到不大于 35℃，中间混合集箱的设置可使上炉膛的入口工质无论在温度和流量方面均得到充分的混合和均匀化，同时也增加了系统阻力和结构上的复杂性。

另外，在水冷壁入口加装节流孔板，由下集箱内的 Marman 夹式卡装结构改成集箱长管出口接头的焊接式结构。通过二次 U 形三叉管过渡，节流孔圈数减少$\frac{3}{4}$，而且可装在直径达 42.7 mm 的较粗管段上，于是可采用较小直径的水冷壁下集箱。

在定压与变压运行系统中配置再循环泵，能适应锅炉启动和极低负荷运行，保证系统内必要的质量流速的需要。国外曾试验，在光管内径为 9.4 mm、压力为 31 MPa、热负荷为 472 kW/m^2 的条件下，管内质量流速为 679 kg/(m^2 · s)和 1 220 kg/(m^2 · s)时，均未发现“类膜态沸腾”现象，而当质量流速为 544 kg/(m^2 · s)时，管壁温度跃升。

河源电厂 2×600 MW 锅炉水冷壁上加装二级混合器的集箱后，水冷壁出口温度偏差减少$\frac{1}{3}$以上，且水冷壁下集箱入口的流量孔板改在出口管接头上，利于调试和更换。再则，增大节流圈的管径，可提高流量调节幅度。

锅炉启动时，经历了启动阶段的再循环模式、亚临界和近临界的直流运行以及超临界直流三个阶段。采用内螺纹管，有利于防止工质在亚临界低干度区间发生膜态沸腾，有利于近临界高干度区间发生干涸时控制管壁温上升的幅度，还可以采用较低的质量流速以降低水冷壁阻力。

3.2.5 主/再热蒸汽特性(控制策略)

锅炉过热器控制系统是一个大延迟的控制过程。为了提高过热蒸汽温度的调节品质，自20世纪90年代，数字式控制系统DCS取代了常规控制系统，以微处理机为基础的控制系统快速处理锅炉机组的大量动态信息。原瑞士苏尔寿公司采用了一个观察器，即用数学模型进行计算；计算结果再与过热器出口温度进行比较后不断地去校正模型，最后使模型与实际过程完全一样。采用了数字式状态调节器后，控制精度及调节品质大大提高。

1 000 MW超超临界机组主蒸汽温度变化特性主要表现为辐射特性，中间点温度对主蒸汽温度影响较大。主蒸汽温度调节的关键是控制汽水分离器出口过热度，以调节煤水比(water fuel ratio, WFR)控制蒸汽过热度。

再热器蒸汽温度控制以再热器烟道烟气挡板调节为主，辅以摆动燃烧器喷嘴来控制炉膛出口烟气温度，在负荷变化期间和危急情况下，采取再热器事故喷水。

潮州电厂3号、4号1 000 MW超超临界燃煤机组锅炉运行过程中多次出现主蒸汽温度、再热蒸汽温度大幅度波动且偏离设定值的问题。分析认为：给水调节控制问题以及中间点温度波动大是主蒸汽温度波动大的主要原因；减温水调节阀自动投入时超调量大，烟气挡板未自动投入是再热蒸汽温度波动大的原因[16]。

实际上通过调节燃料量可使煤水比的比例与工况相对应，但在大惯性的调节回路中，PID调节也未能取得较好效果。在低负荷下，中间点温度的静态波动最大达±12℃，如图3-16所示。

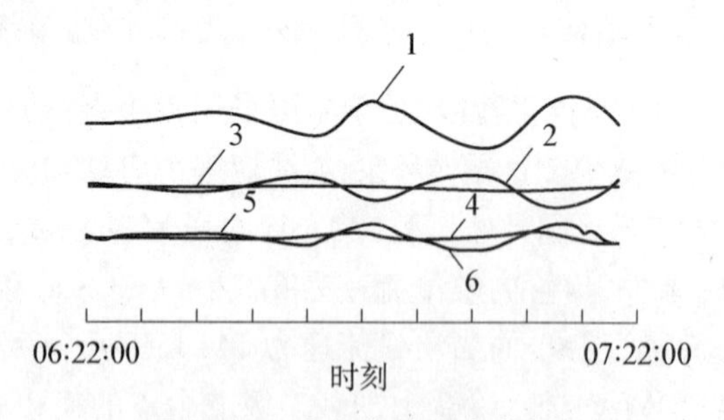

图3-16 中间点温度波动曲线

1—WFR PID输出(−150～5 t/h)；2—中间点温度(300～450℃)；3—分离器入口温度过热度目标值(300～450℃)；4—机组负荷(200～1 100 MW)；5—总燃料量(100～450 t/h)；6—给煤量指令(100～450 t/h)

1）主蒸汽温度控制优化策略

主蒸汽温度控制优化策略有如下几种。

(1) 干态下 WFR 控制汽水分离器出口过热度和末级过热器出口温度，但两者权重不同。据三菱公司数据，其温度偏差的比例为 9∶1，视实际情况修正。当中间点温度偏离设定值较大时可用附加给水量修正值调整。

(2) 在机组运行过程中中间点过热度偏离设定值较大的情况下，额外附加一定的给水流量修正值，可以调整中间点合适的蒸汽过热度。

(3) 增加给水流量指令，以减温水流量的补偿保持给水流量的稳定性。

(4) 为补偿燃料热值变化，把 WFR 控制指令加在燃料流量指令上；为了改进锅炉在负荷改变期间的响应性，给锅炉输入加速指令（BIR - FF）作为前馈信号；把 WFR 控制指令加在燃料流量指令上。WFR 优化控制策略如图 3 - 17 所示。

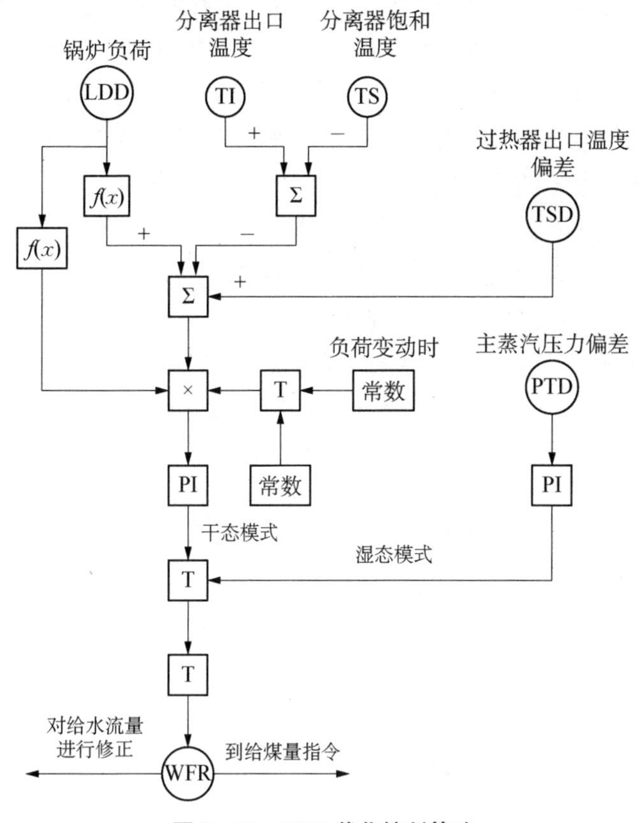

图 3 - 17　WFR 优化控制策略

2）再热蒸汽温度控制优化措施

再热蒸汽温度控制优化措施如下。

(1) A侧和B侧末级再热器温度烟气调节挡板分别单独控制,互不影响。

(2) 采用机组负荷变化率作为前馈。

(3) 将本侧末级再热蒸汽温度微分作为前馈。

(4) 以总给煤量的微分作为前馈信号。

(5) 采用喷水减温器后再热蒸汽温度的微分作为再热烟气调节挡板自动的前馈。

(6) 配合使用再热烟气挡板系统和喷水减温,自动投入。

(7) 适当限制再热烟气挡板的开度。

(8) 摆动燃烧器喷嘴调节所需的函数应根据近期的运行情况来定。

3) 火电厂主汽温度是确保机组安全、经济运行的一个重要参数

绥中电厂1 000 MW燃煤机组采用炉、机、电集中控制方式[17],分散控制系统(DCS)采用西门子SPPA-3000系统。单元机组的控制系统包括数据采集(DAS)、模拟量控制(MCS)、顺序控制(SCS)、锅炉炉膛安全监控(FSSS)、电气监控(ECMS)、汽机数字电液控制(DEH)及给水泵汽轮机控制(MEH)。厂用电源公用系统纳入DCS,均由DCS操作员站监控,并设置相互操作闭锁,循环水泵房设远程控制站。分散控制系统电源为电气双回路不停供电。

协调控制系统设计在模拟量控制系统(MCS)中,包含机炉自动(BF)协调、锅炉(自动)跟随、汽机(自动)跟随和基本(手动)4种控制方式。

(1) 主汽温控制算法基于其控制系统大时滞、大惯性及动态特性随工况变化而变化的特点,在常规PID控制器的基础上,为获得理想的控制品质,发展了多种智能控制算法:①模糊控制——不依赖被控对象的精确数学模型;②神经网络——具有快速处理、高度非线性、高度容错、联想记忆及自学习与自适应等特点,能够学习与适应严重不确定性系统的动态特性;③遗传算法(genetic algorithm, GA)——通过模拟自然遗传学中优胜劣汰、适者生存的进化法则,实现对特定目标的自适应概率性优化搜索,不需要计算梯度,故其目标函数不受限制,也不要求目标函数连续可微以及其他辅助信息;④Smith控制——一种具有代表性的纯滞后补偿控制方法,在一定条件下可以消除纯滞后对调节过程的影响,大大提高控制品质,但此算法需要已知被控对象的模型,对模型的误差十分敏感,鲁棒性和抗干扰性比较差。

(2) 控制方法:主蒸汽温度精准控制有一级/二级过热器喷水控制煤水比及偏置补偿。在绥中1 000 MW机组的主汽温度控制中,将专家控制策略与串级PID控制相结合,有效地克服了传统PID控制的缺点,提高了系统的动态品质及克服外部扰动的能力,主汽温度控制误差在±3℃之内,保证了机组的汽水品质和安全稳定运行。

3.2.6　甩负荷特性

甩负荷是机组应对电网急剧变化的一种手段，也是新建机组必须验证的安全自适应性。所以，甩负荷试验是火电厂新建机组应做的主要试验之一[18]。对于大容量超临界燃煤机组甩负荷试验而言应采取必要措施，确保试验成功。

1）编制甩负荷试验指导书

(1) 试验目的：测取汽轮甩负荷后的动态过程，考核汽轮机 DEH 的控制功能，评定 DEH 及系统的动态品质，对汽轮机相关的自动、联锁保护特性做进一步检验；锅炉不发生灭火；考核机组主(炉机电)、辅助设备动作的灵活性及适应性。

(2) 试验方法：断开发电机主断路器，使机组与电网解列，通过甩去 50%及 100%额定负荷的 2 个阶段试验，考核汽机调节系统动态特性(先进行高、中压调门的严密试验)。

(3) 技术交底：试验组技术人员与机组司炉、司机必须进行技术交底。试验中加强监控锅炉侧设备安全。

(4) 操作要点：分别进行各甩负荷工况的试验。

(5) 标准要求：试验中不发生主燃料跳闸(MFT)。考虑到直流炉的安全性，必须保证最低安全给水流量，因而试验中需要退出 MFT 的保护，这一要求宜修改相应条款。

2）系统操作与试验步骤

表 3-7 给出 300 MW、600 MW 机组的甩负荷试验工况要点和过程现象。

表 3-7　两机组试验工况要点与现象

工况	300 MW	600 MW
试验前	投入 A 层、F 层、D 层磨煤机，A 层、F 层点火枪，自动投入送引风机、一次风机、给水	投入 A 层、B 层、C 层、D 层、E 层、F 层磨煤机，其余同 300 MW 试验前工况
试验前	甩负荷前 30 s 停运 D 层磨煤机，甩负荷前 10 s 停运 A 层磨煤机，甩负荷前 3 s 停运 F 层磨煤机，机组甩负荷后保留 A 层、F 层点火油枪运行	甩负荷前 60 s、40 s、20 s、10 s 分别停 C、E、D 和 B 层磨煤机，最后 3 s 停 A、F 层磨煤机。立即打闸一次风机；甩负荷后 30 s 停 A、F 层点火油枪
试验中	负荷接近 0；主汽压由 14.89 MPa 迅速上升到 19.2 MPa，再缓慢升至 20.13 MPa；汽机转速最高为 3 057 r/min；两台汽泵跳闸，启动电泵，给水手动，流量由 1 000 t/h 下降至 60 t/h	手动解列发电机，负荷接近 0；立即启动 PCV 阀，汽压由 23.32 MPa 迅速上升到 26.03 MPa 后下降；汽机转速最高为 3 103.11 r/min；两台汽泵跳闸，关闭汽泵，给水手动，水流量由 1 903 t/h 下降至 0
中间点	过热度由 27℃→63.6℃→20℃稳定	中间点过热度 28℃稳定

（续表）

工况	300 MW	600 MW
炉膛负压/Pa	一次风机打闸，送、引风机手调，炉压由−30→−390→−93→−808→+720→正常	送、引风机手动调节，炉压由−50→−350→−220→−816→+275→正常
试验过程	操作正常、无熄火、燃烧可控	操作正常、无熄火、燃烧可控

3.2.7 密封性

锅炉的密封性是一项重要考核指标，反映机组运行的安全性、经济性和环保水平。

1）炉顶密封部件

炉顶密封部件主要由如下部分组成：前墙水冷壁管排与顶棚管间；侧墙水冷壁管排与顶棚间；过热器、再热器管排穿越顶棚的密封及后竖井吊挂管穿顶棚密封。

2）密封结构

一次密封处理：前墙水冷壁管排与顶棚管交接处采用小罩壳密封结构；过热器、再热器管排穿越顶棚处采用套筒式密封结构和波纹管膨胀接头的焊接密封结构；屏式过热器区域，除穿顶棚处外，采用顶棚管排焊接膜式管屏结构。

二次密封处理：在顶棚管上和过热器、再热器穿顶棚处还可采用高温微膨胀耐火塑料作为炉顶密封的补充措施；大屏穿顶棚区域还设置了密封小罩壳。

3）泄漏原因

(1) 设计不当：锅炉顶棚前集箱至尾部后包墙的纵向长度为35 m，热态运行前后及两侧的绝对膨胀量分别为55 mm、208 mm。尽管炉顶棚管为鳍片形膜式壁，但无法与炉膛四周水冷壁、炉后包墙管穿墙部位形成全密封，仅用密封板、梳形板与内护板焊接形成一次全密封结构，无法确定由复杂的热应力引起的炉顶膨胀中心，以致密封件被拉裂。

(2) 穿墙管密封盒尺寸大（～20 m），但各管系的密封盒间距很小，不足以吸收密封盒焊接产生的焊接应力而被拉裂。

(3) 炉顶烟气压力长期处在正压状态，加剧了烟气和飞灰的泄漏量。

(4) 密封材料的理化指标与耐火可塑材料的差异较大。

4）折形立体柔性密封

采用专用高温黏合剂和多层高密度陶瓷纤维，以材料组织结构吸收炉体的热膨胀，从而起到消除炉顶烟尘泄漏现象的作用。施工中须严格按照程序和规范操作，其效果明显。

操作流程如下：密封工作面除锈后焊接抓钉（每立方米不少于12根）—敷设3层

陶瓷纤维(由里向外;每层纤维与金属面均涂黏结剂;层间错层距离不小于 100 mm)—镍铬锰软网铺设(方形逆止垫片间隔固定)—菱形钢网盖面(网间搭接不小于 50 mm)。

5) 案例

某电厂 2×600 MW 机组配置超临界变压直流锅炉(DG1900/25.4—Ⅱ1),Π 形布置。其炉顶密封采用平面硬性密封,导致炉顶长期漏烟、漏灰现象。尽管进行了多次补焊、浇注可塑材料进行修复,仍无济于事,直至更新密封技术,采用折形立体柔性结构,才解决了炉顶泄漏的难题[19]。

3.2.8 安全性(锅炉爆管、空气预热器)

锅炉受热面部件以及回转式空气预热器的安全控制对机组的正常运行十分重要,必须加强管理。

1) 锅炉爆管

(1) 半山电厂 #1 1 000 MW 机组锅炉爆管情况如表 3-8[20] 所示。

表 3-8 #1 机组爆管情况

时间	运行工况及爆管位置	材料	损坏原因及其处理
2006.10.21	690 MW,三级过热器第 28/29/30 排分别有 11/3/2 根管破损,其中爆管有 4 处 第 28 排第 7 根爆管见下图: 	Super304H,ϕ50.5 mm×8.6 mm,三菱供货	更换管子焊口、热处理、100%探伤 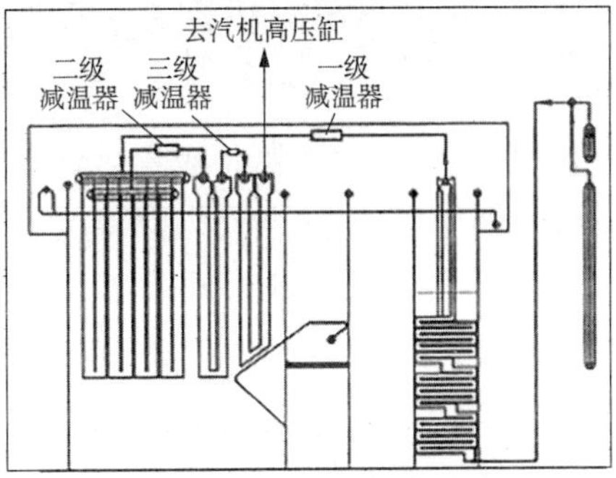
2006.10.31	水冷壁为 ϕ28.6 mm×5.8 mm(最小壁厚)四头螺纹管;负荷 712 MW,水冷壁由左向右第 53 根标高 41 m 处爆管;分隔屏右侧第 5 片有管爆破	管材 SA213-T12;管子间加焊的材质为 SA387-12-1	水冷壁下部上来有两级“U”形管分叉管,虽设节流孔,但水流分配欠佳;更换管子焊口、热处理、100%探伤,且每根管增设测温监视点;后墙左侧第 53 根管爆破 

（续表）

时间	运行工况及爆管位置	材料	损坏原因及其处理
2006.11.19	混合器下前墙水冷壁左侧第125根管爆管;"二过"左数第8屏,后数第23根管子爆管		更换管子焊口、热处理、100%探伤
2007.5.17	负荷850 MW时"三过"30屏8号管壁温度从672.8℃突降至484℃,有1处爆破	材质为Super304H,规格<ϕ50.8 mm×8.6 mm	超温管温度检查(PT检查),发现"四过"49屏第8、第9根管和47屏第7根管内有异物

(2) 原因分析:受热面管材超温、过热。超温使管子严重氧化,甚至脱碳,短期超温多见水冷壁,长期过热则使管材蠕变、晶格涨粗,强度下降。如第4次爆管,三级过热器30屏8号管在850 MW工况下的蒸汽温度为588℃,管壁温度为627℃,允许管壁温度为653℃,而爆管前采集到的该点温度为672.8℃。其爆管原因如下:①燃烧调整引起短期超温。常见火焰冲刷水冷管壁;低负荷(200～300 MW)干湿态转换区域管子的壁温发生剧变;700 MW负荷下中间点温度偏离设计点,这些因素导致水冷壁管内恶化传热,造成工质膜态沸腾。②异物堵塞。③节流孔设计不符合实际介质流率的分配。④管子磨损。包括吹灰器喷射流对管子的冲刷等。

(3) 措施:①调整燃烧和煤水比,严格控制过热点;②增装温度监视设备;③校核节流孔径;④加强受热面检查,去除异物、更换有鼓包的水冷壁和磨损的管子;⑤根据DL/T438 2000金属监督规程对合金钢管子蠕涨率不大于2.5%的合格标准,控制高温管的蠕涨率;⑥抽查氧化物,包括基建遗留未查的焊口。

2) 回转式空气预热器

回转式空气预热器的安全可靠性关系到锅炉的运行[21]。当空气预热器意外跳闸时,要求立即停运该侧送、引风机及一次风机。若空气预热器不能快速恢复运转,则存在转子永久变形的危险;再则中速磨正压制粉系统要求较高的一次风压,并联运行的两台一次风机极易发生抢风、失速而导致锅炉灭火。

如某厂600 MW超临界机组配置受热面三分仓的回转式空气预热器,其型号为LAP13494/883,转子直径为13 494 mm,质量约为592 t,其中转动部分的质量约为440 t(约占总质量的75%),由主电动机驱动,辅助电动机和气动马达备用,转速为0.99 r/min。该机组因故障暂停检修,发现转子向烟气侧严重倾斜,主轴偏移2 mm,挤压靠近烟气侧的透盖;3个扇形板跟踪装置均提到最高位,但检测到3个扇形板的转子与扇形板之间的间隙差别较大,最大处差别为4 mm;转子T形钢不平直,空气预热器基本盘转不动,由此判断空气预热器转子变形严重。随后开始热风倒灌约

30 min,减轻转子卡涩现象;倒灌 1 h 后,转子温度基本均匀,盘动已经很灵活;再过 30 min 后,成功启动了空气马达,热风倒灌的效果非常显著。

空气预热器变形原因大多为空气侧、烟气侧温差较大,膨胀不均,空气预热器因自重和高温产生变形,转子与机壳间隙变小,摩擦力增大,导致盘动困难。

为缓解热变形,应尽力使空气预热器转子与机壳受热均匀,可采取热风倒灌的措施,迅速提高空气预热器空气侧温度,使空气预热器转子均匀回暖,减少变形。

3.3 高压高温材料

在超临界、超超临界机组设计中,高压高温材料是成败的关键。

3.3.1 简述

欧美等国正在开展 700℃等级的验证试验,国内也正积极开展 630℃、650℃和 700℃超超临界燃煤发电技术的研发工作,如表 3-9 所示。

表 3-9 超超临界机组 700℃等级验证平台计划

	验证平台计划	示范电厂计划	备注
欧洲	AD700、HWT I、COMTES + NexGenPower、MACPLUS 等	2026 年	—
美国	Alabama 电厂、锅炉部件验证;Ohio 电厂锅炉和汽轮机部件验证	2026 年	2010 年运行,汽轮机功率为 11 MW
日本	锅炉和汽轮机部件验证	2026 年	—
中国	南京电厂和锅炉部件验证	2026 年	2015 年 2 月 30 日成功稳定在 700℃

目前,从设备的性价比来衡量,研发重点放在了 620℃等级的关键部件和管材的国产化上。

机组用耐热高强钢有如下基本要求:①在运行工况下应具有足够高的高温蠕变强度、持久强度和热疲劳强度;②具有良好的高温组织稳定性;③具有良好的高温抗氧化性,耐腐蚀性;④具有良好的冷加工性能和焊接性能。

超超临界火电机组的高压高温对材料的蠕变、疲劳、高温氧化和腐蚀提出了苛刻的要求。开发热强度高、抗高温烟气氧化腐蚀和抗高温汽水介质腐蚀、可焊性和工艺性良好、价格低廉的材料成为发展超超临界机组的首要任务。目前应用的耐热合金钢材料承受温度达到 620℃,而蒸汽温度 700℃以上等级的机组必须使用镍基材料。

3.3.2　应用材质

火电机组用钢主要有两类:奥氏体钢和铁素体钢(包括珠光体、贝氏体和马氏体及其两相钢)[22]。超临界和超超临界机组主要采用了以下三类合金钢。

(1) 含铬耐热钢,包括 1.25Cr－0.5Mo(SA213 T11)、2.25Cr－1Mo(SA213 T22/P22)、1Cr－Mo－V(12% Cr 1% MoV)以及 9%～12% Cr 系的 Cr－Mo 与 Cr－Mo－V 钢等,主汽温度为 538～566℃。

(2) 改良型 9%～12%铁素体－马氏体钢,包括 SA335、T91/P91、NF616、HCM12A、TB9、TB12 等,一般用于 566～593℃的蒸汽温度范围,其允许主汽温度为 610℃,再热汽温度为 625℃。使用壁温如下:锅炉为 625～650℃,汽机为 600～620℃。

(3) 新型奥氏体耐热钢,包括 18Cr－8Ni 系,如 SA213 TP304H、TP347H、TP347HFG、Super 304H、Tempaloy A－1 等;20—25Cr 系,如 HR3C、NF709、Tempaloy A－3 等。这些材料使用管壁温度为 650～750℃,可用于温度 600℃的过热器与再热器管束,具有足够的蠕变断裂强度和很好的抗高温腐蚀性能。

3.3.3　锅炉用钢

锅炉用钢有如下几种。

(1) 超临界锅炉(31 MPa/620℃)水冷壁出口(汽水温度为 475℃)用钢,在 SA213、T22 钢的基础上,开发焊接性良好的新钢材 T23(HCM2S)和 T24(7CrMoVTiB10－10),可在焊前不预热、焊后不热处理的条件下,焊后焊缝和热影响区的硬度均低于 360HV10,热负荷最高区域的管子允许温度为 520℃,瞬间最高温可达 540℃。

(2) SC、USC 过热器、再热器用钢,在满足持久强度、蠕变强度要求的同时,还要满足管子外壁抗烟气腐蚀及抗飞灰冲蚀性能、管子内壁抗蒸汽氧化,并具有良好的冷热加工工艺性能和焊接性能。通常,过热器、再热器管的管壁温度比蒸汽温度高出 25～39℃(我国规定为 50℃)。

(3) 燃用含硫量高、腐蚀性大的煤炭以及使用管壁温不小于 600℃时的管材,如高温过热器、再热器宜选择 TP304H、TP321H、TP316H、TP347H 奥氏体钢。其中 Super304H 和 TP347HFG 两种奥氏体钢的蠕变强度高,抗烟气腐蚀和抗蒸汽氧化性能也很好,并在超超临界锅炉高温过热器、再热器用钢中得到广泛的应用。当管壁温达 700℃时,过热器、再热器只能选用高铬钢 NF709、SAVE25 和 HR3C 等。

(4) 集箱与管道用钢由于布置在炉外,没有烟气冲刷、腐蚀且管材内外温度相近,仅要求管材具有足够的持久强度、蠕变强度、抗疲劳和抗蒸汽氧化性能,以及良好的加工工艺和焊接性。铁素体耐热高强钢热膨胀系数小、导热率高,在较高的启停速率下不会引起严重的热疲劳，是集箱、管道的首选钢材。当管壁温度不大于 600℃时，选用 P91 钢；不大于 620℃时，选用 P92、P122 和 E911 钢；国内研发的钢研 102 (12Cr2MoWVTiB)推荐使用温度为 620℃，经长期使用总结的经验证明，其使用温度宜低于 600℃。钢研 102 主要用在管壁温度不大于 600℃的过热器、再热器。

案例 1：锅炉材料(见表 3－10)

表 3－10 河源电厂的锅炉材料

受热面	参数	材料	备注
水冷壁	出口温度为 434℃	低铬的 SA－213 T12	膜式壁不需整屏热处理，现场对接焊无须热处理
三级过热器(屏)、四级过热器(炉内部分)	主/再蒸汽 605℃/603℃，其管壁温度达 650℃	超级 304H(ASME Code Case 2328)和 HR3C(ASME Code Case 2115)组成	超级 304H 为含铜 3%细晶粒奥氏体钢，HR3C 为 25Cr20NiNb
再热器出口集箱、导管	—	传统的 9Cr1Mo 即 SA－335、P91	—
过热器出口集箱	最高温度为 617℃	采用日本住友金属开发的 HCM12A 即 P122	因集箱管壁厚为 140 mm，P91 的抗氧化性下降

案例 2：高温过热器和再热器材质的选择[23]

当高温过热器和高温再热器的管壁温度超过 600℃时，管子内壁的蒸汽氧化和管子外壁的高温腐蚀(对高硫煤)已成为影响机组安全运行的突出问题。

研究表明，当管子外壁温度达到 630℃后，烟气侧的高温腐蚀最为严重，需采用含铬 25%的高铬奥氏体热强钢(25Cr20NiNb 即 HR3C)或加 3%铜的奥氏体钢，即超级 304 钢(18Cr10Ni3Cu，Super304H)。这两种钢具有良好的抗高温蒸汽氧化和烟侧耐高温腐蚀性能，满足该参数的高温过热器和再热器的运行要求。

末级过热器的出口集箱和主汽导管的设计温度也分别高达 613℃和 610℃。采用含铬 9%的 P91 壁厚过大，应采用含铬量达 12%的 P122(HCM12 A)或采用在 P91 的成分基础上增加 2%钨的 P92(NF616)。

3.3.4 锅炉材料研究

国产超临界发电机组的成功投运达到了很好的技术水准，这不仅由于其与机组设计的热力参数相适宜，更在于高压高温材料的持续研发与改进，提升了材料生产的国产化率和安全性。

1）材质改进

HCM2S是在T22（2.25Cr－1Mo）钢的基础上吸收了102钢的优点改进的，600℃时的强度比T22高93%，与102钢相当，由于碳含量降低，加工性能和焊接性能优于102钢，可以焊前不预热，焊后不热处理。该钢种已获得ASME锅炉压力容器规范CASE2199认可，被命名为SA213－T23，现已成功地运行了150 000多小时。目前HCM2S已做出大口径管，性能达到小口径管的水平。P23可以用在联箱壁温不大于600℃的机组上。

T24（7CrMoVTiB10－10）钢是在T22钢的基础上改进的，与T22钢的化学成分比较，增加了钨（W）、钒（V）、铌（Nb）、硼（B）含量，减少了碳含量，降低了焊接热影响区的硬度，提高了蠕变断裂强度。T24也可以焊前不预热、焊后不热处理，成为超临界、超超临界锅炉水冷壁的最佳选择材料之一，也应用于管壁温度不大于600℃的过热器、再热器管。

NF12、SAVE12新型铁素体热强钢，其高钨和低碳含量能够提高蠕变断裂强度，能够用于650℃的铁素体热强钢。

Super304H奥氏体钢的开发是在TP304H的基础上添加3% Cu和0.4% Nb，从而获得了极高的蠕变断裂强度。TP347HFG材料有利于降低钢管蒸汽侧的氧化，已被广泛应用于超超临界机组锅炉过热器、再热器管。HR3C钢通过添加元素铌和钒使其蠕变断裂强度显著提高。

另外，通过提高蒸汽温度，可使P91、S304H、P122、HR3C等许多高温合金钢得到广泛应用。

2）T23钢材料对水质的要求

超超临界机组参数要求高，不良水质会造成水冷壁管故障。如补给水带入的少量杂质、凝汽器渗漏与泄漏凝结水精处理中阳树脂的溶出物以及碎树脂高温分解等，将Cl^-和SO_4^{2-}引入锅炉系统，威胁发电机组的安全稳定生产。

T23钢是低碳多元复合高强度高韧性的贝氏体型耐热钢。除研究钢材的常规性能，也有学者模拟给水加氧处理工况下溶液中阴离子的腐蚀行为，采用Tafel（极化）曲线及交流阻抗法，分析水中Cl^-、SO_4^{2-}含量及两者对腐蚀特性的影响。研究表明，控制杂质离子浓度，可以防止杂质离子对水冷壁管的腐蚀。

目前我国超超临界火电机组建设急需的锅炉钢管主要是P91、P92、S30432和S31042。由于我国开展P91/P92钢管试制的时间较晚，长期以来国内基本上不能成批生产直径为400 mm以上的大口径P92管[24]。

现阶段我国锅炉钢管的生产流程以模铸为主，虽尝试连铸工艺，相比较而言，采用连铸生产的P91/P92坯料可能存在元素偏低和夹杂物超标问题。

2003年以来，我国一些企业开展S30432钢管的试制工作，目前已取得良好进展，试制的 S30432 钢管通过技术评定，基本达到设计的要求，将逐步批量投放市场。2008 年钢铁研究总院建立了中国超超临界火电机组用钢性能数据库。

就目前钢材等机组所需重要材料的制造水平来看，在 2020 年建成 700℃超超临界机组的难度很大。所以在接下来的几年时间里，重点应该放在 625℃超超临界机组的发展上[25]。

3.4　系统特性

锅炉有许多辅机系统，其配置系统的性能优劣关系到主设备运行的各项性能指标。辅助系统的典型设计和标准化对燃煤火电机组运行安全性和可靠性十分重要。

3.4.1　锅炉启动系统

锅炉投入正常运行需要一套特殊的启动系统。超临界锅炉的不同启动系统配置有不同的启动要求。

例如河源电厂锅炉采用带循环泵的启动系统回收启动过程中的工质热量。介质温度为 434℃，选用 SA387－11 的低铬钢材质。每炉配 2 台汽水分离器和 1 只分离器储水箱。设计流量为 25% BMCR(锅炉最大出力)。启动时水泵始终维持最小给水流量 5% BMCR，再循环泵的实际流量为 20% BMCR，整个启动过程中系统 25% BMCR 流量恒定不变。

启动分离器为内置式，负荷低于 25%时启动系统为湿态运行，起到汽水分离的作用。水回流储水箱供再循环系统使用，其水位由三个调节阀控制进入冷凝器的疏水量(视水质而定)。当负荷大于 25% BMCR 时，系统转入直流模式。水工质全部汽态，分离器仅作为一个中间混合集箱而已。

受冷凝器设计容量的限制和用户要求，超超临界锅炉采用的清洗水与水冷壁汽水膨胀疏水均全部排往大气式扩容器的启动系统，它属于工质可部分回收的启动系统。采用再循环泵可将启动期间工质和热量的损失减少到最低程度，如水冷壁初次清洗阶段排出的清洗水量只有 5% BMCR，而在不带泵的启动系统中，排出的清洗水量将达到 25% BMCR。扩容器的三根疏水管道上共装有 3 只分离器疏水调节阀(WDC 阀)，它与循环水泵出口的再循环流量调节阀(BR 阀)共同执行启动时分离贮水箱(WSDT)水位的控制。WDC 阀兼有减压的功能，将疏水降低到大气式扩容器许可接受的压力范围。当锅炉处于最低直流负荷时，BR 阀全关，循环泵解列，锅炉转入直流运行。启动系统及启动过程如图 3－18、图 3－19 所示。

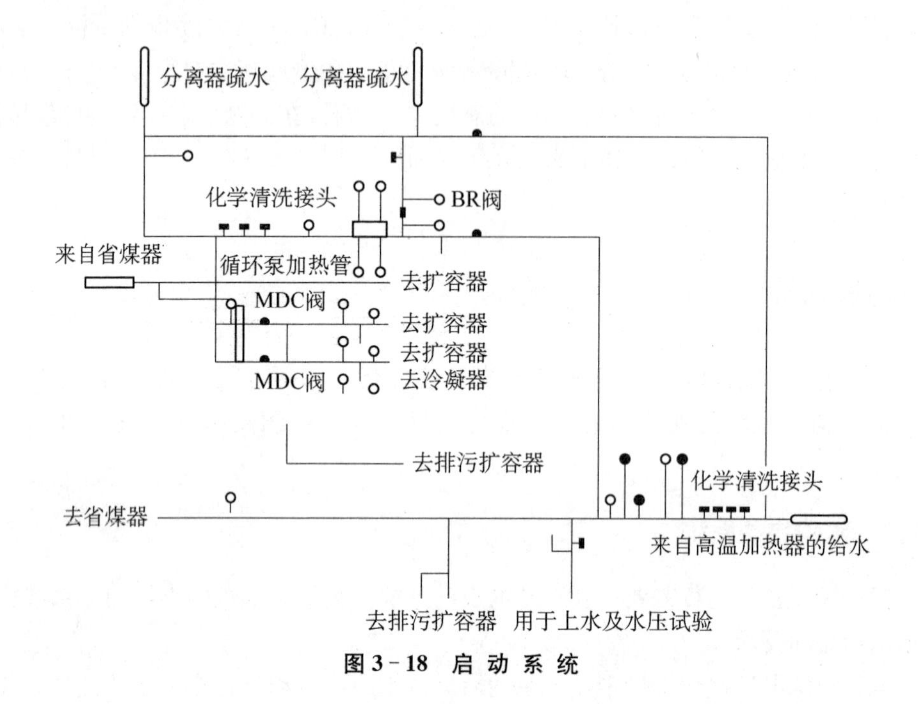

图 3-18　启 动 系 统

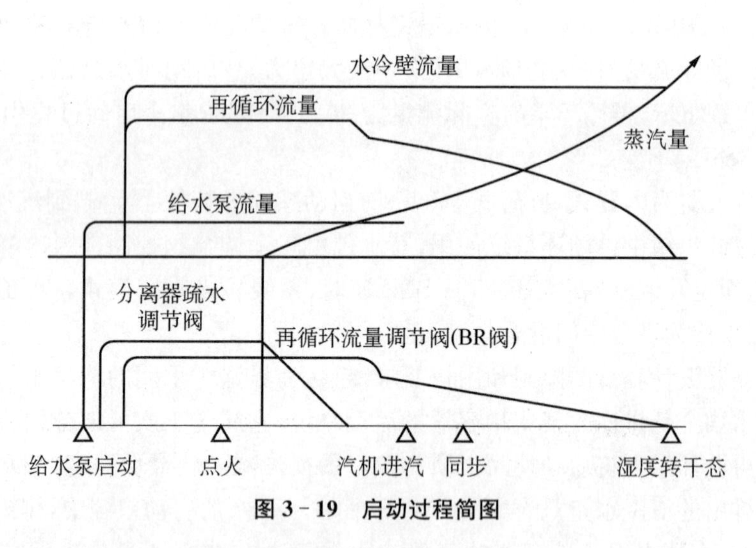

图 3-19　启动过程简图

3.4.2　点火与稳定燃烧系统

点火系统对燃煤大机组的正常启动十分重要，既要满足机组安全启动，又要节油省油，防止燃烧不良而跑油，影响尾部部件的运行。

目前，在经济产能转型的大环境下，我国发电机组的年运行时间下降到约 3 500 h，对高效的超临界发电机组的经济性带来很大影响。一方面，低负荷工况下维持机组运行，启动点火燃油燃烧器，需要油助燃，消耗大量燃油；另一方面，为了延长机组的使用寿命，需要减少机组的启停次数。显然，在相当一段时期内，机组运行必须解决锅炉点火兼低负荷运行问题。

1）电厂油点火情况

（1）东锅 600 MW 机组锅炉点火设备[26]　燃烧设备为 B&W 双调风旋流式，六层燃烧器分布在炉膛前后墙，呈前后对冲布置。选用最下层 A 燃烧器做节油改进，即气化小油枪燃烧筒和煤粉分级燃烧室置换原配钝体和一次风管中的油枪。利用压缩空气雾化燃油，产生细小液滴并蒸发气化着火燃烧。

主要参数有如下几种。油压：0.6～0.8 MPa；单支油枪出力：80～130 kg/h；压缩空气压力：0.5～0.7 MPa；压缩空气流量：0.6 Nm^3/min；油枪高压风压力：大于 1 kPa；油枪高压风流量：1 300 m^3/h；火焰中心温度：1 500～1 800℃（蓝色透明、一次风速为 20～30 m/s、可点燃煤粉量为 3～5 t/h）；一次风温不小于送风温度。

（2）点火系统配置　点火系统（见图 3-20）燃油来自主燃油系统的燃油，经逆止阀、液位控制阀和调节阀、双路滤网器到稳压蓄能罐，再经手动球阀、气动阀，由软管接至气化小油枪。稳压蓄能罐容积为 50 L，上设低、高、高高液位开关，调控罐内油位。

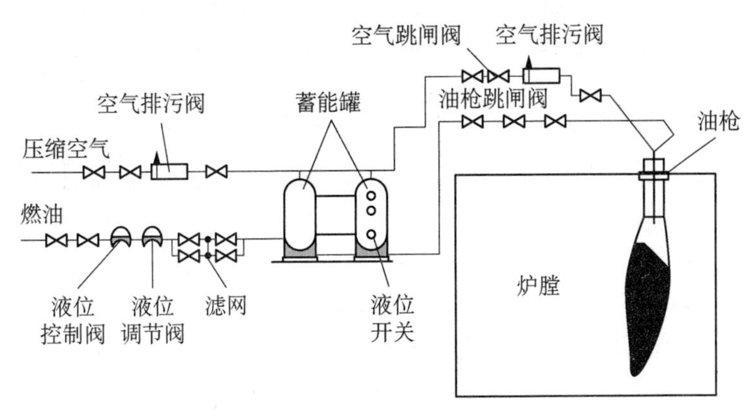

图 3-20　燃油点火系统

（3）压缩空气　压缩空气经空气排污阀、蓄能罐及跳闸阀，由蝶阀分路管道至各气化小油枪燃烧筒。

（4）暖风器　暖风器为磨机启动提供制粉热风。暖风器设计风量为 70 000 m^3/h、温升为 160℃、压降小于 350 Pa；热源来自机组辅汽联箱，蒸汽压力为 1.05 MPa、温度为 370℃、耗汽流量为 5 t/h。

(5) 控制方式　点火系统设置两种运行模式,即冷态点火和助燃模式。前者在机组启动时采用,当气化小油枪专用火焰检测无火时,自动关闭油阀,气阀延时 30 s 关闭。任意一把油枪跳闸后磨煤机自动跳闸。后者在降负荷到需投油助燃时采用,一旦未检到火焰信号,关闭相应油阀,延时 30 s 关闭气阀。磨机不再跳闸。

2) 问题处理

(1) 磨煤机在启停过程中进入磨机的风量少,易导致燃烧器温度高。处理办法为加大磨机通风量,并适当增加 A 层二次风量。

(2) 使用中一级燃烧室内有结焦现象。处理办法为增大一次风速,控制燃烧室壁温。

(3) 图像火焰检测器图像模糊不清,建议调整窥视孔位置,探头套管沿外旋流二次风风室一直伸到燃烧器前端。

(4) 点火油枪频繁跳闸,缘于油滤网堵塞。处理办法为加强管路吹扫。

(5) 暖风器设计温度远低于设计值,造成磨机出口温度低。增设 1～2 只启动油枪后,一次风升高到 150℃,飞灰可燃物可达到设计值。

3) 纯氧强化油燃烧点燃煤粉流方法

在煤粉流中,利用纯氧强化油的燃烧、纯氧强化煤的燃烧,采用三级燃烧的方式,引燃整个煤粉流,以煤代油,达到点火、稳定燃烧的目的[27]。

(1) 优点　该点火方法对煤种、煤质适应性广泛,节油效果突出,确保锅炉下游环保装置投运的安全;提高锅炉安全性能;适应各种炉型及燃烧器,不改变燃烧器性能,不改变炉内空气动力场;有效防止锅炉二次爆燃,不增加 NO_x 的产生;解决油枪堵塞问题,供氧装置操作灵活。

(2) 系统组成　供锅炉低负荷运行的稳燃系统由富氧燃烧系统、给粉系统、控制保护系统、辅助系统组成。燃烧系统由富氧燃烧器(见图 3-21)、供氧装置、复合型富氧微油枪、高能点火装置、燃油预处理装置、压缩空气装置、高压风装置等组成。其中预处理燃油、压缩空气及高压风来自锅炉主管路上的分支管路。

(3) 给粉系统　该系统直接利用燃煤锅炉的给粉装置,不需要改动锅炉输粉。但在锅炉冷态启动时,需要给粉装置正常运行,确保有煤粉进入富氧燃烧器,实现“以煤代油”的目的。

(4) 控制保护系统　系统应用富氧燃烧技术的过程控制与运行参数的采集监测,实现对炉膛和相关设备的保护与连锁,确保机组与系统装置的安全运行。

(5) 辅助系统　系统主要由火焰检测图像装置、燃烧器壁温度检测装置组成。

通过对油、氧的调控,富氧双强技术可有效点燃的烟煤浓度(煤∶风)不小于 0.15 kg/kg,贫煤浓度(煤∶风)不小于 0.23 kg/kg,无烟煤浓度(煤∶风)不小于 0.3 kg/kg,煤矸石浓度(煤∶风)不小于 0.8 kg/kg,故可按大油枪热值配备等热值煤粉量。

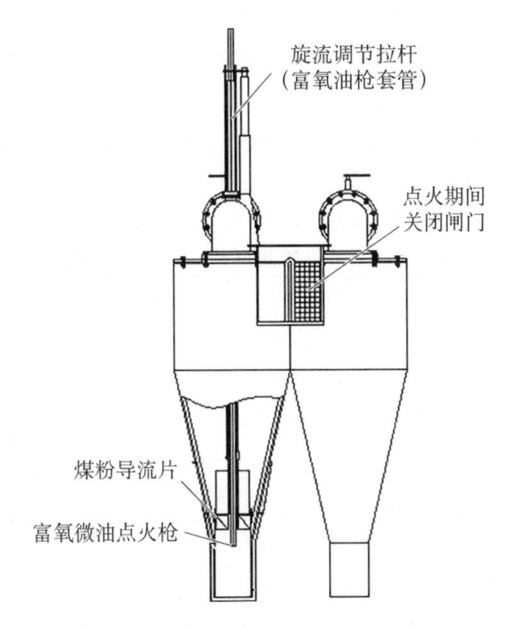

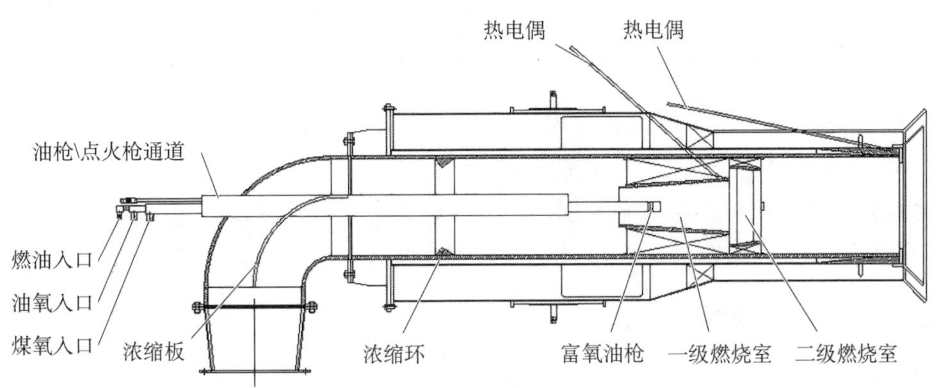

图 3-21　改造后的富氧微油燃烧器图

(6) 富氧点火案例　国内已经采用富氧点火系统，起到明显的节油、省油作用。富氧微油点火具有稳定燃烧的效果，具有耗油量低(不大于 100 kg/h)、油燃烬率高(不小于 98%)的特点，在保证点燃一次风煤粉的同时，确保油煤不混烧。由一台 600 MW 机组富氧点火燃烧器改造前/后物料消耗数据对比可知，冷态启动耗油约 70 t/(4.5 t+18 t 液氧)；62 h 机组耗油约 270 t/(17.1+42 t 液氧)。有关空气分离制氧技术参阅本册第四章——空气分离与富氧燃烧技术。

3.4.3　制粉系统

磨煤机是燃煤电厂制粉系统的重要设备，其功能是将破碎原煤磨制成合格的煤粉，供锅炉燃烧，其性能将直接影响锅炉机组的安全和运行经济性。

磨煤机连同制粉系统的选择必须与煤种特性、锅炉燃烧设备及系统参数相匹配，才能使机组获得性能优良的运行工况。

由表3-11可见，优化制粉系统设备布置、煤粉管道标高走向和检修方式也是一种节能措施，可降低投资。

表3-11　1 000 MW机组制粉系统关联性数据对照

<table>
<tr><th colspan="2">名称</th><th>标高</th><th>经济性</th><th>备注</th></tr>
<tr><td colspan="2">给煤层</td><td>20.5 m</td><td>—</td><td>华能玉环、泰州电厂</td></tr>
<tr><td rowspan="3">优化</td><td>给煤层</td><td>选用15.5 m(与汽机层标高相同)</td><td>相比较，节省土建费585万元</td><td>大唐潮州三百门电厂</td></tr>
<tr><td>给煤机层</td><td>14.421 m(调整分离器吊耳、磨机过轨吊标高，优化预留高度)</td><td>—</td><td>磨机型号为ZGM133 G，送粉管径 ϕ762 mm</td></tr>
<tr><td>送粉管道</td><td colspan="3">引出煤仓间的送粉管应尽量采用相同标高、靠近磨煤机过轨吊固定轨，经煤仓间后再升高</td></tr>
</table>

根据DL5 000—2000《火力发电厂设计技术规程》的规定，烟煤的磨损指数值不大于5，应采用中速磨煤机直吹式制粉系统；若磨损指数值大于5，应采用双进双出钢球磨煤机直吹式制粉系统。基于国内绝大多数火力发电厂采用中速磨直吹系统的现状，在满足运行和检修的条件下，减少煤仓间高度及总体积显得很必要[28]。

3.4.4　烟气净化系统

火电厂是生态环境的主要污染源之一，特别是大容量火电机组锅炉的烟气污染治理尤为突出。伴随着烟气排放新标准的严厉实施，末端烟气排放治理技术有了新的发展，除了实施低 NO_x 燃烧＋选择性非催化反应(SNCR)＋高温SCR复合技术、烟气脱硫(FGD)技术路线外，推出低低温电除尘处理系统，包括湿式电除尘器等，国内已取得较好的示范效果。

近年来，干法滤袋除尘、脱硫脱硝脱汞污染物协同处理技术的应用，取得了很好的环境和经济效益，有效控制了 $PM_{2.5}$ 细微颗粒物。

从目前烟气污染治理的情况来看，燃煤电厂烟气超低排放的改造接近尾声，非电行业烟气的超低排放正在开展，包括大量煤炭消耗的钢铁、有色冶金、水泥炉窑等。工业锅炉、非电行业的燃煤烟气污染治理绩效将更显著。

烟气脱碳技术的研发正在进行，并取得了利用就地资源开展矿化固碳循环经济的示范成果。有关烟气净化技术的内容详见本丛书第二册《绿色火电技术》。

3.4.5　一次风布置

超超临界机组锅炉的一次风系统的压力(大于20 kPa)和温度(大于350℃)都很高，系统的安全运行与合理布置是设计和校核的重点之一。其中系统的补偿器是吸收风道热位移的关键，且截面大、刚性大。一次风系统要根据使用参数和布置条件选用金属或非金属的膨胀节，借助支吊架或限位装置以承受复杂的空间尺寸和力的变化[29]。

设计要求系统管道必须进行荷载计算，必要时包括风载荷、雪载、地震等因素，最终确定风道的结构、保温层、支吊架以及焊缝等具体要求。

3.4.6　气力输送

气力输送煤灰是辅助系统典型设计和标准化中一项不可缺少的内容，它解决燃料燃烧后的烟灰集中排放、收储问题。

1）系统配置

两种典型的气力输送系统配置如图3－22所示。

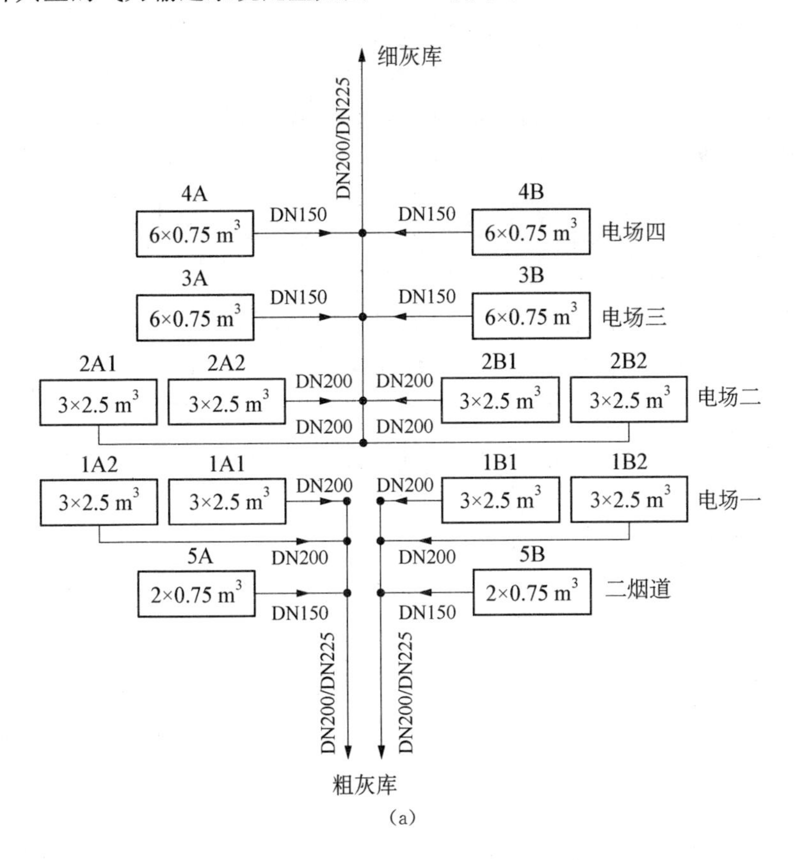

(a)

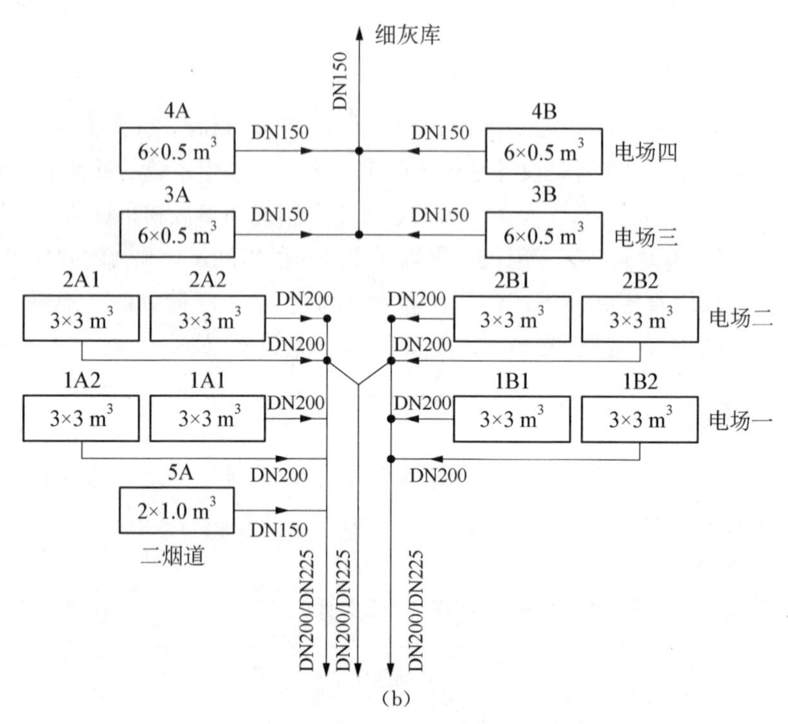

图 3-22　两种气力输送系统配置示意图

(a) 独立式气力输送系统　(b) 双套式气力输送系统

图 3-22(a)为每台机组设置一套独立的气力系统输灰，输送出力按 90 t/h 设计，输送距离约为 1 200 m。图 3-22(b)设计出力为 150 t/h，输送当量长度为 450 m。与图 3-22(a)所示的系统配置相比，图 3-22(b)所示的系统增大了二电场的灵活性，输送罐等采用与一电场同样的配置，可作为一电场的全备用。

基于几十台 1 000 MW 燃煤机组投产的现状以及发展前景，结合双套管气力输灰系统应用案例，对典型的输灰系统进行优化设计及其配置，以实现节能降耗、资源回收利用的目的[30]。

2) 系统布置要求

输灰系统的容量设计应考虑煤质多变对灰系统出力的裕度；基于电场运行稳定性，还要考量留有其他电场的备用问题，包括粗细灰的选择、收储信息链接市场销售环节，实现烟灰再利用。

在 1 000 MW 机组的电除尘器或与布袋相结合的除尘器上下，一般设置 48～60 个灰斗。每个灰斗下配置一个出力 80～150 t/h 的输送罐。在锅炉的第二烟道上设置 4 个灰斗，出力为 3～5 t/h。

(1) 系统出力匹配　$Q_{管道出力} \propto f(\Phi、L)$，管径 Φ 越大输送距离 L 越短，管道出力越大；$Q_{输送罐出力} \propto f(N、V、\varepsilon)$，串联输送罐 N 越小，输送罐有效容积 V 越大，输送罐上流化加压阀门的开度 ε 越大，输送罐的出力越大；$Q_{系统出力} \propto f$(管道出力、输送罐配置、实际管路布置)；三者关系：$Q_{管道出力} \geqslant Q_{输送罐出力} \geqslant Q_{系统出力}$。

(2) 输送罐有效容积 V　增大 V，可提高出力，但增幅与管径 Φ 及开度 ε 有关。罐内有效容积小，其中物料的流化不均匀，出力较小；流化较好时，流化风量对出力的影响减弱。

(3) 输送参数对输送出力的影响　通过数值模拟分析，输送管主进气、喷嘴进气、加压进气三者的开度对出力的影响关键在于形成漩涡气流。漩涡是气流带动物料流化和落料的主要动力。基于系统初投资和运行经济性的考虑，输送罐有效容积设定原则为输送罐备装系数不大于 5。

(4) 输送单元的配置　输送单元不宜太多，否则会造成“抢气”现象而增大耗气量。一、二电场输送罐有效容积较大，串联输送罐可设 3 个；三、四电场捕灰量较小，每 6 个输送罐串联设 1 个输送单元；二烟道位置高、设备布置不便，应尽量减少输送罐和输送单元。

3.4.7　蒸汽管道优化

大容量燃煤火电机组系统设备的研究一直是节能重点，而连接各主辅机设备的管道节能潜力也不可小觑，并越来越受到人们的关注[31](见表 3 - 12、表 3 - 13、表 3 - 14、表 3 - 15)。

表 3 - 12　主蒸汽优化前后压力损失(VWO 工况)

管路编号	优化前				优化后			
	阻力损失/MPa	压损系数/%	沿程损失/MPa	局部损失/MPa	阻力损失/MPa	压损系数/%	沿程损失/MPa	局部损失/MPa
1 - 4 - 6	1.230	4.69	0.961	0.269	1.138	4.35	0.910	0.229
1 - 4 - 7	1.230	4.69	0.965	0.264	1.138	4.35	0.913	0.225
2 - 5 - 8	1.295	4.93	0.986	0.310	1.203	4.59	0.937	0.267
2 - 5 - 9	1.267	4.82	0.990	0.305	1.175	4.49	0.940	0.263
平均阻力	1.255	4.78	0.975	0.287	1.164	4.45	0.925	0.246

表 3 - 13　再热蒸汽冷段管道优化前后压降比较(VWO 工况)

优化方案	管道压损/MPa	管道压损系数/%	沿程阻力份额/%	局部阻力份额/%
设计压损	0.098	1.93	—	—
校核压损	0.088	1.74	37.66	62.34

（续表）

优化方案	管道压损/MPa	管道压损系数/%	沿程阻力份额/%	局部阻力份额/%
用 $R/D=3$ 的弯管代替	0.078	1.54	29.43	70.57
管径增加 70 mm	0.068	1.34	40.41	59.59
用 $R/D=3$ 的弯管代替弯头＋增大管径 70 mm	0.064	1.25	35.99	64.01

表 3-14　再热蒸汽热段管道优化前后压降比较(VWO 工况)

优化方案	管道压损/MPa	管道压损系数/%	沿程阻力份额/%	局部阻力份额/%
设计压损	0.161	3.2	—	—
校核压损	0.156	3.06	65.65	34.35
用 $R/D=3$ 的弯管代替	0.137	2.70	66.53	33.47
管径增加 70 mm	0.100	1.97	63.34	36.66
用 $R/D=3$ 的弯管代替弯头＋增大管径 70 mm	0.087	1.72	63.96	36.04

表 3-15　管道系统减阻对机组经济性影响

参数名称	热耗/(kJ/(kW·h))	煤耗/(g/(kW·h))	年节煤量/t	煤价/(元/吨)	回收年限/年
优化前	7 387.174	273.450	—	—	—
主蒸汽	7 386.183	273.413	194	—	—
再热冷段	7 385.083	273.372	410	600	0.75
再热热段	7 385.636	273.393	301	600	—
再热	7 383.556	273.316	709	600	0.43
主蒸汽、再热汽	7 382.568	273.279	903	600	0.34

《火力发电厂汽水管道设计技术规定》中指出，主蒸汽压降 Δp 不宜超过汽轮机额定进汽压力的5%，再热系统压降 Δp 不宜超过高压缸排汽压力的10%。随着机组参数容量的不断提升，管道压力损失对机组效率的负面影响更加显著。于是，人们试图通过各种方法(AFT 流体分析、仿真模拟及等效热降法等)来分析、测量和评判，以降低介质的管道压损。文献[31]以 1 000 MW 机组 VWO 工况为例，通过过热器、再热器管道的阻力计算，介绍了增大单个弯头的弯曲半径及管道直径，可减少局部阻力损失。

下面以 ID1209×40 mm 的 90°弯头为例，讨论弯曲半径 R/d(d 为管径)在 1～20 之间变化时弯管阻力系数的变化(见图 3-23)，研究弯管替代弯头的减阻效应。

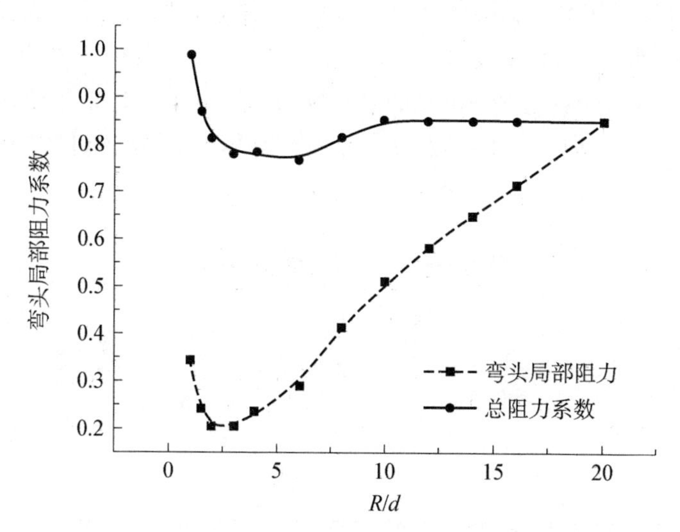

图 3-23　弯头局部阻力系数随弯曲半径的变化曲线

研究表明，用弯管替代弯头降低局部阻力，在技术和经济上是可行的。当弯曲半径在 $2d$～$3d$ 范围内时，直管段后最佳弯曲半径为 $6d$。考虑到制作及其布置要求，可改为 $3d$ 弯管。在支吊架及布置允许条件下，增加管径，降损明显。

如图 3-24 所示，当管道直径增加值在 60～100 mm 之间变动，再热器冷段压力损失变化区间为 1.13%～1.34%，热耗变化区间为 2 782.242～2 783.130 g/(kW·h)。

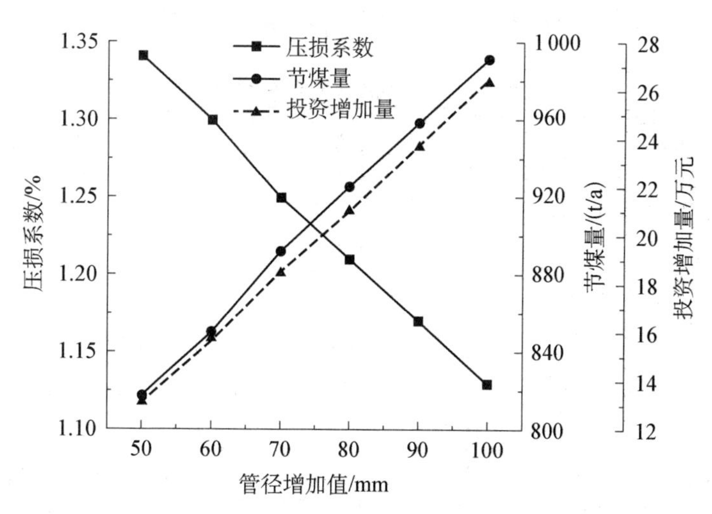

图 3-24　机组参数随管径增加值的变化

3.4.8 补给水系统

文献[32]就汉川和蒲圻工程的 1 000 MW 超超临界机组补给水系统工艺做了比较，指出在两地水源水质好的情况下，两种工艺均能满足超超临界机组出水水质要求。由表 3-16 可见，机组对补给水的总有机碳含量(TOC)和硅含量有严格控制，对预处理和除盐系统也提出了更高要求。超滤作为反渗透的前置过滤器，可去除病毒、大分子物质；反渗透可去除小分子和离子，目前被电厂广泛采用。

表 3-16 超临界补给水质量要求

项目	除盐水箱		TOC /(μg/L)	二氧化硅 /(μg/L)
	进口水电导率 25℃/(μs/cm)	出口水电导率 25℃/(μs/cm)		
标准值	≤0.150 00	≤0.400 00	≤200.00	≤10.000
期望值	≤0.100 00			

汉川三期工程采取超滤+反渗透+一级除盐+混床除盐系统，利用了阴阳树脂的交换特性，OH^- 和 H^+ 离子交换基团分别与水中的阴离子和阳离子发生交换反应，去除水中的盐分、制取纯水，工艺成熟，但运行操作及管理相对复杂，维护量较大，且对环境有一定的污染，但经济上综合年费较低。

蒲圻二期工程采取超滤+二级反渗透(RO)+混床除盐系统，由于水库水含盐量低、含硅量较高，经二级反渗透除盐，保证出水水质；且占地小、安装方便、运行操作及控制相对简单，环境污染较小，但综合年费较高(见表 3-17)。

表 3-17 两种除盐系统的投资分析

项目	二级反渗透+混床	反渗透+一级除盐+混床
设备投资费/万元	784.00	748.00
安装费用/万元	60.00	160.00
厂房土建费用/万元	140.00	185.00
总投资费用/万元	984.00	1 053.00
年运行费用/万元	102.00	70.00
年固定费用率/%	18.19	18.19
综合年费用/万元	238.00	192.00

3.5 关于燃煤电站建设的建议

在我国经济转型的大环境下，超临界、超超临界机组的大规模发展，无论在扩大机组容量还是提升热力参数方面，都会反映出有利、有弊的客观效果。电站的发展规划需要从局部利益与整体利益出发。对此，就发展超临界机组中存在的问题，需提出均衡、稳步发展的建议。

3.5.1 整体系统优化

提高电站机组的各项经济技术指标，必须从整体角度全面评估设备与系统配置的优化，包括发电设备利用率、多联产运行方式、设备部件国产化率等。

1) 设备利用率

目前，燃煤火电厂超临界机组的设备利用率很大程度上受到经济转型期的供需以及消纳西电东送电量的影响，带基本负荷的机组也进行调峰运行、半负荷运行，甚至停机。在实施能源回归市场属性的政策下，水电、核电容量增加，许多超超临界机组也不得不参加调峰，事实上降低了设备利用率，一定程度上抵消了超超临界机组的经济优势。

为了确保机组安全可靠运行，机组调峰需要控制锅炉受热面的热偏差，以减少事故停机率。

2) 运用多联产发电技术

由表3-1可知，先进的增压流化床联合循环发电技术的效率达54%；把冷凝机组改为热电联供，热效率更高。显然，电站的技术发展和整体设计带来更大的经济效益。再则，火电厂的系统优化，如全厂辅机变频节能突显出节电的潜力。

3) 国产化率

超超临界机组的设计技术、高压高温材料成为国内制造企业进一步自主创新的技术瓶颈。由于关键技术对外依存度较高，超超临界机组设计制造的核心技术尚未被完全掌握，600℃等级新型耐热钢尚未实现完全国产化，关键零部件和原材料主要依靠进口，以至于目前超超临界机组的国产化率约为60%[33]。

在挖掘材料富裕潜力的同时，研究者加强600℃等级新型耐热钢的研究，已在工程上见效。

(1) 利用多元复合强化的原理提高材料的持久强度、蠕变强度和组织稳定性，如钨、钼复合添加，形成固溶强化，以钨为主，因为钨在固溶体中比钼稳定；铌、钒(钛)复合添加，形成弥散的碳化物析出强化。

(2) 添加(控制)氮，形成复杂的铌、钒(钛)的碳氮化物，增加析出强化效果。

(3) 重视铜对耐热钢的作用,添加铜能改善高铬钢的韧性,富铜相析出能提高奥氏体钢的蠕变强度。

(4) 降低碳含量,改善材料的加工性能和焊接性能。

制管加工工艺上采用了增加钢管抗腐蚀能力的办法,如日本住友金属的专利热处理法获得细晶粒的TP347HFG钢管,钢管内部喷丸的工艺提高奥氏体耐热钢管内壁抗蒸汽氧化的能力以及采用高铬合金如住友金属开发的HR3C(25Cr-20Ni-Nb-N)。

目前,超超临界机组的关键部件仍须由国外厂商进行性能设计,国内制造企业按图生产。超超临界机组的辅机及配套阀门的国产化方面还有较大缺口。

关键共性技术研究体系尚不完善。对国内引进的不同的技术流派,技术自主创新能力不足,缺乏共性技术研究平台。我国亟须制定适合国情的超临界和超超临界机组参数系列的国家标准,以规范超临界和超超临界机组的参数,实现标准化设计和制造。

超临界和超超临界火电机组将是我国今后发展的先进适用的主力机组,在以后的十年内,宜将超超临界机组的蒸汽参数稳定在600℃等级,通过自主创新,掌握核心技术,实现超超临界使用的600℃合金钢材料和大型锻件国产化。

3.5.2 规范新机组容量参数的考量

超临界锅炉技术的发展给予我们很多思考的空间,尤其是蒸汽参数达到极致水平后如何再提升它的经济性、安全性以及产品的品牌效应,亟须应对。

1) 大中小机组锅炉的发展应顺市场经济发展的需要

如前所述,虽然机组发展的更大容量(1 200～1 300 MW)的技术路线降低了单位千瓦投资的费用,但客观上在自然灾害、电网事故以及高度发达的制导技术下,增大了电网机组安全性的风险。

在主流电网系统中,大机组为电网骨干发挥了大机组高效、高利用率的作用,但欠灵活。随着计算机的普遍使用,机组的性能调节趋同。就调峰的灵活性来说,规模相同的1 000 MW电厂,用两台500 MW机组的调节性能比一台1 000 MW机好,多台机组并列,可以获得较佳的调峰经济性。

大力发展区域智能分布能源,以此作为都市经济中心用电的补充,利用中小电厂灵活的应变调峰能力构建智能分布能源体系,充分发挥中小电厂的互补功能。

建议在电力供给侧改革的大环境下,电站规模的发展不宜提倡“上大压小”,而应顺电力市场需求,充分发展区域中小容量规模的分布能源电站。

2) 超超临界机组发展的思考

我国电力市场对超超临界机组需求旺盛,推动了国际市场耐热合金钢材料的价格上涨，Super304或HR3C单价曾一度上涨到每吨30万元人民币以上。随着制造规模和能力的提高，目前Super304每吨的价格为12万元人民币左右，HR3C每吨的价格为15万元人民币左右。

对于燃煤火电厂，蒸汽温度从600℃提升到700℃，是对材料技术的巨大挑战。燃煤电站对材料性能要求主要包括持久蠕变性能、抗蒸汽腐蚀性能、焊接性、冷-热加工性能。此外，更要考虑材料的经济性问题。

在700℃超超临界技术开发计划中，耐热材料的研发占据至关重要的地位，耐热材料成为先进燃煤电站建设最主要的制约因素，至今国内外技术都不太成熟，材料耐腐蚀性、抗氧性等特征都需要进一步研究。从国际范围讲，目前还没有已确认满足电站设计要求的成熟材料。况且，700℃高温材料的价格是600℃的10倍以上，经济因素也是欧洲"AD700"示范工程暂缓的重要原因。

在我国材料还不能基本自给的情况下，不能盲目大量建设1 000 MW级及以上机组，尤其是经济转型期间，发展需求电量远低于装机供应量。当1 000 MW超超临界机组运行负荷低至60%额定负荷时，机组热耗率将高于600 MW超临界机组额定工况热耗率；当1 000 MW超超临界机组运行负荷低至40%额定负荷时，机组热耗率将高于亚临界300 MW机组额定工况热耗率。而我国已投运的1 000 MW超超临界机组经常在50%～60%负荷下运行，将失去选择超超临界参数经济价值的意义。

综上所述，超临界机组的技术已经进入高级层次，工质参数再提高主要受关键部件、高压高温材料的限制，而且更受机组利用率和国产化率的掣肘，宜在现在的蒸汽参数等级上为解决瓶颈下苦功，切忌为先进而先进，脱离经济上的平衡点。

为了强调能源的安全性、经济性，适应经济转型期对电能的需求，不宜再强调火电机组"上大压小"的一刀切倾向；再则，在逐步实现能源市场属性的大趋势下，要加快其他清洁能源技术的发展，避免传统火电产能过剩给制造业带来的损失。

参 考 文 献

[1] 姚燕强.超(超)临界燃煤发电技术研究[J].华电技术，2008，30(4)：23-26.

[2] 纪世东.发展超超临界发电机组若干技术问题探讨[J].发电设备，2003，3：27-31.

[3] 张晓鲁.关于加快发展我国先进超超临界燃煤发电技术的战略思考[J].中国工程科学，2013，4：91-95.

[4] 孟祥路.700℃超超临界燃煤发电技术蓄势待发[J].化工管理，2011，9：46-48.

[5] 王延峰.超超临界机组材料研发进展[C].燃煤发电清洁燃烧与污染物综合技术研讨会，上海：2016.

[6] 张燕平，蔡小燕，金用成，等.700℃超超临界燃煤发电机组系统设计研发现状[J].热能动

力工程,2012,27(2):143－148.
[7] 冯德明,付焕兴.新一代1 000 MW高效一次再热机组技术在神华重庆万州工程中的应用[C].超超临界机组技术交流2013年会,天津:2013.
[8] 谢国鸿,黄伟,彭敏,等.1 000 MW超超临界锅炉设计特点与选型分析[J].湖南电力,2010,30(1):30－32.
[9] 上海电力学院.超临界、超超临界机组发展现状、趋势和存在问题的分析研究[R/OL].[2009－03－01]. http://www.doc.88.com/p-9292322448041.html.
[10] 樊泉桂.超临界和超超临界锅炉煤粉燃烧新技术分析[J].电力设备,2006,7(2):23－25.
[11] 路野,吴少华.玉环1 000 MW超超临界锅炉低NO_x燃烧系统的设计和NO_x性能考核试验简析[J].锅炉制造,2008,4:1－4.
[12] 郝莉丽.600 MW超超临界锅炉设计探讨[J].电站系统工程,2007,23(1):38－40.
[13] 徐通模,袁益超,陈干锦,等.超大容量超超临界锅炉的发展趋势[J].动力工程,2003,23(3):2363－2369.
[14] 王为术,赵鹏飞,陈刚,等.超超临界锅炉垂直水冷壁水动力特性[J].化工学报,2013,64(9):3213－3219.
[15] 车东光,华洪渊.超超临界锅炉设计特点[J].锅炉制造,2005,4:5－9.
[16] 邓安来.1 000 M机组主、再热蒸汽温度波动原因分析及其优化方案[J].广东电力,2011,24(3):38－42.
[17] 房国成,范维.绥中1 000 MW机组主汽温度控制策略[J].东北电力技术,2010,31(8):4－9.
[18] 黄伟,李文军,向勇林,等.600 MW超临界燃煤机组甩负荷试验锅炉侧采取的措施[J].湖南电力,2008,28(3):48－50.
[19] 郭克峰.600 MW超临界机组炉顶立体柔性密封技术[J].云南电力技术,2011,39(1):52－53.
[20] 莫耀伟.1 000 MW超超临界燃煤机组锅炉爆管原因分析[J].华东电力,2008,36(2):16－21.
[21] 梁帮平,张东,刘占森.回转式空气预热器转子变形原因分析及处理措施[J].华电技术,2012,34(3):1－3.
[22] 杨富,李为民,任永宁.超临界、超超临界火力发电机组用钢[J].电力设备,2004,5(10):41－46.
[23] 卢国华,陆海伟,马存仁,等.超超临界燃煤机组T23钢水冷管的腐蚀行为浅析[J].材料保护,2013,46(11):67－69.
[24] 刘正东.中国能源工业发展对钢铁材料技术的挑战[J].特钢技术,2010,16(1):1－6.
[25] 贾科华.700℃超超临界目前还不是发展重点[N].中国能源报,2013－9－9(19).
[26] 洪涛,韩忠凯.气化少油点火系统在超临界燃煤机组的应用[J].华北电力技术,2009,6:26－29.

[27] 刘智飞. 660 MW 超临界机组制粉系统选型分析[J]. 河南科技，2013，19：131 - 132.
[28] 潘灏，霍沛强，李伟科，等. 1 000 MW 超超临界燃煤机组中速磨煤机制粉系统给煤层标高优化[J]. 广东电力，2010，23(4)：79 - 80.
[29] 李端开，宋景明，蒋丽，等. 超超临界燃煤机组热一次风系统布置分析[J]. 节能技术，2010，28(1)：32 - 35.
[30] 刘新华，丁岩峰，申斑. 1 000 MW 超临界燃煤机组气力输灰系统典型配置方式优化[J]. 电站辅机，2010，31(4)：1 - 4.
[31] 胡玥，杨志平，杨勇平. 1 000 MW 超临界燃煤机组蒸汽管道性能优化研究[J]. 汽轮机技术，2013，55(5)：368 - 372.
[32] 杨文则. 超超临界燃煤机组的锅炉补给水工艺的比较[J]. 广州化工，2014，42(2)：131 - 133.
[33] 中国动力工程学会. 600/1 000 MW 超超临界火电机组研讨会报告论文集[C]. 大连：2008.

第4章　空气分离与富氧燃烧技术

多年来，电站锅炉利用的化石燃料一直采用空气作为氧化剂。燃烧效率达到一定高指标后，再要突破就十分困难。人们发现空气中的氮气在燃烧中不仅无用，而且会产生氧氮污染物，带走大量热量，造成大的烟气热损失。因此，空气分离（简称“空分”）富氧技术使富氧燃烧获得了广泛应用。随着薄膜化工技术的发展，膜法富氧空分技术迅速发展，同时，人们还在探索更经济的磁致空分富氧技术。

4.1　概况

当前，我国能源来源主要是化石燃料。针对我国一次能源以煤为主的特点，开发煤炭燃料的清洁高效利用技术以及配套空分技术是节能减排可持续发展的重中之重。

4.1.1　降能耗

许多国家十分重视煤清洁利用技术的开发和新机组的示范，除了提高工质侧的参数、优化工质循环系统外，燃料侧的创新更是繁多，如水煤浆燃烧、富氧燃烧、煤气化、IGCC、化学链燃烧、增压流化床燃烧等。

如今，我国在火电机组系统优化和设备可靠性方面的研究几乎都有所涉足，也取得长足进步。2016 年的能源效率中，单位国内生产总值能耗同比下降不低于 3.4%，燃煤电厂每千瓦时供电煤耗 314 克标准煤，同比减少 1 克。

然而，现有火电机组的高参数、大容量所带来的理论红利差不多达到饱和，若要再上一个台阶，材料是最大的瓶颈。

随着电力供给侧体制改革的缓步推进，到 2020 年，我国将对燃煤机组全面实施超低排放和节能改造，使所有现役电厂每千瓦时平均煤耗低于 310 克，新建电厂平均煤耗低于 300 克；同时，结合“十三五”规划推出所有煤电机组均须达到的单位能耗底限标准[1]。

“十三五”期间，燃煤工业锅炉实际运行效率应提高 5 个百分点，到 2020 年新生产燃煤锅炉效率不低于80%，燃气锅炉效率不低于92%。

4.1.2　几种空分的经济性

富氧空分技术主要有冷冻法、吸附法、膜法和电解法。其富氧生产量和应用的规模也依次排序。前两者为成熟技术，所得到的富氧或纯氧已广为市场应用。但是，动力装备的富氧节能减排市场需要更经济的富氧空分技术和装置。

限制富氧燃烧技术普遍应用的主要因素是空分制氧的经济成本。虽然有机高分子薄膜分离混合气体的研究已有百余年历史，但直到不久前制膜技术的突破，膜技术在富氧燃烧方面的应用才被广泛关注[2]（见表4－1与表4－2）。

表4－1　几种空气制氧方法的比较

项目名称	膜法富氧	深冷法	变压吸附法
成熟度	开发阶段（小规模或超小型）	技术成熟	比较成熟
装置规模/(Nm^3/h)	<1 000	约几万	≤3 000
氧纯度/%	25～40	99.2	30～95
副产物	富氧	稀有气体、液氧、液氮	富氧
设备启动后	数分钟到数十分钟	数小时到数十小时	数分钟到数十分钟
产品可调性	易	较难	较难
产品成本	最低	略低	低
设备投资	低	略低	略低
操作	简单	较复杂	简单
设备占地	中	大	中

从表4－1中可见，虽然膜法富氧的发展规模还比较小，但从经济性分析，其发展前景无量。

初步测算，当氧浓度为30%左右、规模小于15 000 Nm^3/h时，膜法富氧投资、维护以及操作费用仅为深冷法和变压吸附法的2/3～3/4。

表4－2　几种制氧方法与投资对比[3]

	分子筛分法	深冷法	膜法	备注
参数	900 Nm^3/h	1 000 Nm^3/h	1 200 Nm^3/h	
	90% O_2	99.65% O_2	30% O_2	

（续表）

	分子筛分法	深冷法	膜法	备注
电耗/(kW·h)	369	670	30	
单耗/(kW·h/Nm^3)	0.46	0.68	0.065	折合 Nm^3 纯氧电耗
投资/万元	550	980	25	
运行费用/万元	123	182	25	

4.1.3 富氧燃烧的魅力

常规燃煤电厂的节能减排能否可持续发展？国内外研究者认识到，现有热力设备最大的节能制约因素在于空气燃烧法。由于空气中大量氮气的负面影响，不仅无助燃烧，反而增加污染物，给机组带来很大的热损失。

早在1937年，富氧在底吹转炉炼钢(Bessemer)上的应用是世界上最早的富氧冶炼技术。富氧燃烧技术的概念首先由Horne和Steinburg于1981年提出。所谓富氧燃烧技术是指供给燃烧的气体含氧量比空气含氧量(21%)高的富氧空气或纯氧与燃料混合燃烧的技术。许多发达国家都投入了大量人力物力来研究富氧技术。

经济性空分的富氧燃烧越来越受到人们的重视。近年来，美国将膜技术研究作为先进技术项目之一，阿贡国家实验室的研究证明，只要对常规锅炉适当改造就可以采用此技术。

富氧燃烧工程项目主要包括经济制氧和热能高效转换两个部分。在工程实施中，这两者的协同是应用的首要条件，脱离经济的富氧燃烧不能持久，而经济的富氧技术将成为富氧燃烧技术实用性的依托。普及经济的富氧燃烧将是现有火电厂、中小炉窑节能减排可持续发展的好办法。

近年来，我国富氧膜技术、磁电极选的开发运用开启了富氧燃烧技术经济应用的前景。目前经济空分的富氧燃烧技术已经在水泥窑上运用，并取得了明显的经济效益。为此，我们通过相关的理论研究成果和实践案例，探讨经济空分富氧煤电的应用对策。

4.2 空分技术

在常用的富氧空分技术中，冷冻法、吸附法技术最成熟；电解法主要用于试验研究。而膜法富氧和磁致空分富氧技术将先后进入富氧空分的应用市场。

富氧空分通常是指经过空气分离装置得到氧浓度大于21%而小于40%的气体，但接近纯氧(氧浓度大于90%)的气体也在讨论的范围内。其适宜于燃烧过程的热能转换装置，如炉窑、锅炉和内燃机等，具有节能、环保、快捷、安全、便利等优势。

4.2.1　成熟制氧技术

在空分技术的应用中，空气深度冷冻技术（深冷法）与分子筛制氧法（吸附法）应用最多。经过多年的技术发展，已经达到大流量的应用规模，属于成熟制氧技术。

1）空气深度冷冻技术

空气深度冷冻法（air separation unit, ASU）的工艺流程如下：空气在低温加压条件下相变为液态（＜150 K）；然后蒸发，利用液态氮/氧（常压下沸点为－196℃/－183℃）沸点不同，分离出高纯度氮气和氧气并储存或直接应用。其工艺经历了许多改进优化过程（见图 4－1）。目前制氧工艺按《深度冷冻法生产氧气及相关气体安全技术规程(GB16912—2008)》执行。

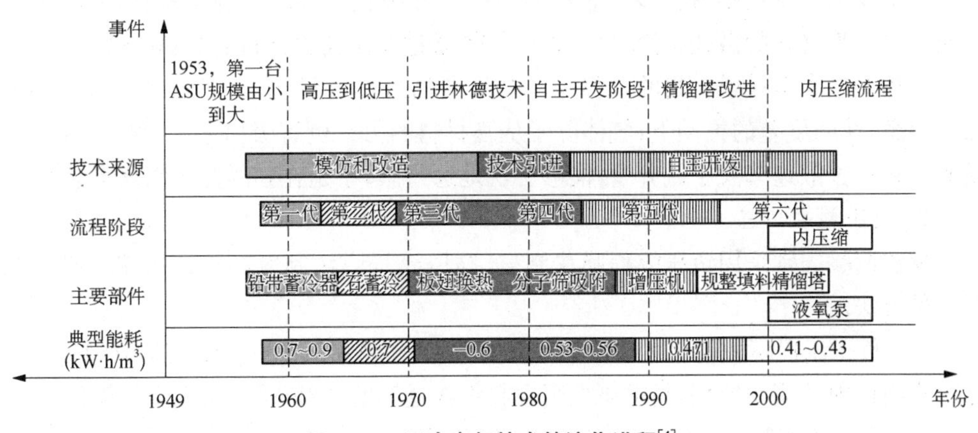

图 4－1　深冷富氧技术的演化进程[4]

2）分子筛制氧法（吸附法）

分子筛制氧一般采用沸石分子筛加压吸附变压解吸（pressure swing absorb, PSA）方法，利用氮分子大于氧分子的特性，使用特制的分子筛把空气中的氧分离出来。工艺过程中采用两只吸附塔分别进行相同的循环过程，从而实现连续供气。

20 世纪 50 年代是沸石材料应用的开发期，开发的主要沸石有 A 型、X 型沸石，以及 Y 型沸石，特别是 Y 型沸石的人工合成及其在催化裂解上的应用是开发的重点。

沸石分子筛的研究经历了三个主要发展阶段：20 世纪 70 年代 ZSM－5 的合成，80 年代 AIPO4－n 系列分子筛的合成，90 年代 M41S 介孔类分子筛的合成。

沸石分子筛指具有分子筛作用的天然及人工合成的晶态硅铝酸盐，是一种无机晶体材料，其化学通式为：$M_x/m[(AlO_2)_x \cdot (SiO_2)_y] \cdot zH_2O$。（M 代表阳离子，$m$ 表示其价态数，z 表示水合数，x 和 y 是整数）。沸石分子筛活化后，水分子被除去，余下的原子形成笼形结构，孔径为 3～10 Å。它具有规整的孔道结构、较强的酸性和高的水热稳定性，被广泛应用于催化、吸附和离子交换等领域中。分子筛晶体中有许多一定大小的空穴，空穴之间由许多同直径的孔（也称“窗口”）相连。由于分子筛能将比其孔径小的分子吸附到空穴内部，而把比其孔径大的分子排斥在空穴外，起到筛分分子的作用，故得名分子筛。这两种制氧法应用广泛，技术相当成熟，可参阅有关文献，本书不再赘述。

4.2.2 膜法分离技术

膜法富氧技术被称为“资源的创造性技术”。它在一定压力作用下使空气透过薄膜，依据空气中各组分的不同渗透率，在膜渗透侧富集，达到分离空气中氧组分的目的。

4.2.2.1 简述

目前使用的富氧膜材料多为非对称的中空纤维膜。分离机理有两种：一种是气体通过多孔膜材料的微孔扩散；另一种是气体通过非多孔膜材料的溶解扩散。

气体通过非多孔膜材料的过程是一个复杂的过程，即气体分子先在膜材料的表面上溶解，在浓度差的推动下，气体分子从膜材料的另一侧解吸出来。氧分子在通过膜的过程中扩散速率大于氮分子，能够更快地通过膜，于是在膜的低压侧富集氧气。

1）膜法制氧工艺

膜法制氧通常采用负压流程膜法制氧、高压流程膜法制氧和复合压流程膜法制氧三种方法。

（1）负压流程膜法制氧　该法用鼓风机将空气稍加压，高于大气压 5～10 kPa，克服膜组件内的流动损耗，真空泵抽真空收集渗透侧的富氧气体，实现富氧操作。

（2）高压流程膜法制氧　压缩机将空气压缩至 2～3 个大气压，过滤后进入膜组件，渗透率相当快的氧气等透过膜壁，在渗透侧富集，该法耗能多。

（3）复合压流程膜法制氧　该法介于前两者之间，能耗居中。

2）膜材料

目前气体分离用的膜材料主要有有机膜（高分子聚合物膜）材料和无机膜材料两大类（见表 4-3）。

表 4-3　膜　材　料

类型	无机膜材料	有机膜材料
多孔质	多孔质玻璃，烧结体 （陶瓷、金属）	微孔聚烯烃类、多孔醋酸纤维素类
非多孔质	离子导电体固体、钯合金等	均质醋酸纤维素类、合成高分子 （如聚硅氧烷橡胶、聚碳酸酯等）

3）有机膜材料

有机富氧膜材料主要有醋酸纤维素、聚砜（PSF）、聚酞亚胺（PI）、聚4-甲基-1-戊烯，聚二甲基硅氧烷（PDMS，又称硅橡胶）、聚三甲基硅烷-1-丙炔等。其中，聚三甲基硅烷-1-丙炔性能最优，聚二甲基硅氧烷次之。常用的富氧膜材料如表4-4所示。表中 ρ_{O_2} 为渗透系数，ρ_{O_2}/ρ_{N_2} 为分离系数。

表4-4　富氧膜材料及性能

材　料	ρ_{O_2}	ρ_{O_2}/ρ_{N_2}
聚氨基甲酸酯	78 300	6.4
聚乙烯对苯二酸盐	39 150	4.1
纤维素乙酸脂多孔质膜	10 440	3.3
纤维素乙酸盐	16 500	3.2
聚4-甲基戊烯	15 660	2.9
聚甲基硅氧烷/聚碳酸酯	1 470	2.2
聚砜	1 400	6.1

4）无机富氧膜材料

无机膜材料属于固态膜的一种。其热稳定性好、化学稳定性高、不被微生物降解，但是薄膜脆、易碎、加工成本高、难于大面积制造。无机膜的优势使其显现出大规模工业应用的趋势。其中碳膜具有高选择性、高渗透性和高分离能力，其氧氮分离系数最高可达36。无机致密透氧膜根据构成材料的不同，分为氧离子导体膜及氧离子-电子混合导体膜。目前大规模应用的气体分离富氧膜主要是高分子有机膜，但这种膜存在渗透速率低，不耐高温，抗腐蚀性差等缺点；无机膜具有选择性较差，膜面污垢去除较困难，需要对进料介质进行处理，制造成本比较高等缺点。

5）复合富氧膜材料

复合富氧膜可以结合有机、无机膜二者的优良性能，既具有高渗透性和高选择性，又可达到柔性、强度、耐老化等性能的统一。例如，以硅橡胶为例，采用不同的基膜加以复合，并采用不同的改性剂改性硅橡胶，通过涂敷法制备硅橡胶基复合富氧膜，氧气透过量为2 100 $cm^3/(m^2 \cdot 24\ h \cdot 0.1\ MPa)$，分离系数为4.2[5]。螺旋卷绕式和中空纤维式富氧膜特性见表4-5。

表4-5　两种膜组件的特性比较

项　目	卷式	中空纤维
填充密度/$m^2 m^{-3}$	200～800	500～30 000

（续表）

项　　目	卷式	中空纤维
组件结构	复杂	复杂
膜更换方式	组件	组件
膜更换成本	较高	较高
料液预处理	较高	较高
料液流速/$m^3 m^{-2} s^{-1}$	0.25～0.5	0.005
料液侧压降/MPa	0.3～0.6	0.01～0.03
抗污染性	中等	差
清洗效果	较好	差
工程放大难易	中	中
相对价格	低	低

6）新材料

（1）陶瓷膜　目前，国外开发的SEOSIM氧气发生器，材料采用陶瓷材料。

（2）混合基质膜　UOP LLC用物理方法改性聚合物膜，通过气体溶解度增加膜的选择性。它分为两种：一种包括吸附剂-聚合物；另一种包括聚乙烯醇硅橡胶结构，它对极性气体如SO_2、NH_3和H_2S有高选择性。

（3）碳膜　在气体分离中碳膜的选择性比Vycar玻璃高10～20倍，而渗透率要大一个数量级，它与聚合物膜相比可满足性能要求。

7）膜组件结构

气体分离膜组件常见的有平板式、卷式（见图4-2）和中空纤维式三种。其填充密度分别为300～500 m^2/m^3，600～800 m^2/m^3和16 000～30 000 m^2/m^3。

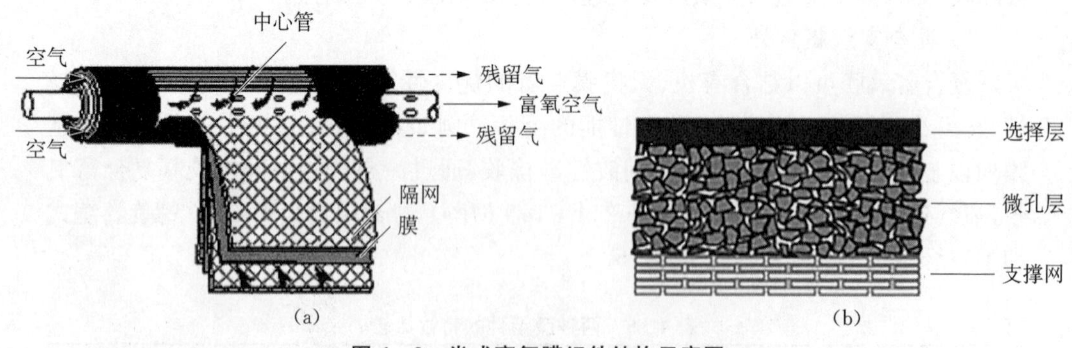

图4-2　卷式富氧膜组件结构示意图

(a) 卷式膜组件展开图　(b) 富氧膜结构示意图

(1) MZYR40－15000型板式膜组件装置[6]设备的富氧流量为25～2 000 Nm^3/h，富氧浓度为28%～30%。板式膜组件膜片采用美国和加拿大产品，流通空间大，不易堵塞，可避免浓差极化现象；可拆卸清灰；膜组件模块化设计，上下左右可堆积连接，组成系列产品。

(2) 国内外工业应用的商品化富氧膜组件主要为卷式和中空纤维式。卷式膜组件的结构紧凑、间隙小，适宜在相对清洁的环境中使用。板式膜组件设有足够的空气流道空间，更适合恶劣的环境运行，便于清灰。

(3) 中空纤维膜组件可用于超滤、反渗透和气体分离等过程。在多数应用情况下，被分离的混合物流经中空纤维膜的外侧，而渗透物则从纤维管内流出，可承受高达10 MPa的压差。

(4) 开发中空纤维膜组件的关键：其一，在于制作能长期耐压的中空纤维并产业化；其二，使水在纤维间均匀流动。

(5) 新的膜组件需要防止污染和浓差极化，通常方法为改变流道形状(见图4－3)。

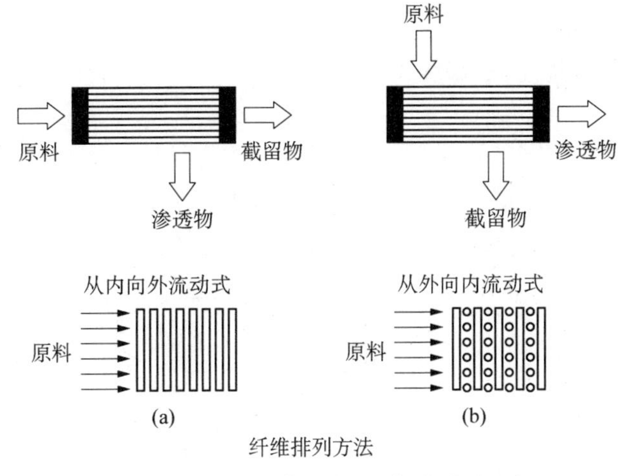

图4－3　中空纤维膜组件及其纤维排列示意图

(a) 顺列　(b) 错列

(6) 系统采用变压分离通风(区别于单纯正压或负压)技术，延长膜的使用寿命；采用三级空气过滤器减少膜组件的极差化，一级为高效过滤器，二级为滤袋，配外置厚度为20 mm的玻璃纤维，定期更换；配手动控制或可编程限值控制器(PLC)系统；膜组件集成组装一个箱体(见图4－4)。

图4－4　MZYR－12000富氧助燃节能装置[7]

4.2.2.2 膜技术应用研究

膜的研究依据膜材料、相态、形状、结构形态、作用机理、制备方法以及不同用途等要求进行。从系统设计对选材、工艺要求加以甄别、选择和应用。膜材料应具有高的 O_2/N_2 分离系数和高传递通量(控制价格)。事实上,一些研究发现,大多数聚合物材料均存在选择性与渗透性相反的关系,如聚烯烃、纤维素类、聚砜等工业用的气体分离膜材料渗透性差。20 世纪 80 年代,聚酰亚胺有机材料被市场关注。它具有渗透性好、机械强度高的特点,且耐化学介质,可以制成高通量的自支撑型不对称中空纤维膜。

1) 膜材料选择原则[8]

膜材料的选择原则如下:

(1) 在不降低现有渗透性能情况下提高选择性;

(2) 在保持高渗透性和高选择性情况下,提高膜的耐温和抗化学性;

(3) 对于特定项目,选择膜的标准是复杂的,膜的耐温性、抗化学性,渗透率和分离效率都是重要指标。

富氧膜材料的性能上限,如图 4-5 所示[9]。

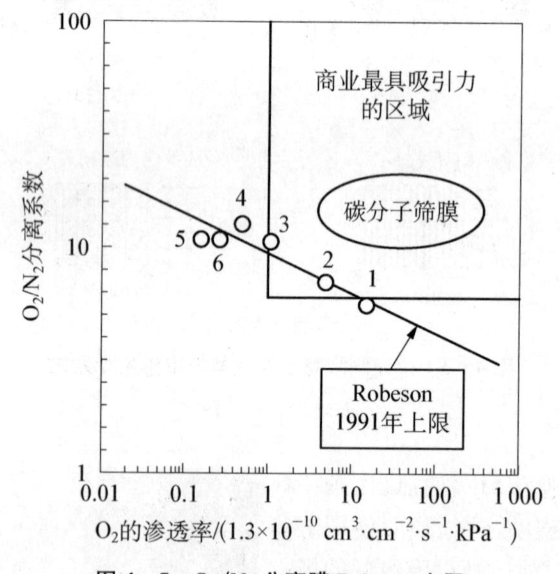

图 4-5 O_2/N_2 分离膜 Robeson 上限

在工业分离应用中采用的不对称膜横断面呈不同的层次结构。按照膜表层和底层的材料,可再分为非对称膜和复合膜。不对称膜有很薄的致密分离表层(0.1~1 pm)和多孔支撑层(100~200 pm),使之具备空气分离最基本的条件。

2）空分参数

气体分离膜的主要特性是膜的物化稳定性及膜的分离透过性。膜的物化稳定性是指分离膜的结构强度，允许使用的压力、温度、pH值以及对有机溶剂和各种化学药品的耐受性。气体分离膜的特性参数主要有渗透系数、分离系数和溶解度系数等。渗透系数Q是单位时间、单位压力下气体透过单位膜面积的量与膜厚的乘积，是溶解度和扩散系数两者的函数，是评价气体分离膜性能的参数；分离系数α标志膜的分离选择性，是评价气体分离膜性能的重要指标；溶解度系数S表示膜对气体的溶解能力，高沸点易液化的气体在膜中容易溶解，且有较大的溶解度系数；渗透气体在单位时间内透过膜的扩散能力用扩散系数D来表示，其值与分子尺寸成反比。

3）试验研究

（1）实验装置简述[10]　研究者建立了小型富氧膜分离器（～4.6 Nm^3/h）实验装置（见图4－6）。

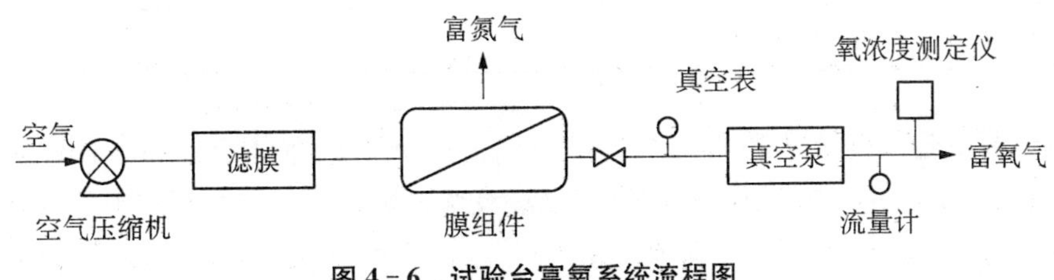

图4－6　试验台富氧系统流程图

（2）膜体污染及恢复　试验可见，不清洁的空气危害包括空压机油污危害及水汽对富氧空分装置的安全、稳定运行带来的严重威胁。膜表面形成的滤饼、凝胶及结垢等附着层或者膜孔堵塞等外部因素都会导致膜性能变化，经过吹扫后富氧效率和产气量可以完全恢复（见图4－7）。

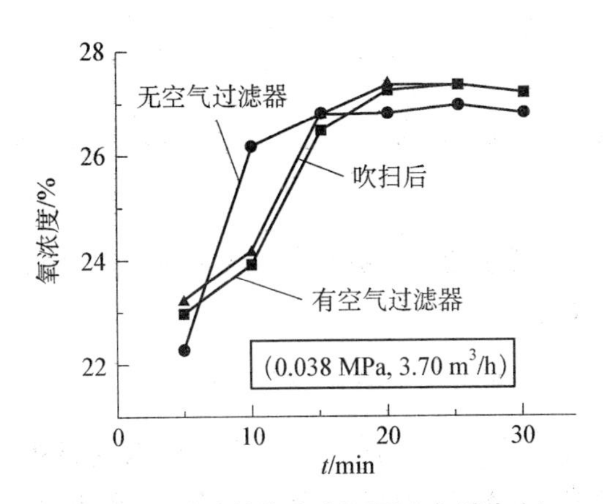

图4－7　污染性能试验（不同空气污染度）

(3) 影响膜法制氧的因素　影响膜法制氧的因素主要包括膜性能、压力、空气流量和操作温度，膜的质量性能极为重要。实验发现国内富氧膜性能与进口膜的差距(见表 4-6)。

表 4-6　膜的材料与性能

公司名称	材料	氧氮分离系数 α	渗透率 Q/(kmol/(h·m^2·0.1 MPa))
A/G Technology	乙基纤维素	3～4	0.015
Aquilo B. v	聚苯醚(PPO)	5	0.018
Du Pont medal	聚酰亚胺	6～7	0.005 8
Generon Systems	聚碳酸酯	6～7	0.005 8
Innovative	聚砜	4～5	—
UBE Industries	聚酰亚胺	5.5	0.014

国产膜的透气量可达到 $3.65\times10^{-4}\sim5.48\times10^{-4}\ m^3$(STP)/S. cm^2. cmHg，氧氮分离系数为 2.0；进口膜如德国 GKSS 的富氧膜的透氧量为 $14.6\times10^{-4}\sim18.3\times10^{-4}(STP)cm^3$/s. m^2. cmHg，是国产膜的 3～5 倍；进口膜氧氮分离系数为 2.1，并拥有高达 3.5 的分离系数。空气压力与通量成正比关系。膜的试验压力、渗透通量与氧含量的关系见表 4-7。

表 4-7　压力、渗透通量与氧含量的关系

项目	指标		
压力/MPa	0.1	0.2	0.3
通量/(mL/min)	0.35	0.61	0.97
富氧空气中氧含量/%	41	41	41

4) 膜的性能指标

膜的评估性能指标包括富氧膜抗衰退性、富氧膜的渗透系数和分离系数。

富氧膜的渗透系数为

$$P = Q_2/(\Delta P \cdot A) \tag{4-1}$$

式中，P 为富氧膜的渗透系数(cm^3/(m^2·S·MPa))；A 为膜的有效面积，即富氧膜的有效面积；Q_2 为气体透过量，即富氧量(m^3/S)；ΔP 为膜两侧气体的分压差

(MPa)。

分离系数由下式计算：

$$\alpha = \frac{X_2}{1-X_2} \frac{1-X_1-\gamma(1-X_2)}{X_1-\gamma X_2} \tag{4-2}$$

式中，α 为富氧膜的分离系数，γ 为富氧膜两侧压比，X_1 为供给气体的氧浓度，X_2 为渗透气体的氧浓度。

5）经济运行方式

根据空分装置，运行方式可分为加压式、减压式、加/减压式。这三种运行方式中，加压式能耗最高，能耗是减压式的数倍，而减压式所需要的膜面积要远超过加压式。富氧膜装置在常温下进行，装置简单，容易操作，易自控和维护。根据富氧燃烧侧的特点，热力设备通常选择空气过剩系数 α 为 1.05～1.10；一般取富氧浓度为23%～29%为宜，而且含氧量从21%增加到25%时，效果最明显。于是，空分的经济指标通常由制氧成本与燃料节约成本之比来表示。只有当制氧成本(主要是耗电量，包括富氧装置的折旧费)与燃料节省成本之比小于1时，富氧燃烧才会有实际的经济效益。

4.2.2.3　膜法富氧的现状及发展方向

1）存在问题

膜法富氧存在如下问题：

(1) 现有膜材料的性能指标——透氧系数和氧氮分离系数不能完美地匹配；

(2) 膜性能的稳定性较差，尤其是一些性能优异的氧氮分离膜，寿命极短，且还需特殊保护；

(3) 现有高性能膜材料合成或制膜成本高。

无机膜如沸石分子筛、碳膜或许具有较大的竞争实力，但其加工困难，且价格高。

2）应对措施——合成新的膜材料

(1) 研究较多的膜有 4，4′-(六氟异丙基)苯二甲酸酐(6FDA)和/或均苯四甲酸酐(PMDA)与均苯四胺(TAB)合成的聚吡咙薄膜。

(2) 制备有机无机共混基质膜。在聚合物基体中加入微米级的分子筛如沸石、碳分子筛等组分，构成一种有机无机共混基质(mixed-matrix)膜，它能够将聚合物的易操作性与无机分子筛的良好分离性结合起来。

(3) 仿制分子筛的聚合物材料也是一条行之有效的途径，如聚吡咯酮的共聚物。

3）富氧膜的发展方向

富氧膜的发展方向：①开发超薄复合膜制备工艺。利用等离子体气相沉淀技术对现有材料进行表面处理，形成具有超薄分离活性层的复合膜，增大传递通量。②杂化气体膜分离工艺。该工艺可构成更经济的分离过程，如低温精馏膜分离、联合空气分离法，变压吸附，化学催化反应联合空气分离法等工艺路线。

4.2.2.4 案例

研究者[11]以 150 t/h 四角切圆燃烧、固态排渣中压煤粉动力锅炉为对象，设计膜法富氧系统。

1）膜法富氧系统设计技术指标

膜法富氧系统设计技术指标如表 4-8 所示。

表 4-8 膜法富氧系统设计技术指标

参数	O_2 浓度/%	流量/(Nm^3/h)	出口流速/(m/s)	预热温度/℃
设计值	28～30	3 200	38	260

2）膜法富氧系统配置设备

膜法富氧系统配置设备如图 4-8 所示。

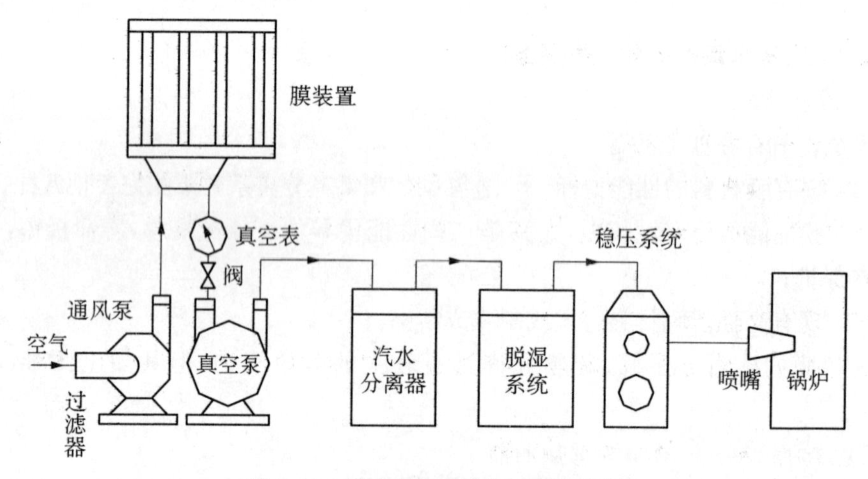

图 4-8 膜法富氧系统负压操作流程

过滤器可除去直径大于 10 μm 的灰尘，阻力小于 0.980 665 kPa。通风机全压为 2～9 kPa，风量约为富氧空气量的 7～15 倍。膜装置由空气均配箱、卷式膜组件、真空度均分和外壳等组成。真空系统包括真空泵、汽水分离器、调节阀和真空表等（真空泵要求在－66～76 kPa 范围内有较大的抽气速率）。去湿系统由 L 形多孔气体混合器、水位调节显示器、除雾罩、进水去湿箱和水位自动控制报警器等组成。稳压系统由稳压罐、百叶挡板和放水阀等组成。增压机风量比富氧量稍微大一些（一般不超过 10%为宜），风压根据炉子和管路要求，一般为 0.981～1.96 kPa。预热系统阻力小于 0.490 kPa，富氧空气预热后温度应大于 80℃。富氧喷嘴与窑炉和燃料种类等匹配，专门设计制作。去湿系统、稳压系统、预热系统和富氧喷嘴根据炉型设计定做。组件型号为中空式，产品规格为 ϕ200 mm，组件长度为 750 mm。

3）预热器设计参数

烟气流量为 140 000 Nm^3/h；入口平均烟气温度为 720℃；出口平均烟气温度为 678.5℃；富氧风流量为 4 200 Nm^3/h；富氧风流速为 28 m/s；入口富氧风温度为 25℃；出口富氧风温度为 260℃。综合换热系数 $K=\alpha_d+\alpha_f=52.5\ W/m^2\ K$；换热面积为 10.9 m^2。富氧风预热器设计安装在转向室即一级过热器和二级省煤器之间。

4.2.3　磁电极选富氧空分技术

磁致富氧技术是利用氧氮的顺磁性差别使空气中氧氮分离的一种空分技术。

4.2.3.1　磁致富氧技术的探索

早期，我国食品行业中通过磁电分离装置，利用氧的顺磁特性产生低氧分压的气体[12]。为提高气体富氧度，一些研究者使用铁淦氧（$BaFe_{12}O_{19}$）磁化空气，可使氧浓度由空气中的 20.9%提高到 23.4%，取得了初步的富氧效果。

1）原理

磁致富氧技术的原理是利用磁场强度产生的强磁壁垒使顺磁的氧分子顺利地通过强磁区，而逆磁性的气体（如氮气等）被阻挡在区域之外。于是空气在空分装置内部形成富氧气团和富氮气团。收集的富氧气团就是我们所需要的富氧空气。

2）实验方法

磁致富氧利用氧氮气体的磁化率差异实现分离。按其装置的结构特点可分为吸附富集法、轨迹偏转法和磁环法 3 种[13]（见图 4－9），利用磁性壁垒的不同构造形成空分。其中轨道法可连续富氧，气体处理量大。

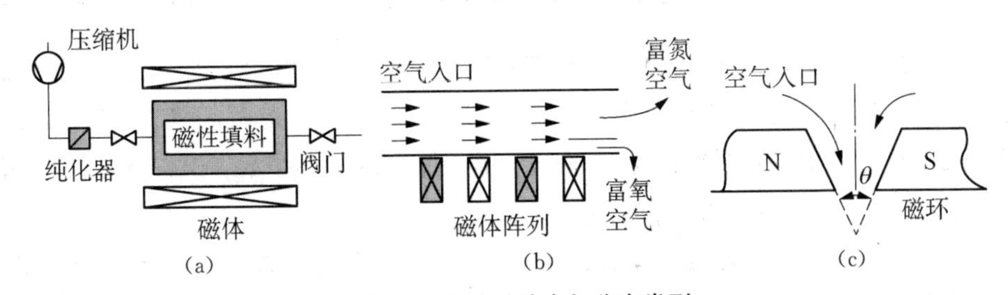

图 4－9　几种磁致富氧分离类型

(a) 吸附富集法　(b) 轨迹偏转法　(c) 磁环法

3）分析

根据实验情况，研究者分析氧、氮分子的运动速率及其在梯度磁场中的受力，计算磁场参数与富氧效果的关系。结果表明：在提高磁感应强度和磁场梯度乘积（大于 10^8 时）的条件下，有利于氧分子的引聚、富集，有着较高的富氧率[14]。

（1）磁场力　当空气进入空分装置磁幕区内，单个氧分子受到的磁场力为

$$\boldsymbol{F}=1.66\times10^{-24}\frac{Cm}{\mu_0 T}\boldsymbol{B}\frac{\mathrm{d}\boldsymbol{B}}{\mathrm{d}x} \tag{4-3}$$

式中，C 为常数，m 为质量，$\boldsymbol{F}$ 为磁介质受到的 x 方向的磁场力；μ_0 为真空磁导率，数值为 $4\pi\times10^{-7}\,\mathrm{T\cdot m/A}$；$\boldsymbol{B}$ 为磁感应强度；T 为温度。

由式（4－3）可见，作用在单个氧分子上的磁场力与磁感应强度与磁场梯度的乘积成正比，而与温度成反比，与压力无关。氧氮气体的部分特性如表 4－9 所示。

表 4－9　氧氮气体特性

气体成分	零度下分子平均速率/(m/s)	磁特性	体积磁化率（标态下）	分子受磁场力（标态下）
O_2	425.0	顺磁	146×10^{-6}	$4.32\times10^{-24}\boldsymbol{B}\mathrm{d}\boldsymbol{B}/\mathrm{d}x$
N_2	454.3	抗磁	-0.58×10^{-6}	$-1.72\times10^{-26}\boldsymbol{B}\mathrm{d}\boldsymbol{B}/\mathrm{d}x$

（2）富氧气体的能耗　为降低制氧成本，研究者试图将磁性介质引入膜分离、低温精馏等常规分离方法中，实现更经济、高纯度、大规模的耦合空分。磁电极选法利用强磁场的壁垒特性，大大降低了制氧的能耗。单位富氧气体能耗对照见表 4－10。

表 4－10　几种空分能耗的比较

空分技术	深冷法	变压吸附	膜分离	磁电极选法
能耗(30% O_2)/(kW·h/$\mathrm{Nm^3}$)	0.04	0.05	0.06～0.12	≤0.002 5

（3）磁致富氧法特点　磁致富氧法的优点为装置简单，耗能低、富氧生产成本低，可以提供规模大的低纯度富氧空气；装置使用寿命长，不需要定期清灰，没有分子筛和膜法被灰尘堵塞孔眼的问题。其缺点是工作温度不高；氧富集度不高；若富集高纯度氧气，需要多级或配合膜制氧法等。

（4）技术关键　磁致富氧法的技术关键在于：建立高梯度磁场；空气流道的布置及介质流控制；工质磁性的强化。选择更低的操作温度，低温下磁化率大幅提高，且常见的永磁体具有负的温度系数，温度越低磁场越强。

4.2.3.2　新颖磁电极选富氧技术

1）磁性材料

磁致富氧材料的选择和使用温度是成功的关键。常见空气分离装置采用的磁材料是一种被称为“磁王”的钕铁硼材料。镨钕氧金属（$(PrNd)_xO_y$）是生产钕铁硼（$Nd_2Fe_{14}B$）磁性材料的主要原料。钕铁硼合金含有大量稀土元素钕以及铁和硼，其特性硬而脆，在工作温度不太高（80～200℃）的环境下，具有极高的磁能积、矫顽力和能量密度。

钕铁硼磁铁可分为黏结钕铁硼和烧结钕铁硼两种。钕铁硼磁铁是具有最强磁力的永磁铁，材料牌号有 N35—N52 等。第三代稀土永磁钕铁硼是当代磁体中性能最强的永磁体，其主要原料有稀土金属钕（29%～32.5%）、金属元素铁（63.95%～68.65%）、非金属元素硼（1.1%～1.2%），以及添加少量金属元素镝（0.6%～1.2%）、铌（0.3%～0.5%）、铝（0.3%～0.5%）、铜（0.05%～0.15%）等元素。为了防止氧化腐蚀，其表面常进行化学纯化处理。

新型磁材料钕铁硼（NdFeB）的应用使增强空气氧氮分离度取得了明显效果。其磁能积高达 35～51 MGOe，为铁淦氧磁能的 15～22 倍[15]。

2）磁电极选法

磁电极选富氧技术磁致富氧作用是以空气、稀土永磁材料为资源，集成高压电场的开发性和再创造性的应用技术。由于磁致富氧达到 30%左右，突破了以前的技术水平，具有一定的应用价值。磁电极选法是磁致富氧效应与强电场耦合的品种，它利用强磁场和高压电场的电离特性，使磁致富氧气团离子化，增强气团的化学活性，促进了气体与燃料的化学反应。目前，磁电极选富氧空分技术仅处在水泥窑炉上的开发阶段，其富氧空分技术有待深入研究和技术鉴定，其应用的成熟度有待进一步考察。

（1）原理　研究者经过多年研究[16]，借鉴空气离子化的实践成果[17]，将高压电场、电晕放电式原理耦合在磁致富氧的框架内，使富氧气流离子化，原理如图 4-10 所示，外形如图 4-11 所示。

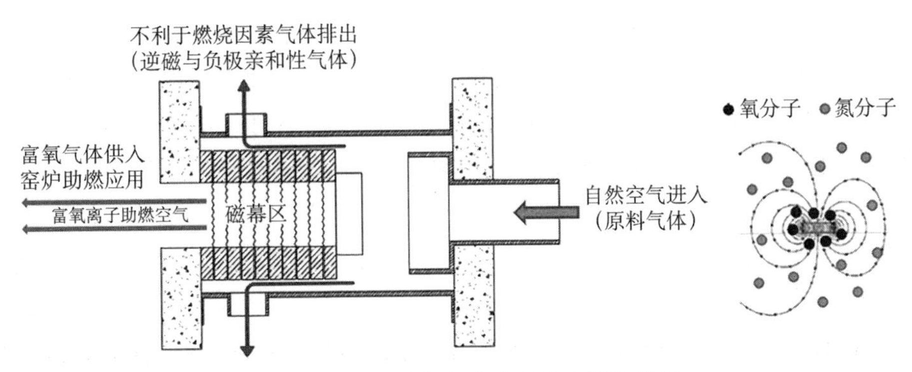

图 4-10　磁电极选小粒径负离子发生器示意图

(2) 装置简介　由图 4-11 可见，磁电极选装置主要有磁电极选小粒径负离子发生器、高压高频电源控制器以及气、电管线连接配置。

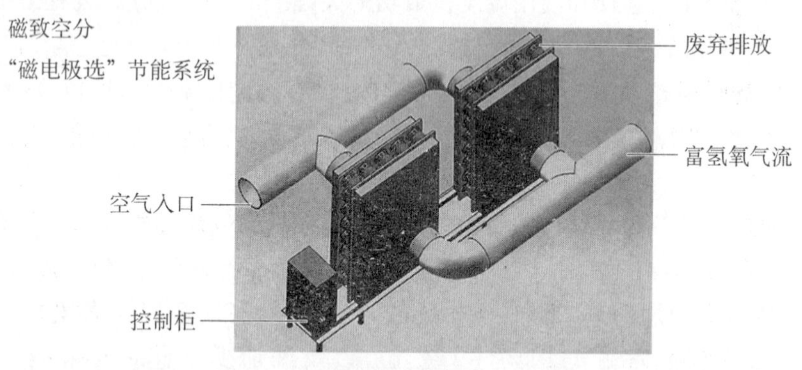

图 4-11　磁电极选富氧装置示意图

(3) 特点　磁电极选富氧技术的特点(见表 4-11)蕴藏着巨大的经济潜力，有利于开发新颖高效的清洁动力发电装备。

表 4-11　磁电极选富氧技术的特点

磁电极法	O_2 浓度	助燃功能	应用性
特性	25%~30%	气体离子化，助燃明显	连续或间断运行，无人值守，自清洁维护，无噪声，组件免检修，寿命 8 年，设备投资省，安装简便，模块设计、规模用量不受限制

3) 水泥炉窑应用

由某水泥公司的实测数据可知，炉窑系统投入富氧后，氧量明显增加，燃烧的二次风温度由 1 050℃上升到 1 100℃，三次风温度由 978℃上升到 1 002℃，温差 Δt 分别提高了 50℃，燃烧更加充分。O_2 浓度增加，烟室温度达 1 193℃，比原先升高 50℃。加富氧前后在 C_1 出口的烟气中，O_2、CO 含量有少许变化，温度变化不大；但 NO_x 平均值由 706 ppm 上升到 876 ppm，有较明显变化，系统拉风量有所加大。系统的煤耗从 109.98 标准煤当量(tce)下降到 106.46 tce；熟料强度有些变化，3 天强度下降 0.6 MPa，熟料 28 天强度增加了 2.1 MPa。

4.3　富氧燃烧技术

在常规燃烧中采用增氧助燃，燃烧速度加快、热辐射增强的过程称为富氧燃烧。

在燃烧设备方面，通常泛指的富氧燃烧包括微富氧燃烧、氧气喷枪（集中式）以及纯氧和空气混合燃烧。

4.3.1　富氧燃烧特性

根据锅炉环保的要求，确定富氧技术的应用对象，并依据经济原则，选择氧化剂的最佳富氧度。

1）一般特性

（1）富氧气体有利于提高燃料燃烧速度，减少化学不完全损失 q_3、机械不完全损失 q_4，提高燃烧效率。

（2）采用富氧燃烧有利于锅炉低过剩空气系数运行，减少烟气排放量，减少排烟热损失 q_2；燃烧温度可由烟气再循环量调节控制。

（3）利用烟气再循环提高烟气中 CO_2 浓度；在纯氧燃烧时，烟气的 CO_2 浓度甚至可高达 95%，有利于降低 CCS 的费用。

（4）在 O_2/CO_2 气氛下，能抑制 NO_x 的生成。

（5）纯氧设备投资大，厂用电增加，运行维护费用高。

（6）大量氮气需要综合利用。

2）用途

电站富氧燃烧大体可按主要用途分为三类。

（1）以捕获 CO_2 为目的的富氧燃烧，锅炉采用烟气再循环系统，燃烧气体（O_2+CO_2）中氧浓度在 27%左右，燃烧产物主要是 CO_2，捕集冷冻后的 CO_2 可直接处置或用于工业。

（2）以降低有害气体排放为目的的富氧燃烧，提高炉窑的烟气温度，降低 CO 和其他污染物生成。

（3）以提高锅炉经济性为目的的富氧燃烧，将燃烧气体中的含氧量提高到 30%左右，减少烟气量，提高锅炉效率，减少锅炉外形尺寸，降低锅炉本体重量。

3）最佳富氧度

国内外的研究均表明，氧气的体积分数在 26%～30%左右时最佳，当气体中氧量在 28%左右时，可有效提高炉膛温度 30～40℃；氧量增加到 30%以上时，火焰温度增加幅度较小，而制氧成本上升，整体经济效益下降（见图 4－12 与图 4－13）。

4.3.2　富氧应用实例

在工业节能领域内，有许许多多动力装备需要富氧空气助燃，如各行业的工业炉窑、工业锅炉、内燃机、大型煤粉锅炉以及点火装置和稳定燃烧装置等。富氧燃烧技术的大量应用，大大提高了装备热效率，有利于节能减排，有效降低 GDP 能源消耗指标。

相同条件下，氧含量的增加在一定范围内有助于火焰温度的提高，通过曲线可以明显看到空气过剩系数的变化与温度的变化。

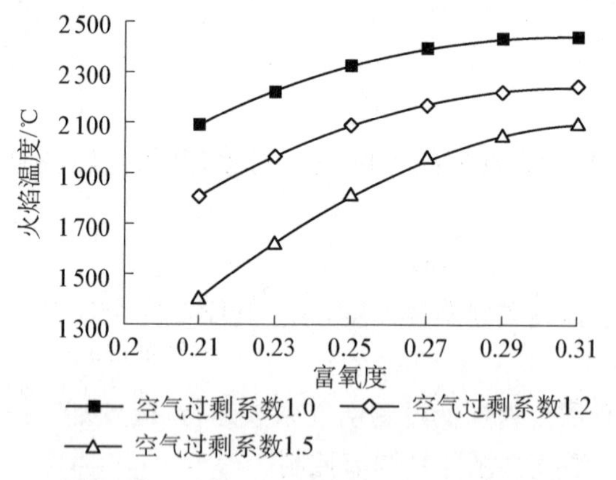

图 4-12 富氧度、过程空气系数与火焰温度的关系

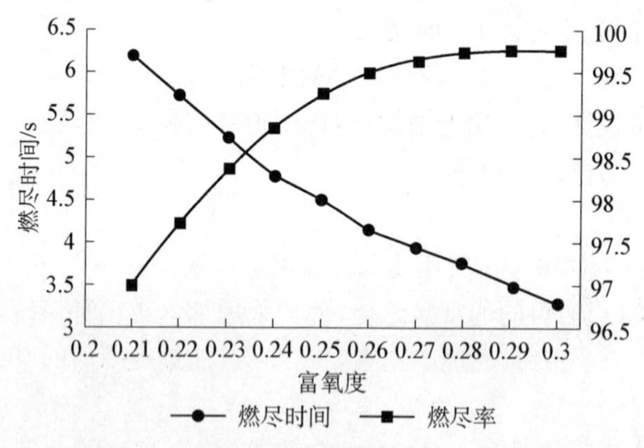

图 4-13 富氧度与燃尽率及燃尽时间的关系

4.3.2.1 富氧炉窑

1）水泥窑

2012 年，某水泥公司在 5 000 t/d 水泥回转窑上成功投运“MZYR-12000 膜式富氧助燃节能装置”。该装置输出富氧流量为 24 000 m^3/h，配备自清洁式 PLC 控制的空气过滤器。

在同比条件下实测：炉窑火焰温度提高 200℃，二次风温提高 100℃，节煤率达到 8.18%～10.73%；水泥窑排放烟气中 NO_x 浓度降低 15.64%，二氧化硫浓度降低 7.71%，烟气流速降低 2.28%[18]。

2）加热油炉

局部增氧助燃技术在少量助燃风量（1%～5%）下既节能环保，又解决了整体增氧投资大等问题[19]。

天津大港油田在 2 500 kW 燃油加热炉上应用膜法富氧局部增氧技术，经市节能监测站测试，空气过剩系数下降了 0.88 个百分点，排烟温度降低了 7℃，节能率达 10.85%(见表 4 - 12)。

表 4 - 12　膜法富氧局部增氧案例

炉型	增效措施	布置与效果	备注
废水焚烧炉	采用“对称燃烧”集成技术	节能 18.3%；CO、CO_2、NO_x 和粉尘分别下降 71.4%、21.5%、54%和 44.7%	
大港石化立式减压加热炉	膜法富氧局部增氧“对称燃烧”集成技术	陶瓷涂层技术，设计富氧量占助燃风量 3%左右，膜法富氧助燃设备为全自动户外防爆连锁型；平均节气率为 5.95%；加热炉使用富氧后，反平衡测试的热效率为 90.9%，提高了 1.2%	
北京工大油炉	2 吨燃柴油锅炉应用了增氧“对称燃烧”技术	热效率由 89.1%增加到 94.5%，烟气三原子含量提高 4.5%，氧含量下降 0.5%，CO 下降 51.8%，排烟温度为 95℃	北京质量技术监督局

大庆富氧燃烧技术应用情况见图 4 - 14、表 4 - 13、图 4 - 15。

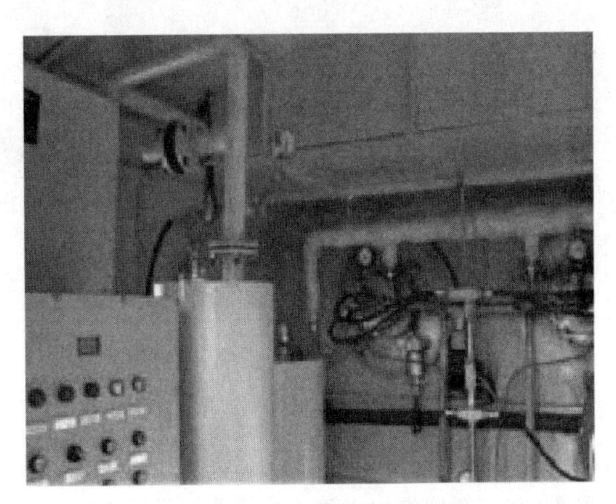

图 4 - 14　大庆油田全自动户外防爆型富氧助燃设备及富氧喷嘴

表 4 - 13　膜法富氧助燃装置投用前后供热标定指标对比

内容	富氧使用前 2011 年 11 月 15—17 日	富氧使用后 2011 年 11 月 23—25 日	备注
供热总量/GJ	976.8	1 001	按循环水量与进出口水温计
总耗煤量/t	685.4	664.5	煤低位热值 17 905 kJ/kg

（续表）

内容	富氧使用前 2011 年 11 月 15—17 日	富氧使用后 2011 年 11 月 23—25 日	备注
单耗/(t/GJ)	0.717	0.663 6	平均节煤率 5.4%
平均排烟温度/℃	158.6	139.7	下降 18.9
锅炉平均热效率/%	79.6	84.1	提高 4.5%
平均排烟氧量/%	8.46	5.87	下降 2.59%
平均 CO/ppm	585	95	下降 83.8%
平均 NO_x/ppm	768	657	下降 14.6%
平均烟尘/(g/Nm^3)	221.8	185.4	下降 16.4%

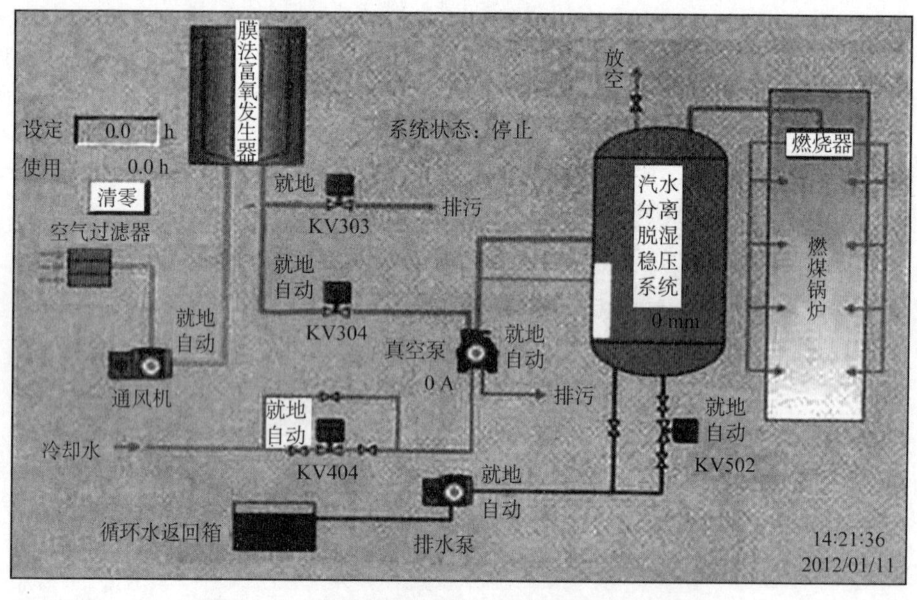

图 4-15　触摸屏显示膜法富氧助燃系统工艺流程

3) 链条炉排锅炉

在燃煤链条炉排锅炉同比条件下，测试负荷在 24.5 MW 以上时，富氧燃烧的节能率为 6.15%；炉膛温度由原来的 1 180℃上升到 1 214℃；燃烧效率由 71.6%提高到 83.50%；飞灰含量绝对值下降 10.16%；锅炉出力提高了 1.25 MW；锅炉热效率达到 82.59%，上升了 5.14%。

4) 循环流化床上的应用

近二十年来，大容量的循环流化床(CFB)燃煤锅炉取得了迅速的发展。但 CFB 也存在许多不足：飞灰含碳量高于煤粉炉；磨损设备及耐火材料；烟、风系统阻力大，需要高压鼓风机，存在风机电耗高、噪声大等问题；燃烧控制系统比较复杂；产出毒性更大的二次污染物 N_2O。然而，应用富氧技术之后，大大改善了 CFB 的节能减排性能。

山西潞安集团 4×150 t/h 循环流化床锅炉燃用屯留贫煤掺烧煤矸石，热值大于 27.17 MJ/kg，原煤颗粒小、煤粉多、燃点高，属典型难燃煤种。飞灰含碳量一直高达 30%左右，有时甚至达到 40%～45%。多次改造收效甚少后改用富氧（制氧站 3.5 MPa、99.9%的富余纯氧）掺入燃烧方法，局部增氧方式，将氧气送入缺氧区域。喷嘴设在前后二次风管处，双层布置。改造后，排烟温度由 140～150℃下降了 5～10℃，炉内供风量减少了 11 286 m^3/h，下降了 15%～20%，排烟热损失 q_2 减少了 20%，燃料燃尽率提高了 50%左右，锅炉效率提高了 2%。折算每炉节煤节电效益约 500 万元/年[20]。

4.3.2.2　富氧在煤粉炉上的应用

研究者[11]以北京锅炉公司制造的 150 t/h 四角切圆燃烧、固态排渣中压煤粉锅炉为对象，在浓淡燃烧、分级送风的基础上，借助计算流体力学（CFD）技术，分析局部富氧助燃对煤粉炉水冷壁处的气体氛围，形成向火侧面欠氧、背火侧面富氧的分级燃烧，以实现安全、高效、低 NO_x 的运行效果。

1）特点

(1) 提高燃烧温度。在绝热情况下，空气含氧量从 23%增加到 25%时，火焰温度增加 100℃；空气含氧量从 25%增加到 27%时，火焰温度仅增加 30℃。

(2) 提高燃烧反应速度。燃烧反应速度与温度、浓度的公式为

$$W = K \cdot C^m \cdot \exp\left(-\frac{E}{RT}\right) \tag{4-4}$$

式中，$C^m = C_{燃气} \times C_{O_2}$，$C_{燃气}$、$C_{O_2}$ 为燃气和空气中氧气的浓度。

由此可见，对于固体、液体，提高氧气浓度可大大提高燃烧反应速度。

(3) 燃烧后的排气量减少。富氧燃烧与纯空气燃烧相比，降低了混合气体中的氮气份额，减少了排放烟气余热（见表 4-14）。

表 4-14　燃料在常态（氧量为 21%）与富氧（氧量为 27%）燃烧中的空气及烟气流量

	热值/(kJ/kg)	常态燃烧理论空气量 L_1/(m^3/kg)	富氧燃烧理论空气量 L_2/(m^3/kg)	ΔL/%	常态燃烧理论烟气量 V_1/(m^3/kg)	富氧燃烧理论烟气量 V_2/(m^3/kg)	ΔV/%
烟煤	29 970	7.88	6.12	−22	7.70	5.94	−23
重油	40 250	10.5	8.17	−22	11.8	8.85	−21

说明：$\Delta L = \frac{L_2 - L_1}{L_1} \times 100\%$；$\Delta V = \frac{V_2 - V_1}{V_1} \times 100\%$。

(4) 降低燃料的燃点温度。燃料的燃点温度不是常数,用富氧助燃能提高火焰强度、增加释放热量等,如 CO 在空气中燃点为 609℃,在纯氧中仅为 388℃。

2) 锅炉运行特性

对比改造前后锅炉运行的情况可知,原炉具有燃烧不良、冒黑烟、热效率较低、低负荷需投助燃油等缺点;后者富氧燃烧可减少烟气量,提高出力,减少飞灰含碳量。富氧燃烧与分级燃烧组合可减少热力氮 NO_x 的浓度,有利于合理组织炉内气体流场和温度场,减少炉内结渣和高温受热面的高温腐蚀。

(1) 富氧风喷嘴位置的确定　由炉内速度场和温度场的数值仿真及多次冷态和热态工业试验确定了富氧风喷嘴的形状和安装位置。富氧风喷嘴安装在炉膛四角,每角布置两层,上层位于燃烧器顶上 11.5 m 标高处,下层位于中二次风喷口 9.3 m 处。下层富氧风喷嘴出口与炉墙成 25°夹角,按逆时针方向形成切圆,作为贴壁风,在水冷壁处形成氧化性气氛,实现炉膛向火侧面欠氧、背火侧面富氧;上层富氧风作为燃尽风,以降低飞灰碳含量。

(2) 热态对比试验的效率增益大　当富氧率在 25%左右时,飞灰碳含量、炉渣含碳量明显降低,固体未完全燃烧,热损失小于 2%,锅炉热效率达到 91.9%,超过性能保证值和设计值,比常规运行效率提高 3.6%,燃烧效率在 97%以上。

系统运行一年后进行了锅炉性能考核试验,采用 GB10184—1988《电站锅炉性能试验规程》,考核工况锅炉效率超过性能保证值为 91.40%。在 150 t/h 负荷下,锅炉的实际排烟温度高于烟气的酸露点 128℃。在接近 BMCR 负荷情况下,锅炉的飞灰及其炉渣的含碳率均较低,机械不完全损失 q_4 可以保持在小于 2%的水平上,锅炉的燃烧效率可保持在 98%左右。

锅炉富氧助燃技术改造后一年多,燃煤的硫含量基本在 2%以上。其间对锅炉做过多次检查,未发现炉膛水冷壁和高温过热器上有结渣现象,也未在水冷壁等高温受热面上发现高温腐蚀迹象;管壁厚度和管材检查均未发现异常情况;空气预热器正常,未发现堵灰、低温腐蚀迹象。

燃烧器未改造前,在相同工况、相同位置的壁面烟气成分测量值 O_2 为 0, CO 为 4.03%~6.78%。改造后,试验中测点处水冷壁壁面附近的含氧量远高于 2%, CO 含量很低,呈现明显的氧化性气氛,有利于防范水冷壁高温腐蚀和严重结渣现象的发生(见表 4-15)。

表 4-15　水冷壁附近烟气成分测试结果

项目	前墙	后墙	南侧墙	北侧墙
最大 O_2/%	7.01	8.50	5.70	7.10

（续表）

项目	前墙	后墙	南侧墙	北侧墙
最小 O_2/%	5.20	5.30	4.60	6.30
平均 O_2/%	6.09	6.69	5.21	6.73
最大 CO/ppm	301	448	216	307
最小 CO/ppm	97	328	216	307
平均 CO/ppm	191	396	417	346

（3）低负荷稳燃　在燃用挥发份 V_{ar}[①] ＝12.21%、A_{ar}[②] ＝26.14% 贫煤时，可在50% 额定负荷（75 t/h、1 台磨煤机运行）下断油稳燃。整个试验期间不投油，炉膛负压稳定，煤粉着火迅速，燃烧稳定，火焰明亮，锅炉各项参数正常。

（4）经济效益明显　该机组采用富氧燃烧方式后，燃油费用大幅度降低，可节约油 2 t/d；燃煤量降低，按锅炉效率增加 3%，计算节煤 5 215.68 t/a；高温腐蚀造成的人工及材料费用将明显降低：三项每年节约费用总和为 334.08 万元。

加装富氧装置后，需配富氧量约 4 200 立方米，总投资约 163 万元，电费取 0.50 元/度，设备按 10 年折算，维护费取 0.2 万元/月，仅节能一项大约半年就能收回全部投资。

4.3.2.3　柴油机应用富氧燃烧技术

以 6L20/27 型柴油机为模拟样机，通过 GT - POWER 软件，模拟了柴油机缸内燃烧情况。结果表明，当进气氧浓度为 23%时，6L20/27 型柴油机具有比较好的性能[21]。

1）柴油机富氧燃烧

在 L195 型柴油机上进行了富氧燃烧试验，结果表明：①油耗率一般下降 4%～7%；②烟气黑度一般小于 1 波许值；③超负荷工作能力大增。当转速达到 2 000 r/min、富氧为 25%时，最大功率从 8.8 kW 上升到 11.06 kW，增幅达 25.9%。

国内外研究者在自然吸气汽油机和柴油机上应用富氧燃烧技术进行了大量的探索性研究。然而膜法富氧燃烧技术缺乏在柴油机上的应用研究。目前船艇柴油机一般都采用增压中冷技术。

2）富氧改善滞燃现象

柴油机的燃烧过程可分为四个阶段：滞燃、速燃、缓燃及后燃烧阶段。滞燃阶段

① V_{ar}：收到的煤样中煤灰的占比。

② A_{ar}：收到的煤样中灰分的占比。

包括燃料的雾化、加热、蒸发、扩散与空气混合等物理准备阶段以及着火前的化学准备阶段。当进气氧浓度约为24%时，富氧空气将大大改善滞燃阶段气液相的混合，为良好燃烧创造必要条件。由此，柴油机试验过程中将进气富氧浓度选为23%较佳。

3）富氧的效果

研究者[22]通过对6L20/27型柴油机分别进行系泊试验和试航试验，考察柴油机的燃烧过程、动力性、经济性和排放性能。当进气氧浓度为23%、柴油机转速为800 r/min时，循环功为66.22 kJ，最高爆炸压力为85.77 bar，最高温度为1 827.76℃，有效功率提高约2.2%，燃油消耗率降低1.2%，显著减少了碳烟、一氧化碳（CO）和碳氢化合物（HC）排放，但NO_x排放明显增大到1 020 ppm。

据美国阿贡试验研发中心的试验表明，25%的富氧气体随燃料一起喷射入柴油机，可减少NO_x的生成，且减少70%固体粒子的排放，降低燃耗5%～7%。

4.3.3 大机组富氧点火稳燃

用于电站锅炉的点火和低负荷的燃油耗量巨大，300 MW及600 MW等级煤粉锅炉年平均冷态启动耗油量分别为908.2吨/台和451.6吨/台，其年平均低负荷下的稳燃耗油分别为546.8吨/台和359.8吨/台。研究者[23]针对节油和无油点火的课题，提出了煤粉富氧点火技术，直接利用高温氧气进行煤粉点火，实现煤粉锅炉点火的有效节能燃烧。

1）煤粉富氧直接点火器结构

煤粉富氧直接点火器结构如图4-16与图4-17所示。

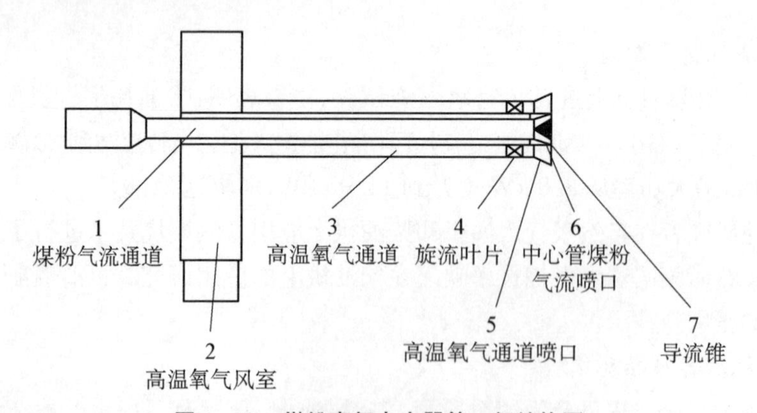

图4-16 煤粉富氧点火器第一级结构图

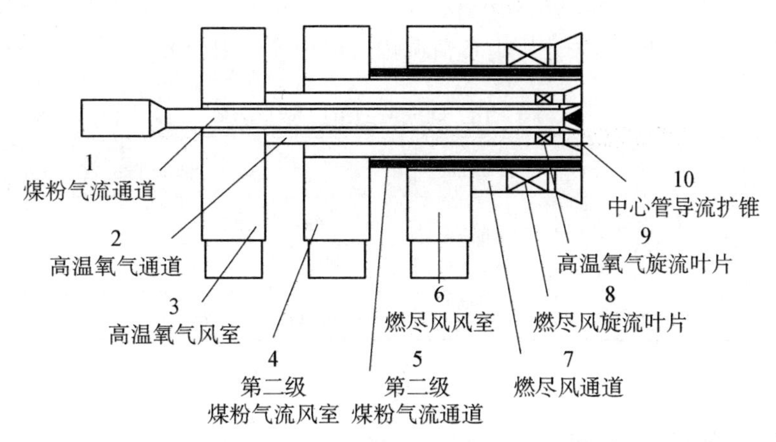

图4-17　煤粉富氧点火器第一、二级结构

2) 点火器功率

单只燃烧器功率的限制因素有燃烧器区域受热面热负荷和高的炉膛燃烧中心温度。选用数量多且功率较小的燃烧器有利于组织炉内燃烧工况,防止燃烧器周围结焦结渣等。研究认为,电站煤粉锅炉燃烧器无论是直流式还是旋流式,其单只燃烧器的热功率推荐值一般为20～40 MW。设计采用单只煤粉燃烧器的热功率为30 MW,点火装置热功率为3 MW,为煤粉燃烧器热功率的10%。点火装置采用两级分级点火,第一级的热功率为0.5 MW,先利用高温氧气,第一级煤粉气流点火,然后高温火炬点燃第二级煤粉气流。经验表明,只要煤粉气流中7%～10%的煤粉着火,其产生的热量就足够引燃整个煤粉气流。

3) 煤粉富氧点火器的布置方式

富氧的煤粉一级点火器尺寸小,可放在燃烧器内,而第二级点火具有低负荷运行的稳燃特点。根据不同燃烧器,采用相应结构和布置形式,可单独布置稳燃点火器,也可放在炉膛侧墙或直流燃烧器的下方位置。

4) 低负荷(富氧空气)稳燃

我国发电机组的年运行时间下降到约3 500 h。可是,国内现有热电机组、纯冷凝机组以及国际先进发电机组的技术上最小出力分别为40%～50%、30%～35%和20%～25%,差距较大[24]。

低负荷运行对高效的超临界发电机组的经济性带来很大的影响。一方面,低负荷工况下维持机组运行时启动点火燃油燃烧器需要油助燃,消耗大量燃油;另一方面,为了延长机组的使用寿命,希望减少机组的启停次数。

显然,在相当一段时期内,机组运行必须解决锅炉点火兼低负荷运行问题。某电厂富氧(纯氧)稳燃点火节油效果见表4-16。若采用磁电极选富氧技术,可节省消耗液氧的生产成本。若仅按启动耗纯氧 60 t,市场价每吨 1 100 元计算,每启动一次耗费制氧成本约 6.6 万元(未计机组负荷调峰时锅炉稳燃用耗氧量)。

表 4－16　技术改造前后对比数据

<table>
<tr><th>时间段</th><th>机组状态</th><th>点火方式</th><th>耗油量/t</th></tr>
<tr><td rowspan="3">富氧燃烧改造前(后)效果</td><td>冷态启动</td><td rowspan="3">大油枪/(富氧燃烧+小油枪)</td><td>约 70/(油:4.5,液氧:18)</td></tr>
<tr><td>稳燃工况</td><td>4 t/h/炉/(油:每炉 200 kg/h,液氧:每炉 0.6 t/h)</td></tr>
<tr><td>62 h 机组调试</td><td>270/(油:17.1　液氧:42)</td></tr>
</table>

4.4　富氧燃烧研究与设计

富氧燃烧在冶炼行业中的应用历史悠久。然而,由于制氧的成本高,以至于火电站的富氧应用并不多见,仅处于试验或小规模的应用中。随着技术经济的快速发展,降低发电能耗迫在眉睫。于是富氧燃烧技术的应用将受到市场的青睐。

4.4.1　富氧燃烧研究

富氧燃烧学的研究历史久远,随着国民经济的发展,生态环境的严格要求,富氧燃烧技术正在不断深化。

1) 煤粉富氧燃烧特性

研究者[25]采用 NETZSCH STA 409PC 型热重分析仪对神木煤(V_{ad}①35.61%)和蒲白煤(V_{ad}16.9%)3 种不同粒度下的煤样在不同体积氧浓度下(20%、30%、40%、60%、100%)的燃烧行为进行观察。实验结果表明(见表 4－17),随着氧浓度的增大,煤样燃烧分布曲线向低温区移动,煤样的着火温度及燃尽温度均呈下降趋势,着火时间提前且燃烧时间缩短,煤粉的综合燃烧特性指数有较大提高。

表 4－17　两煤样的燃烧时间和失重率($d = 63 \sim 74$ mm)

氧浓度/%		20	30	40	60	100
燃烧时间/min	神木煤	5.8	4.9	4.5	4.2	4.2
	蒲白煤	7	6.1	5.9	5.5	5.1

① V_{ad}:进行煤质分析化验时,煤样处于空气干燥状态下,其中挥发分的占比。

（续表）

最大失重率/(%/min)	神木煤	16.29	18.52	21.19	22.44	23.29
	蒲白煤	8.47	8.94	10.10	11.25	11.63
平均失重率/(%/min)	神木煤	11.46	12.96	13.63	14.42	15.06
	蒲白煤	5.92	6.15	7.15	7.88	7.99

随着氧浓度增加，煤粉燃烧热重曲线向低温区移动，最大燃烧速率增大且出现得早，煤粉的着火温度和燃尽温度均降低，煤粉越易着火燃烧，氧浓度对燃尽温度的影响越大；表征煤粉综合燃烧特性的指数 S 随不同煤种粒径的变化而变化，蒲白煤的燃烧特性指数随粒径的增大而减小。粒径越大，氧浓度对煤样的平均燃烧速率的影响就越大（见图 4－18）。

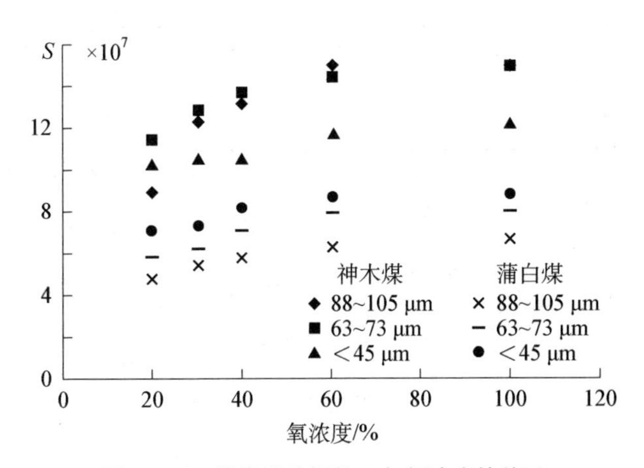

图 4－18　燃烧特性指数 S 与氧浓度的关系

2）褐煤富氧燃烧

研究者[26]采用德国 STA 409PC 型热重分析仪在含氧量分别为 21%、30%、40%、80%条件下，对 3 种褐煤进行燃烧特性测定。样本选用内蒙古东部霍林河、大唐和元宝山三个地区的褐煤，研磨筛分至 80 μm 以下。

在升温速率一定的情况下，提高氧气浓度可以使煤的挥发分初析点、着火点、燃尽点及最大失重速率点提前，燃烧时间缩短，燃烧速率加快，最大燃烧速率增加，燃烧过程更易进行（见图 4－19）。

不同的褐煤表现出不尽相同的燃烧特点，对氧浓度的变化敏感度存在差异。在同等条件下，霍林河褐煤燃烧最剧烈，最易进行，元宝山褐煤次之，大唐褐煤燃烧速度最慢。从工业分析数据可看出，各煤样之间工业成分差异不大，影响煤样燃烧速度的主要因素是煤样的组织结构及孔隙度。实际应用中,宜根据不同褐煤种类、综合制氧成本和燃煤经济性,选择合适的富氧浓度。

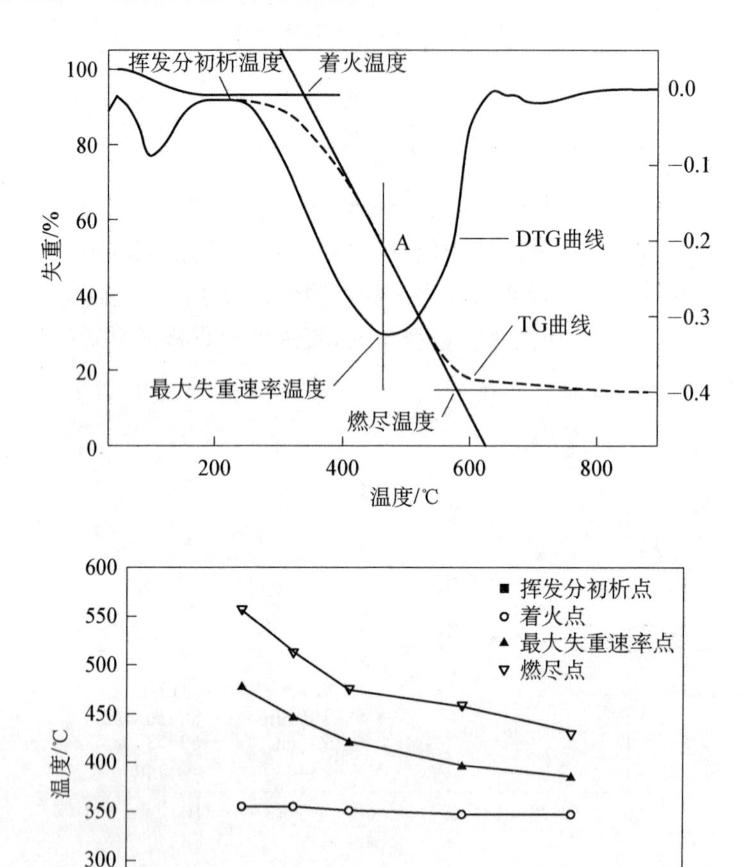

图 4-19　褐煤富氧燃烧特征值指示图

3) 煤粉富氧燃烧模拟研究

研究者[27]以 600 MW 四角切圆燃烧锅炉为研究对象,应用 FLUENT 计算流体动力学软件,选取合适的数学物理模型和几何结构,对不同工况下炉内的流动、传热与燃烧过程进行了数值模拟。先进行炉膛网格划分、模型选取以及边界条件设定,对燃烧器区域横截面采用 Paving 方法进行非结构四边形网格生成。对锅炉炉内煤粉燃烧进行三维稳态数值计算,基本控制方程包括连续性方程、动量方程、能量方程和状态方程。富氧气氛下炉内温度场和壁面热负荷的分布特征如图4-20所示。

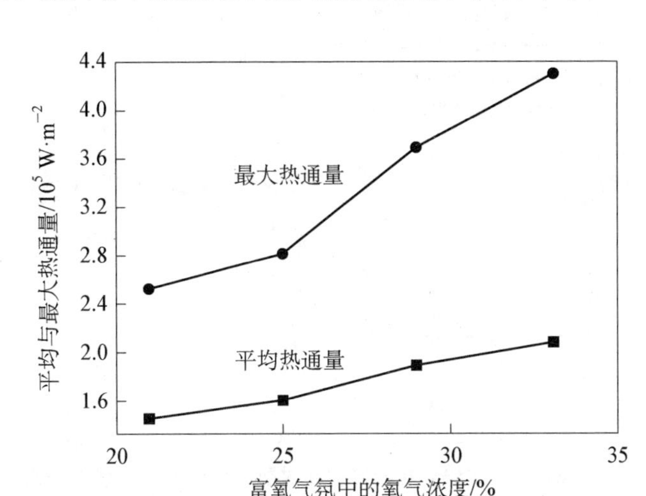

图4-20 氧浓度升高工况下的壁面热负荷变化

在O_2/CO_2氛围下，随着氧浓度提高，壁面平均热负荷与最大热负荷逐渐增高；炉内温度升高，炉内高温区变大，火焰中心逐渐下移。由于三原子气体的增加，在相同氧煤比下辐射能力加强，烟气量减少，烟气密度和热容增加，改变了对流换热工况。

4）燃机富氧燃烧应用研究

CO_2排放的捕捉分离系统主要有三类：燃烧后捕捉、燃烧前捕捉和富氧燃烧(oxy-fuel combustion，即O-F燃烧)。

O-F燃烧是指用纯氧代替空气做氧化剂，将排气中的CO_2/H_2O回注到燃烧室控制火焰温度，剩余的CO_2则通过简单的物理过程便可以被分离出来，加压之后进行商业应用或封存。

研究者[28]利用Chemkin-Pro软件分析$CH_4/O_2/H_2O$在典型燃气轮机运行条件下的燃烧特性：对层流火焰传播速度、自点火延迟时间和化学反应特征时间进行数值研究，并与传统CH_4/air燃烧特性进行对比，寻找O-F燃烧室的设计依据。

为避免燃烧产物在扩散燃烧高温火焰锋面处分解，采用预混燃烧方式，数值计算机理为GRI-Mech3.0。

燃烧室运行的四个关键为吹熄、回火、燃烧不稳定和自动点火。吹熄、回火与局部层流火焰传播速度及局部气流速度之间的匹配相关。图4-21给出了层流火焰的燃烧温度$T=610$ K，压力$p=17$ atm时，CH_4/air和$CH_4/O_2/H_2O$两种混合物的层流火焰传播速度。可见，为了尽量保证与原来CH_4/air相近的火焰传播速度特性，O_2的体积分数应保持在24%～26%附近。

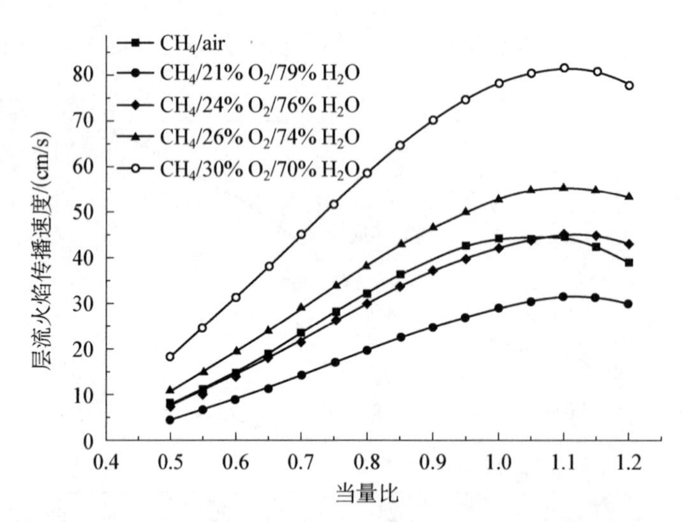

图 4-21　O_2 体积分数和当量比对层流火焰传播速度的影响

当 O_2 体积分数为 26%～27%时，$CH_4/O_2/H_2O$ 与 CH_4/air 的化学特征时间值近似相等，此时二者的吹熄特性也相近。增加 O_2 体积分数，$CH_4/O_2/H_2O$ 化学反应特征时间会小于 CH_4/air，火焰比 CH_4/air 稳定（见图 4-22）。

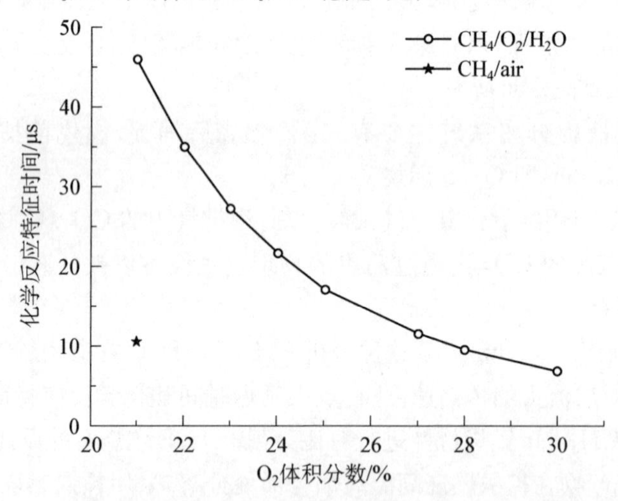

图 4-22　$CH_4/O_2/H_2O$ 与 CH_4/air 化学反应特征时间的比较

由此可见：

(1) 对于不带有 CCS 的 O-F 燃烧系统，需要同时考虑 CO 和 O_2 的排放量，宜选取合适的中间当量比值（$\Phi=1.0$）。当量比增加，O_2 排放量虽然会减少，但 CO 排放量增多。

对于带有 CCS 的 O-F 燃烧系统，O_2 的排放量为首要考虑对象，可以适当增加

当量比降低 O_2 的排放量。平衡计算可知，当量比增加 2%时，产物中的 O_2 摩尔分数可降低 50%。

(2) $CH_4/O_2/H_2O$ 混合物的点火延迟时间要略小于 CH_4/air 混合物，这是因为 H_2O 参与了某些化学反应，使得点火延迟时间显著降低，但总体相差不大，设计 CH_4/air 所用的自点火延迟时间的经验或准则也同样适用于 $CH_4/O_2/H_2O$。

(3) 综合考虑绝热火焰温度、层流火焰传播速度以及化学反应特征时间，当 $CH_4/O_2/H_2O$ 中 O_2 的体积分数为 26%～27%时，O－F 燃烧室的回火、吹熄以及出口温度特性与以 CH_4/air 为燃料的燃气轮机最相近，对原型燃烧室的结构改动最少。

5) 75 t/h 循环流化床模拟研究

研究者[29]以 75 t/h 循环流化床锅炉为对象，采用富氧燃烧的模拟计算进行性能预测。利用工厂制氧站剩余氧气供富氧燃烧，氧气纯度达 99.6%。图 4－23、图 4－24 分别为 O_2/N_2、O_2/CO_2 气氛下送风含氧量变化对核心区炉膛温度分布和含碳量的影响。图中 h/H 表示测点高度与炉膛高度的比值。

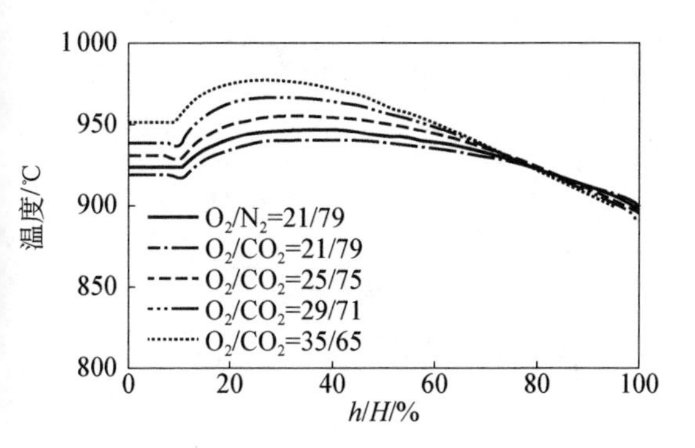

图 4－23　送风含氧量与炉膛高度的温度分布

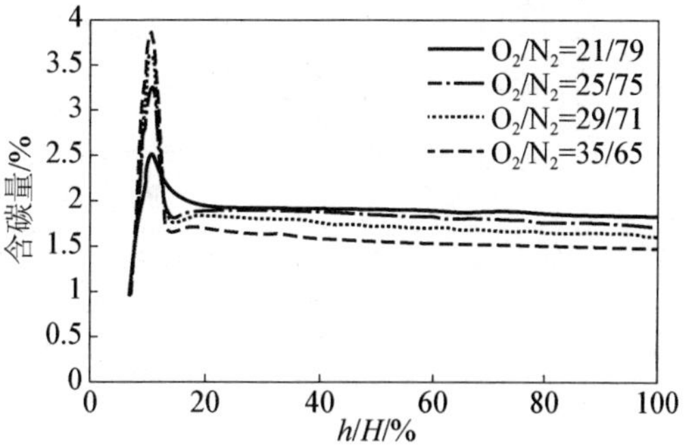

图 4－24　送风含氧量与炉膛内含碳量的分布

同样，图 4－25、图 4－26 分别为送风含氧量变化与对流、辐射传热系数的关系，其变化量小，显然受多因素的综合影响。

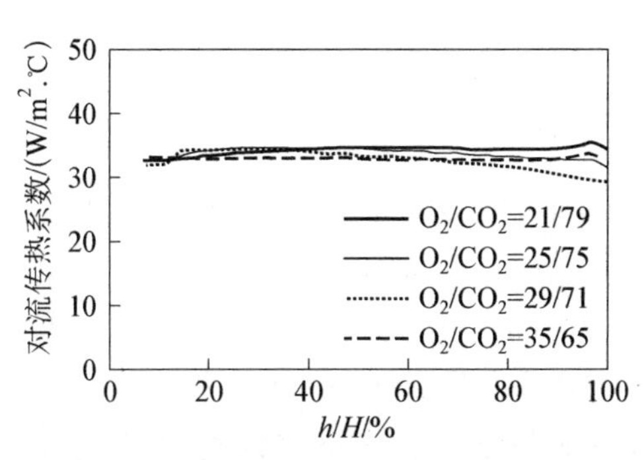

图 4－25　送风含氧量对对流传热系数的影响

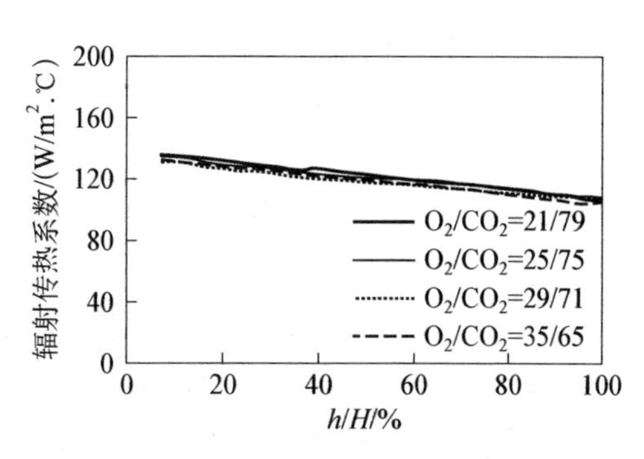

图 4－26　送风含氧量对辐射传热系数的影响

由图 4-27、图 4-28 可见，不同气氛下排烟热损失 q_2、固体不完全燃烧损失 q_4，气体不完全燃烧损失 q_3、灰渣物理热损失 q_6 差别较小。随含氧量提高，燃烧效率、锅炉热效率逐渐增加。

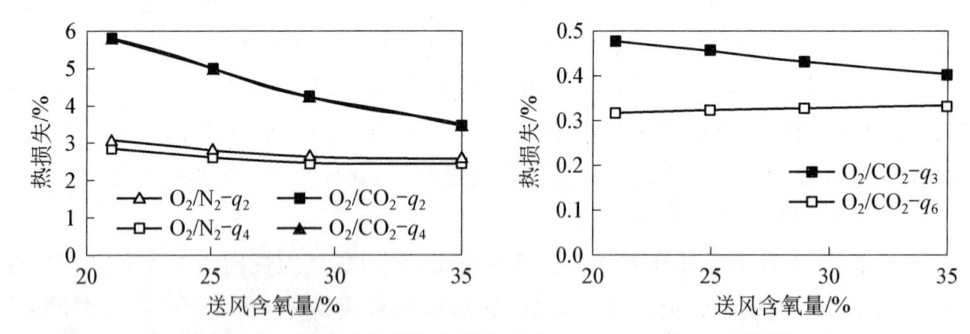

图 4-27　送风含氧量与锅炉热损失 q_2、q_3、q_4 及 q_6 的影响

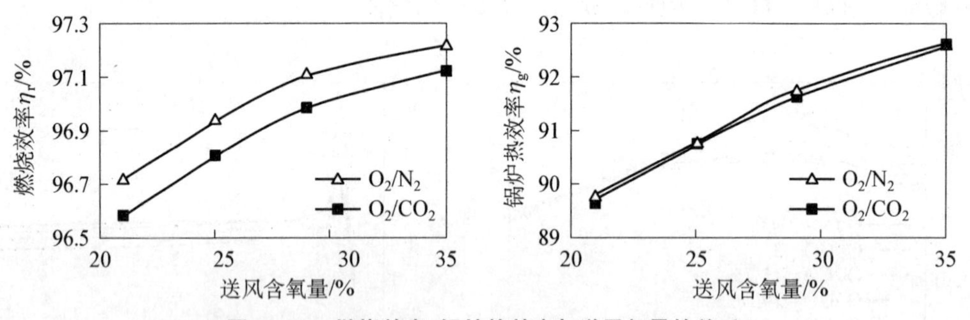

图 4-28　燃烧效率、锅炉热效率与送风氧量的关系

4.4.2　富氧锅炉性能设计

富氧技术应用到锅炉设计中，首先要了解富氧气流与空气气流在炉内燃烧的差别，查明燃烧反应产物在炉内的辐射传热特性，燃料的燃尽情况，以及烟气再循环对炉内工况的影响，为锅炉热力计算提供基本的变量参数。同时，富氧锅炉设计还必须兼顾燃烧产物排放的环保指标。

4.4.2.1　富氧对炉内工况的影响

1）典型燃煤炉

图 4-29 为某电厂的超临界塔式燃煤锅炉，配置墙式对冲旋流燃烧器（见图 4-30），改型设计为富氧燃烧，以产生高浓度 CO_2 气体，系统漏风约占烟气总量的 1%，可使空气燃烧状态向富氧燃烧的转换运行。当烟气循环比为 75.08%，空气预热器进口前的化学当量比为 1.17（相当于炉膛出口处氧的含量 2.86%），O_2 为 99.8%时，O_2/CO_2 燃烧状态的烟气密度上升约 35%，对流与辐射换热系数分别增加 2%和

38.3%，烟气流量增加约 3.9%，导致对数温差下降 17 K，即 5.2%部分抵消了。采用 CO_2 气体吹灰、系统气密性结构减少漏泄，确保锅炉气体的容积流量工况与空气燃烧状态相当，确保制粉系统的煤粉输送。改造设计中，确定磨煤机运行性能，保持燃烧器的进风动量恒定，以获得相近的火焰形状[30]。

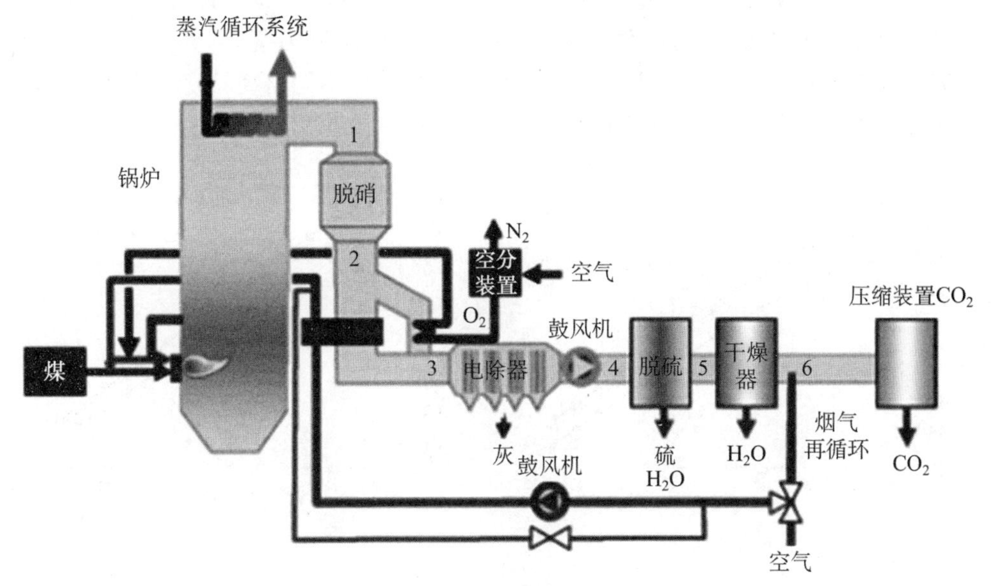

图 4-29　锅炉富氧燃烧系统

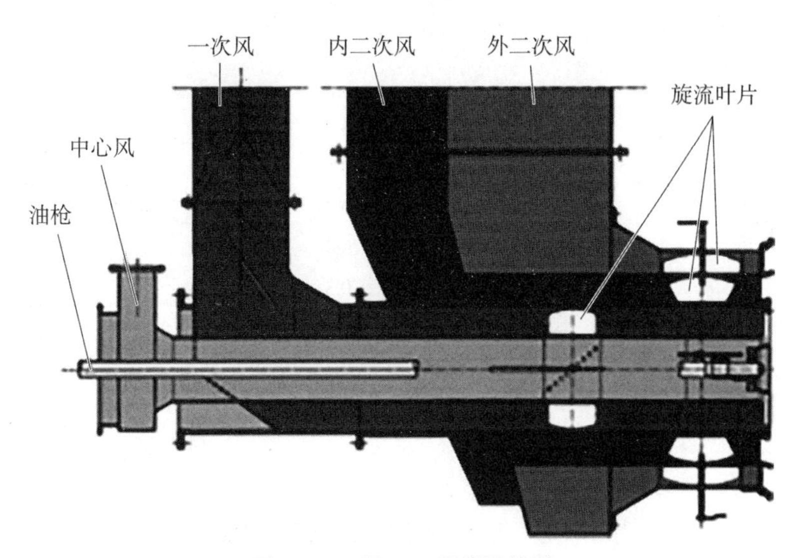

图 4-30　低 NO_x 燃烧器简图

2）非灰体辐射特性

目前，富氧燃煤锅炉的设计重点在于锅炉炉膛的辐射传热计算。其准确度取决于炉内燃烧产物辐射特性的精确估算，也就是，高浓度 CO_2 和 H_2O 较强的非灰体辐射特性的准确计算。

研究者[31]以某富氧燃煤电站锅炉为例，针对富氧燃烧方式下烟气中高浓度 CO_2 和 H_2O 混合气体发射率的计算问题，以宽带 k 分布模型为基础，建立了混合气体 2.7μm 重叠谱带改进模型。计算混合气体在不同温度、不同路径长度下的发射率(见图 4－31 与图 4－32)，并与逐线计算和 2.7 μm 重叠谱带差值模型进行对比分析。

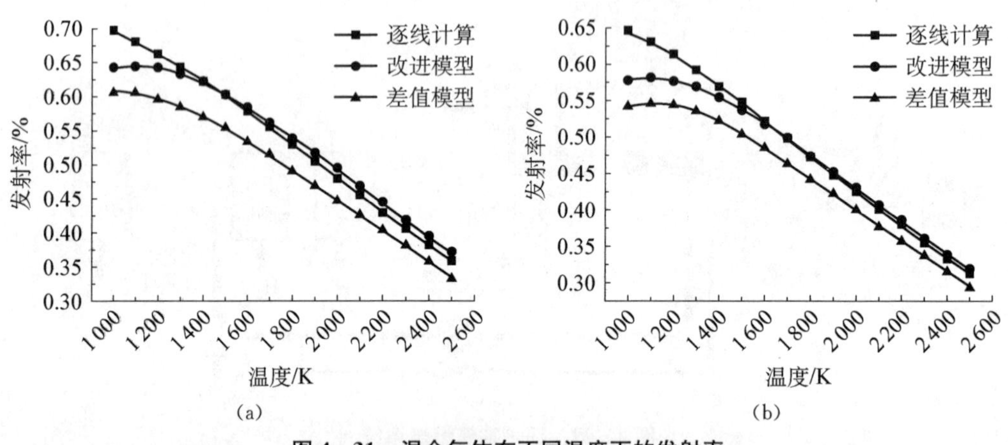

图 4－31　混合气体在不同温度下的发射率

(a) 湿烟气循环　(b) 干烟气循环

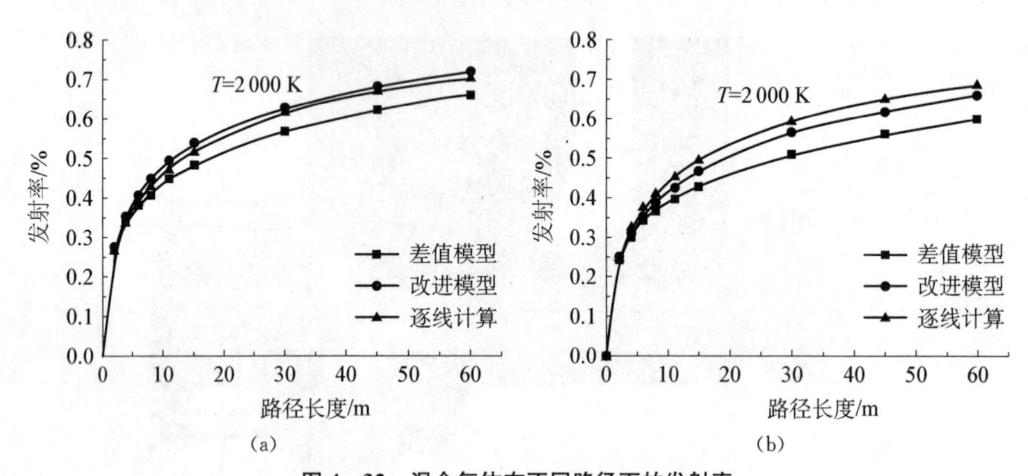

图 4－32　混合气体在不同路径下的发射率

(a) 湿烟气循环　(b) 干烟气循环

计算表明：在炉内主要烟温区，改进模型与逐线计算结果吻合较好，最大偏差为

10%；与差值模型相比，计算精度有所提高，模型更为简单；混合气体发射率随路径长度的增大呈递增趋势，但变化幅度逐渐减小，对炉内辐射换热影响较小。

逐线计算最为准确，依靠气体分子每条谱线的详细数据计算各光谱位置的吸收系数，但计算工作量大。工程中通常将非灰体气体的辐射特性用几种等效灰气体加权代替，精度较低。在指数宽带模型基础上发展起来的宽带 k 分布模型所附加的假设限制了其准确性。基于宽带 k 分布模型对混合气体 2.7 μm 重叠谱带进行了处理、提出了改进模型，并进行验证。

3）局限性

根据非灰体辐射特性光谱分布特点，研究者将整个谱带分成 5 个区域：转动谱带重叠区、2.7 μm 谱带重叠区、1.87 μm 谱带重叠区、6.3 μm 谱带非重叠区以及 1.38 μm 蒸汽辐射带，其中有 3 个重叠谱带的计算模型需要重新分析。

4.4.2.2　富氧燃煤反应动力学

研究者[27]在同步热分析仪上对年轻褐煤（小龙潭）、烟煤（富源煤）在不同 O_2 含量下的 O_2/CO_2 燃烧特性进行实验，以确定其燃烧特性参数及动力学参数。试验表明，随氧气浓度从 21%增大到 80%，小龙潭年轻褐煤、富源烟煤的着火温度分别从 591.65 K、756.15 K 下降到 561.55 K、722.45 K，燃尽温度分别从 898.75 K、984.95 K 下降到 721.05 K、872.45 K，燃烧时间缩短。

研究采用 Coats-Redfern 积分法计算出两种煤粉在不同氧气浓度下各温度段的动力学参数。综合燃烧特性指数增大，煤粉的频率因子呈上升趋势，小龙潭年轻褐煤的活化能增大，高温段富源烟煤在氧气浓度达 30%及以上时活化能变化趋于平缓。在不同氧气浓度下，两种煤粉的活化能 E 和频率因子 A 之间存在动力学补偿效应。

4.4.2.3　富氧对燃料燃尽的影响

各种燃烧装置中的燃烧火焰多为扩散火焰，炭黑主要是富集的燃料在高温区发生了欠氧、热解而逐渐形成的，是一系列复杂的物理化学过程，包括燃料的热解，多环芳烃（PAHs）的形成，炭黑颗粒的初生和表面生长，炭黑团聚体的形成以及炭黑的氧化。

碳氢燃料发烟趋势从小到大依次为烷烃、烯烃、炔烃和芳香烃。它还与温度、火焰中的中间组分等因素相关，PAHs 是炭黑形成的前驱物和主要表面增长物质。实验研究[32]发现炭黑数密度的大数值与测量的乙炔（C_2H_2）浓度相关联，OH 则在炭黑氧化过程中扮演关键作用。

4.4.2.4　CFB 锅炉设计方案比较

1）受热面布置

常规 CFB 锅炉设置外置流化床，对锅炉结构的整体布置影响大。其优点是，设 CFB 外置床控制床温的方式，额定值的再热蒸汽温度不需要喷水，有效减少炉内受热面的布置。但存在维修不便、锅炉造价偏高等问题。分析认为，其锅炉的经济容量在

300 MW 以上。

当锅炉进气中含氧量为 30%时，CFB 锅炉炉膛和尾部受热面传热系数的选取同常规 CFB 锅炉相同；为避免低负荷蒸汽温度不足，采用炉膛内布置高温屏式过热器、中温屏式过热器，尾部仅布置低温过热器为佳。

2）热力计算工况

研究者[33]开展 3 种不同进气方式（控制空气量和氧量的混合比）的方案设计，保证合适的炉膛烟气速度。设计煤种：W_{ar}① 为 6.7%、A_{ar}② 为 24.99%、V_{daf}③ 为 34.02%、Q_{ar}④ 为 21.70 MJ/kg。主要热力参数汇总见表 4－18。常规 410 t/h CFB 锅炉炉膛吸热份额（受热面吸热与锅炉总吸热量之比）为 62%；而富氧（O_2 浓度为 30%）燃烧时烟气量少，且炉内吸热比上升为 76%。在烟气量减少、炉膛高度不变的条件下，炉膛断面尺寸由（7.010×14.370）m^2 减少为（5.330×12.450）m^2，尾部烟气量只相当于常规的 291 t/h CFB 锅炉的尾部烟气量。

表 4－18　几种热力计算工况比较

名称	410 t/h CFB 锅炉富氧燃烧（O_2 %）			410 t/h（CFB）	410 t/h 富氧（CFB 带外置床）
	30	27	21		
额定蒸汽量/（t/h）	410	410	328	410	410
额定蒸汽压力/MPa			9.81		
额定蒸汽温度/℃			540		
给水温度/℃			215		
炉膛横截面/m^2		66		100	53
炉内受热面/m^2		2 616[a]		2 134	3 015[b]
尾部受热面/m^2		7 393		10 333	5 432
承压件总面积/m^2		10 009		12 467	8 447
加入氧气流量/（Nm^3/h）	28 000	20 500	0	0	42 400
加入空气流量/（Nm^3/h）	211 804	251 549	280 421	380 094	143 145
进气中氧含量/%	30	27	21	21	39
空预器出口烟气量/（Nm^3/h）	269 756	302 557	299 063	352 206	205 232

① W_{ar}：收到的煤样中水分的占比。

② A_{ar}：收到的煤样中灰分的占比。

③ V_{daf}：干燥、无灰分的煤样中挥发分的占比。

④ Q_{ar}：收到煤样的发热值。

（续表）

名称	410 t/h CFB 锅炉富氧燃烧（O_2 %）			410 t/h（CFB）	410 t/h 富氧（CFB 带外置床）
	30	27	21		
所需氧富裕度	—	—	1.2	—	—
尾部烟气含氧量/%	4.64	4.16	3.50	3.50	5.88
锅炉效率/%	94.44	93.35	89.37	91.88	95.11
燃料消耗量/(kg/h)	51 205	51 802	43 287	52 629	50 844
炉膛烟气速度/(m/s)	4.63	5.15	4.98	4.37	4.54
炉膛出口温度/℃	886	870	780	880	870
炉膛吸热份额/%	76	74	76	62	66
外置床吸热份%	—	—	—	—	15

a. 水冷壁、水冷蒸发屏、过热蒸汽屏、汽冷式旋风分离器面积；
b. 水冷壁、水冷蒸发屏、过热蒸汽屏、汽冷式旋风分离器面积、外置过热器。

3）带外置床的 410 t/h 富氧燃烧 CFB 锅炉

外置床通常布置过热器和再热器，工质温度一般为 400℃左右；30%的循环灰温度不宜过低，一般设计取 500℃以上。循环灰比（捕集灰渣量与排放灰渣量之比）主要用于控制负荷变化和调整床温，如无锡华光的 520 t/h 再热 CFB 锅炉外置床吸热份额设计为 25%，上锅的 300 MW CFB 锅炉外置床吸热份额设计为 35%。

对于富氧燃烧的 CFB 锅炉，要关注锅炉的启动。当进气空气含氧量为 39%时，外置床的吸热份额为 16%，设计中取值为 15%。外置床内布置中温过热器，其尾部烟气量相当于 220 t/h 常规 CFB 锅炉的尾部烟气量。

4）空气氧量与烟气再循环

对 O_2/CO_2 再循环系统，空气氧量也有限制，炉膛受热面积主要取决于平衡烟气量与传热系数，但两者没有明显变化。随进气含氧量的增加，CFB 锅炉的热效率提高，但进气含氧量上限为 30%；含氧量低于 27%时，要降低运行负荷；带外置床的 410 t/h 富氧燃烧 CFB 锅炉的进气含氧量限制在 39%以内。

4.4.3　富氧燃烧产物

富氧燃烧中，氧化剂成分的变化将改变燃烧反应产物的生成和组分。它将影响到对锅炉受热面腐蚀性的烟气露点温度，也影响 SO_x、NO_x 排放量，影响后续烟气 CO_2 的捕集。国内还针对锅炉烟气的温室气体排放、捕集开展示范性研究。

4.4.3.1　燃烧方式的影响

流化床燃烧设备与煤粉炉在煤炭的燃烧机理、燃烧过程两方面存在较大的差异。

1) CFB 富氧燃烧的特点

CFB 富氧燃烧除一般特性外，还有如下特点。

(1) 炉内传热的变化主要依靠循环灰的热交换，烟气成分的影响不明显；在对流烟道内，三原子的辐射对传热系数的影响比常规燃烧的传热系数高 10%。

(2) 最高温度区域在沿床高的 20%处，然后沿床高烟气温度缓慢降低。

(3) 低的燃烧温度，有效降低 NO_x 等污染物的排放。

(4) 在同等出力下，氧浓度对一维 CFBB 设计模型的影响，即富氧燃烧体积只是空气燃烧的 38%，整个炉内受热面约减少 36%。

(5) 有效布置炉内受热面以及开发高效的外置式换热器是 CFB 锅炉富氧燃烧要解决的关键问题。

2) O_2/CO_2 气氛下的煤粉燃烧特点

(1) 氧浓度对炉内工况的影响明显。研究者发现 CO_2 的体积比热容较 N_2 高，造成 O_2/CO_2 气氛下煤粉的火焰传播速度比含氧量相同的 O_2/N_2 气氛下降 1/3～1/5 左右。当氧气浓度提高到 30%左右时，可获得与空气下相当的燃烧特性，改善碳残渣的燃尽过程。

(2) 煤粉密度增加，燃尽温度升高，燃尽时间延长；提高氧浓度，可降低燃尽温度。

(3) 在 O_2/CO_2 气氛下，随着煤质提高，反应活化能均明显增加；也有研究表明对煤焦无效。

3) 捕集 CO_2 的研究

国内外学者分别对煤粉炉和 CFB 富氧燃烧进行深入研究。CFB 富氧燃烧技术在捕集 CO_2 方面具有其独特的优势。表 4-19 为几家富氧燃烧试验台简况。

表 4-19　几家富氧燃烧试验台简况

国家/公司	试验台参数	系统组合	备注
美国 Foster Wheeler 公司	100 kW，含氧量为 28.6%～39.8%	富氧、脱硫	与空气比较，NO 可下降
Alstom 公司	3.0 MW	O_2/CO_2 燃烧试验研究	—
东南大学	50 kW，含氧量为 21%～25%	烟气再循环	烟煤和无烟煤
中科院工程热物理研究所	0.1～0.15 MW，含氧量为 50%～55%	O_2/N_2 和 O_2/CO_2 试验	烟气再循环

研究者[34]在 0.1 MW CFB 试验台上采用 O_2/再循环烟气(recycled flue gas，RFG)和 O_2/CO_2 配气进行高浓度富氧燃烧。试验物料：燃料为大同烟煤，粒径为 0.355～4 mm、床料为 0.1～2 mm 的河砂，试验工况见表 4-20。研究表明，在

O_2/RFG 气氛下，一次风氧气浓度为 49.6%～55.2%、二次风氧气浓度为 45.3%～51.7%。循环流化床能够稳定运行，烟气中 CO_2 浓度达到 90%以上，SO_2 浓度为 87～197 mg/MJ，N_2O 浓度为 48～78 mg/MJ，NO 浓度仅为 19～44 mg/MJ。它与 O_2/CO_2 配气燃烧相比，O_2/RFG 燃烧时除 NO 浓度基本不变外，CO 与 SO_2 浓度均有一定程度的增加，而 N_2O 浓度则明显降低。

表 4-20　试验条件与结果

项目	1	2	3	4	5
试验气氛	O_2/CO_2		O_2/RFG		
O_2 气源	制氧机				液氧
CO_2 气源	CO_2 气瓶		循环烟气		
一次风 O_2%	48.6	46.6	49.6	49.5	55.2
二次风 O_2%	48.3	46.2	47.5	45.3	51.7
燃烧温度/℃	800	850	800	850	850
燃料量/($kg \cdot h^{-1}$)	14.3	15.0	18.2	17.8	17.9
流化风速/($m \cdot s^{-1}$)	3.3	3.6	3.3	3.3	3.3
石灰石	无				钙硫质量比为 2.5
烟气 O_2 浓度/%	4.5	4.3	2.9	1.1	7.2
CO 浓度/($mg \cdot MJ^{-1}$)	1 986	166	1 462	803	7.2
飞灰可燃物/%	28.1	25.2	34.1	28.9	26.1

4.4.3.2　富氧与硫

研究显示[35]，在 O_2/CO_2 气氛下，相对于传统空气条件下的燃烧，富氧燃烧 SO_2 浓度为空气条件下的 2～4 倍，SO_3 浓度为空气条件下的 3～5 倍，使得 O_2/CO_2 燃煤产生 SO_2 所带来的问题更为突出。一方面，高 SO_2 浓度，直接影响 CO_2 的压缩效率和安全输运，CO_2 烟气中 SO_2 的摩尔分数每增加 1%，压缩功提升 0.18 kW，造成经济和安全隐患。另一方面高浓度 SO_2 与较高灰尘负荷联手，加重结渣和高温腐蚀；在相同炉内传热下，富氧燃烧尾部排烟温度提高 30℃，使得 SO_3 酸露点问题加剧，低温腐蚀问题亦不可忽视。

根据 Kiga 等的实验结果，O_2/CO_2 燃煤硫的灰沉积被加强，硫的质量平衡计算中出现 14%～30%的非平衡不能解释。Fleig 烟气钙基脱硫实验的分析结果也未能解释硫走向，硫的质量平衡难以实现。

富氧燃烧过程未能对硫"非平衡"进行合理解释，意味着富氧燃烧技术面临着更多的挑战。如何解释 O_2/CO_2 燃煤 SO_2 减排问题？是否归结于炉膛和对流烟道两个因素的共同作用？哪些因素影响硫的传输？鉴于 CO_2、SO_2 水溶酸性，推荐管道的含水量限制在 500 ppm 以下，这低于超临界二氧化碳自由水含量预期运输条件。然而，估计富氧燃烧产生的 SO_2 含量要比预燃烧过程产生的 CO_2 含量更高。旧制冷剂系统经验表明，避免腐蚀的允许最大含水量为 50 ppm。工业二氧化硫的使用规定含湿量必须低于 100 ppm。

4.4.3.3 富氧燃煤锅炉再循环方式对烟气酸露点的影响

以某 600 MW 富氧燃煤锅炉为例[36]，对其在 3 种不同再循环方式下烟气中 H_2O 和 SO_2 体积分数的变化进行了计算与分析（见图 4－33、表 4－21），预测了烟气酸露点在再循环方式下对尾部受热面低温腐蚀的影响。

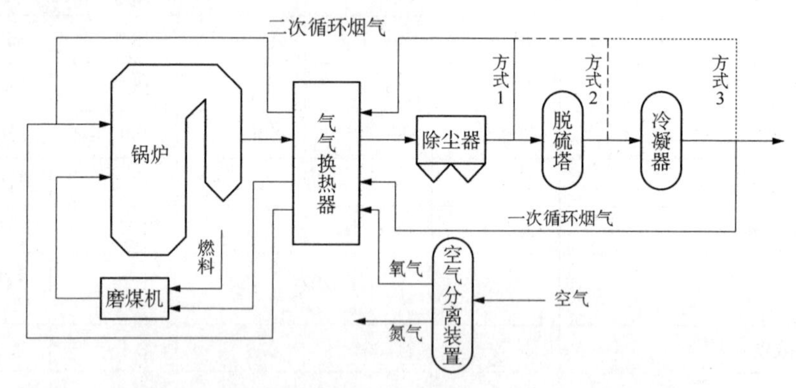

图 4－33 某 600 MW 富氧燃煤锅炉烟气再循环系统

表 4－21 再循环烟气酸露点

单位：℃

项目	一次循环烟气	二次循环烟气		
	方式 1、2、3	方式 1	方式 2	方式 3
A G Okkes	109.6	148.1	122.2	109.6
ИA Bapahoba	101.3	142	109.9	101.3

研究表明：再循环方式中脱硫脱水过程对锅炉出口烟气组分影响明显，特别是对 SO_2 和 H_2O 的体积分数影响更明显。苏联经验公式计算所得烟气酸露点整体偏低，误差较大；A G Okkes 与 ИA Bapahoba 公式的计算结果约有 10%的差异。富氧燃烧方式下的烟气酸露点比空气燃烧方式下高很多，平均高 15 K 左右。表 4－21 中 3 种再循环方式下的烟气酸露点中，方式 1 最高，方式 2 次之，方式 3 最低，最大差值可达 11 K 左右。锅炉出口烟气酸露点温度随一次循环烟气比的增大呈下降趋势；但一次

循环烟气比对烟气酸露点的影响很小。

4.4.3.4　富氧燃烧 NO_x 生成机制

O_2/CO_2 燃烧技术用燃烧烟气中的 CO_2 取代燃煤空气中的 N_2，使分离、捕集 CO_2 的成本降低。1995 年，日本 Kimura 曾在 1.2 MW 的试验台上研究了煤在 O_2/CO_2 循环燃烧过程中的 NO_x 排放特性。

1）NO_x 的析出规律

研究者发现在 O_2/CO_2 气氛下 NO_x 的排放量大约只是常规燃烧方式下的 1/3 左右。其原因为：避免热力型 NO_x 和快速型 NO_x 的生成；燃料 N 向 NO_x 的转化率降低；还原性气氛下已经生成的 NO_x 被还原为 N_2；再循环烟气致使 NO_x 的停留时间大大增加。影响 NO_x 的析出因素有：CO_2 含量的增减；温度增加缓慢；燃料/氧的化学当量比变化。在 O_2/CO_2 循环气氛下，采用炉内喷钙的脱污方式能起到协同脱出 SO_2 和 NO_x 的作用。对此燃烧气氛、温度等条件的变化，研究者采用详细化学反应机理，建立气固燃烧模型，研究不同 O_2 浓度和分级燃烧对 NO_x 排放的影响。

2）生成主要路径

研究者[37]认为：自由基 OH 对 NO_x 的生成起着关键性作用。富氧燃烧时 NO_x 生成主要路径如下：$HCN \rightarrow CN \rightarrow NCO \rightarrow NO$ 和 $HCN \rightarrow CN \rightarrow NCO \rightarrow HNCO \rightarrow HN_2 \rightarrow NH \rightarrow HNO \rightarrow NO$。

煤富氧分级燃烧时，主燃烧区还原气氛有利于 NO 还原为 N_2，其主要还原路径如下：$NO + CO \longrightarrow N + CO_2$；$NO + H \longrightarrow N + OH$；$NO + N \longrightarrow N_2 + O$。

煤富氧分级燃烧时，随着主燃烧区过量空气系数 α 减小，N 的转化率下降，有利于降低 NO_x 排放；当主燃烧区 α 从 1.15 减小到 0.6，N 最终转化率（$t = 1\,000$ ms）只是从 0.379 减小到 0.339，相对于未分级燃烧时变化了 10.55%，与煤空气分级燃烧相比，煤富氧分级燃烧对 N 转化率影响较小。

当初始氧浓度提高到 30%时，炉内的火焰温度提高，并且与空气燃烧工况相当，当初始氧浓度继续提高至 35%～40%时，炉膛出口烟气温度较空气气氛降低 40～70 K。此时，NO 生成量比空气燃烧工况下降低 38.89%～40.84%，而初始氧浓度为 30%时，飞灰可燃物含量最低[38]。

4.4.3.5　富氧技术示范装置

控制温室气体排放的任务十分艰巨，必须加快富氧燃烧技术的市场化，降低 CCS 的运行成本，使现有的高碳煤电变为真正的低碳排放。富氧燃烧对改善带有 CCS 电厂的发电成本有很高的经济价值，提高发电效率，抵扣了 CCS 带来的消耗成本，有利于 CO_2 捕集和封存。有关烟气脱碳技术参见《绿色火电技术》。

1）Vattenfall 30 MW 示范装置

Vattenfall 第一套 30 MW 示范装置于 2008 年 9 月投入运行（见图 4 - 34）。运行

证明，用富氧燃烧技术捕集高浓度 CO_2 没有明显的技术障碍，可实现污染物的综合脱除，在工程上是可行的。美国能源部国家能源技术实验室（National Energy Technology Library, NETL）的分析表明，富氧燃烧有可能是对现有燃煤发电机组清洁化改造、捕获 CO_2 以实现 CCS 最低成本的途径[39]。

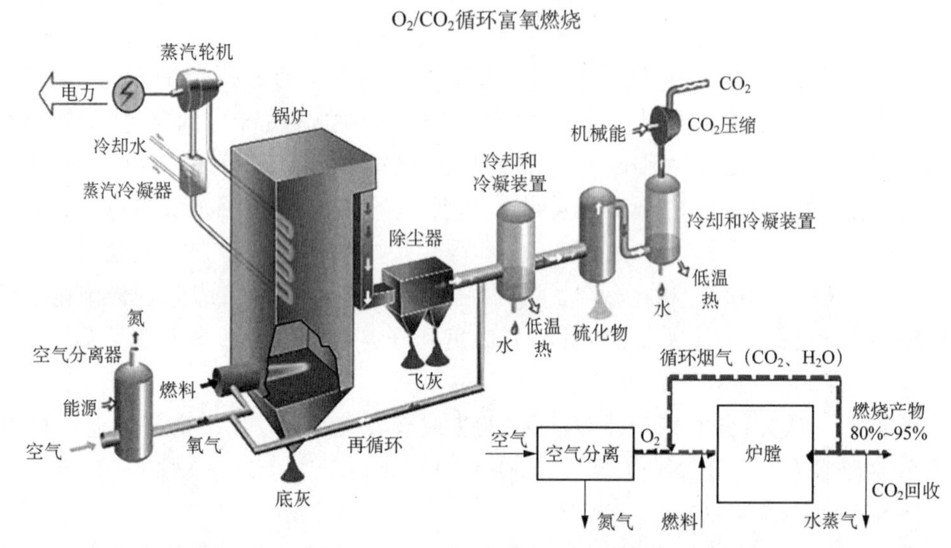

图 4-34　Vattenfall 第一套 30 MW 示范装置流程示意图

2）华中科技大学 35 MW 示范装置

35 MW 富氧燃烧燃碳捕集示范系统（见图 4-35）包括 7 000 Nm^3/h 空分系统（ASU）、38.5 t/h 锅炉及燃烧系统、烟气净化系统（FGC）[40]。

图 4-35　35 MW 富氧燃烧碳捕获示范工程全貌

3）华能265 MW IGCC示范项目

天津华能IGCC示范电站(见图4－36)具体详情参见第7章。

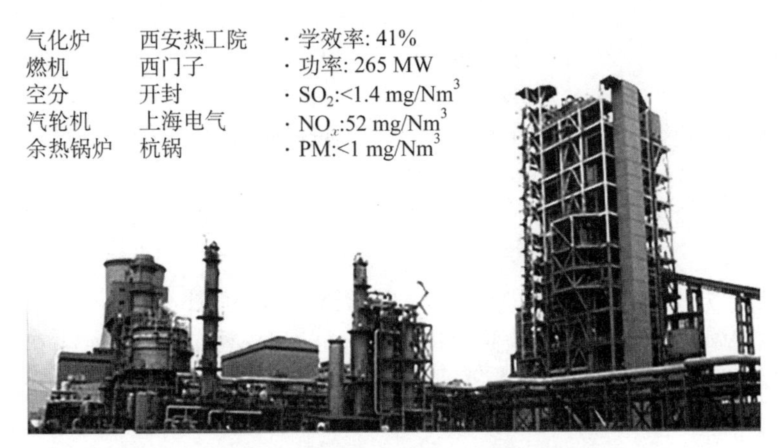

图4－36　天津华能IGCC示范电站

4.5　建议

国内燃煤富氧燃烧的技术趋向成熟，逐渐成为热能动力装备节能减排可持续发展的先行者。就富氧燃烧技术的产业链而言，尤其急切需要解决空分富氧技术产业链的短板，解决空分设备与富氧燃烧系统的参数匹配和稳定持久运行问题，实现磁致富氧、膜法富氧装备的产业化。为此提出以下建议。

(1) 富氧燃烧技术的实施分两步走。第一步以节能降耗为目标，利用经济空分富氧技术尽快降低火电机组和工业炉窑的能耗指标；第二步，结合碳排放交易，全面开展低碳清洁燃烧技术研发和应用。

(2) 针对经济富氧空分法装备的短板，业内应协同运用产学研管用的模式，进一步开展技术和装备的研发，为煤电燃烧设备的改造提供经济空分技术、装置及系统，并为之建立相应技术规范，包括材料、空分组件结构和配套系统，空分装备和系统的系列化、标准化，有利于市场健康发展。

(3) 通过规模容量的示范，摸清富氧燃烧对炉内燃烧、传热、烟气污染物排放的内在规律，为燃煤锅炉节能减排的改造提供充分的设计数据。

(4) 在富氧燃烧技术的应用中，根据燃煤电厂的具体对象，将富氧空分系统纳入电站的控制系统，确保安全运行、便于运维清洗，确保使用寿命。

(5) 探究CFB锅炉上污染物排放机理，校核设计软件的准确性，提供可靠的设计依据。

(6) 在碳税、碳排放交易实施前，结合富氧燃烧的应用，开展不同比例的 O_2/CO_2 燃烧工况的深入研究，增加 CCS 的技术储备。

参 考 文 献

[1] 赵之林. 向火电要"效益"：2020 年现役电厂平均煤耗低 310 克[EB/OL]. [2015-12-7]. http://news.bjx.com.cn/html/20151207/688637.shtml.

[2] 陈山林. 膜法富氧性能优化研究——火力发电厂富氧燃烧氧源制备[D]. 北京：北京交通大学，2011.

[3] 刘某娥. 膜分离技术应用手册[M]. 北京：北京化学工业出版社，2001.

[4] 张金辉. 基于激光干涉的磁致低温氧氮传质过程可视化实验研究[D]. 杭州：浙江大学，2016.

[5] 朱同贺，陈思浩，楼建中，等. 硅橡胶基复合富氧膜的制备工艺研究[J]. 现代化工，2014，5：89-92.

[6] 黄美荣，李新贵，董志清. 大规模膜法空气分离技术应用进展[J]. 现代化工，2002，22(9)：10-15.

[7] 烟台华盛燃烧设备工程有限公司. MZYR40-15000 型膜法制氧、富氧助燃节能装置特点介绍[EB/OL]. [2012-12-3]. https://www.docin.com/p-1701435292.html.

[8] 徐仁贤. 气体分离膜应用的现状和未来[J]. 膜科学与技术，2003，23(4)：123-128.

[9] 黄美荣，李新贵，董志清. 大规模膜法空气分离技术应用进展[J]. 现代化工，2002，22(9)：10-15.

[10] 孔华. 膜和分子筛联合制氧方法研究[D]. 西安：西北工业大学，2007.

[11] 王卫平. 膜法富氧局部助燃技术在四角切圆煤粉锅炉上的工程应用研究[D]. 长沙：中南大学，2006.

[12] 徐正敏，刘清和. 氧的顺磁分离技术及其应用研究[J]. 宁夏大学学报(自然科学版)，1989，2：59-64.

[13] 包士然，张金辉，张小斌，等. 磁致空气分离技术的研究进展[J]. 浙江大学学报(工学版)，2015，49(4)：605-615.

[14] 项敬岩，王喜魁，李源. 磁场参数与富氧效果的关系分析[J]. 辽宁师范大学学报(自然科学版)，2008，31(2)：162-165.

[15] 王喜魁，陈正举，孟召军，等. 磁场梯度聚氧及其在多能源联合循环中的应用研究[J]. 沈阳电力高等专科学校学报，2004，6(3)：1-4.

[16] 崔金福. 磁致极选小粒径氢氧离子发生器：中国，CN107482481A [P]. 2017-12-15.

[17] 蒙晋佳，韩桂华. 空气负离子发生器产品概况[J]. 医疗卫生装备，2003，24(12)：36-37.

[18] 魏东. 中国膜法富氧燃烧技术世界领先，引燃烧领域新革命[N]. 科技日报，2014-3-6.

[19] 尹中升，沈光林. 局部增氧助燃技术应用节能环保的新进展[J]. 节能与环保，2013，2：

64 - 66.
[20] 任国平,詹隆,王燕芳. 富氧燃烧技术在150 t/h 循环流化床锅炉中的应用探析[J]. 煤炭加工与综合利用,2013,5:61 - 64.
[21] 曲振爱. 船艇柴油机膜法富氧燃烧技术的研究[D]. 杭州:浙江大学,2012.
[22] 杨顺成. 膜法空分制氮与富氧技术在舰船上的应用与前景[J]. 船舶科学技术,2004,24(6):70 - 72.
[23] 孙洪民,曲道志. 电站锅炉煤粉富氧点火技术的应用分析[J]. 电站系统工程,2013,29(3):35 - 36.
[24] 屈杰. 基于蒸汽流程改造的灵活性调峰调频技术[C]. 2018火电灵活性改造及深度调峰技术交流研讨会,沈阳:2018.
[25] 樊越胜,邹峥,高巨宝,等. 煤粉在富氧条件下燃烧特性的实验研究[J]. 中国电机工程学报,2005,25(24):118 - 121.
[26] 陈香云,张永锋,崔景东. 热重法研究褐煤的富氧燃烧特性[J]. 化工进展,2012,31(S1):232 - 235.
[27] 彭龙飞,赵星海,辛国华. 煤粉锅炉富氧燃烧的数值模拟研究[J]. 煤炭转化,2013,36(3):56 - 59.
[28] 田晓晶,崔玉峰,房爱兵,等. $CH_4/O_2/H_2O$ 燃气轮机富氧燃烧特性[J]. 燃烧科学与技术,2013,19(5):413 - 417.
[29] 毛玉如. 循环流化床富氧燃烧技术的试验和理论研究[D]. 杭州:浙江大学,2003.
[30] 凌荣华,谢建华,李英,等. 电站锅炉富氧燃烧技术研究和应用现状综述[J]. 神华科技,2011,09(5):49 - 53.
[31] 秦洪飞,王春波,李超. 基于宽带k分布模型的气体重叠谱带发射率计算与分析[J]. 锅炉技术,2013,44(6):1 - 4.
[32] 郭喆,娄春,刘正东,等. 富氧扩散火焰中燃烧特性及火焰结构对碳黑生成的影响[J]. 中国科学,2013,43(9):991 - 1000.
[33] 包绍麟,占清刚,那永洁,等. 410 t/h 富氧燃烧循环流化床锅炉设计[J]. 工业锅炉,2014,33(5):763 - 769.
[34] 谭力,李诗媛,李伟,等. 循环流化床高浓度富氧燃烧试验研究[J]. 中国电机工程学报,2014,33(5):763 - 769.
[35] 费张慧,邵孙国,徐益峰,等. 富氧燃烧硫问题研究概述[J]. 化学工程与装备,2014,1:131 - 133.
[36] 王春波,秦洪飞. 富氧燃煤锅炉再循环方式对烟气酸露点的影响[J]. 动力工程学报,2013,33(10):765 - 769.
[37] 李森,魏小林,郭啸峰. 采用详细化学反应机理研究煤富氧燃烧 NO_x 生成机制[J]. 工程热物理学报,2012,33(11):2002 - 2005.
[38] 阎维平,米翠丽,李皓宇,等. 初始氧浓度对锅炉富氧燃烧和 NO_x 排放的影响[J]. 热能动

力工程,2010,25(2):216-220.

[39] 柳朝晖,黄晓宏,李皓宇.富氧燃烧技术的中试试验研究[C].2013年火电厂污染物净化与绿色能源技术研讨会,成都:2013.

[40] 曾洁,潘绍成,冉铭,等.35 MW富氧燃烧煤粉锅炉开发与研究[J].东方电气评论,2016,30(4):24-28.

第 5 章　化学链燃烧技术

化学链燃烧(chemical looping combustion, CLC)技术是新一代燃烧技术，是一种通向回收高质量、高浓度 CO_2 或者便于 CO_2 分离气相混合物(如 H_2O+CO_2)的有效途径，同时也利于消除其他污染物。

5.1　简述

火电厂大规模地消耗化石类燃料，给自然环境带来了严重危害。温室效应与国民经济的可持续发展对温室气体以及其他气相污染物的上升态势发出了严重的警示！1983 年德国科学家首次在美国化学学会(ACS)上提出化学链清洁燃烧技术的概念，从燃料燃烧的源头改变燃烧工艺路径成为当今解决世界性能源与环境污染问题的热点。随着人们对能源和环保的日益关注，20 世纪 90 年代该技术的研发迅速展开，延伸出 3 个研究方向，即载氧体、反应器和化学链燃烧系统。所谓化学链燃烧是指通过载氧体(oxygen carrier, OC)使燃料不直接接触空气，以无火焰的化学反应来释放能量。换言之，借助载氧体将燃料与空气的直接燃烧分解为独立的燃料侧、空气侧 2 个气固化学反应，如图 5-1 所示[1]。在燃料侧，燃料与金属氧化物(MO)反应生成 CO_2、水蒸气和金属(M)。在空气侧，金属与 O_2(空气)反应生成金属氧化物。

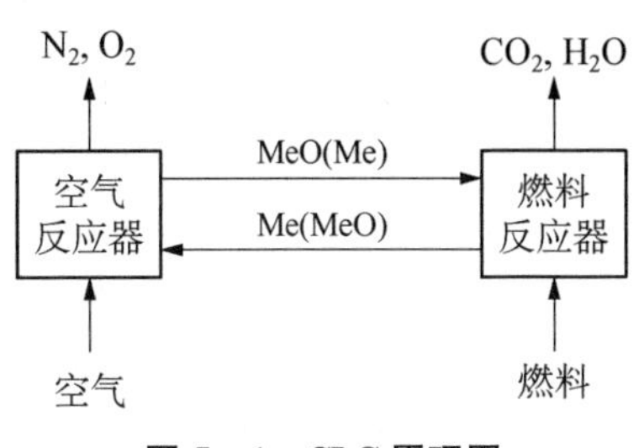

图 5-1　CLC 原理图

在燃料侧所产生的 CO_2 和水蒸气不需要额外能量，也不需要 CO_2 和水蒸气的分离装置，只要通过冷却器冷凝水蒸气，便可直接回收高浓度 CO_2。这种回收 CO_2 的新途径也避免了矿物燃料直接燃烧产生烟气污染物，如燃料型、热力型的氮氧化合物。

基于化学链燃烧技术的研究课题，国内外研究者从理论、原理性实验以及示范性试验开展广泛研究，论证化学链燃烧技术应用的可行性。根据气相和固相燃料品种的特性，提出多种化学能利用途径，以实现化学链燃烧技术的产业化应用。

5.2 化学能梯级利用

在传统能源动力系统中，通常以燃料的直接燃烧将化学能转换成物理能，并在动力系统中实现功能转换，这种功能转换方式能耗大。由于燃烧燃料的能量不可逆转，学界一直认为直接燃烧会导致㶲损失。在实践中人们往往将注意力集中在热力循环与热的梯级利用上，而忽视了减少燃料燃烧过程中㶲损失的研究。

中科院等国内研究者开展了新一代能源动力系统的研究，把化学能及其转化效率的提高列为研究重点，有效利用化学梯级能，减少燃烧过程的㶲损失，这已经成为现代能源利用与环境友好的共同目标[2]。

5.2.1 反应体系中的㶲与吉布斯自由能

对物理体系而言，热力学的"㶲"概念表示一定参数的工质对环境温度 T_0 的最大做功能力，可定义为

$$\Delta E = \Delta H - T_0 \Delta S \tag{5-1}$$

对化学反应体系而言，相对体系温度 T 的最大做功能力为体系吉布斯自由能 G 的变化。吉布斯自由能指的是在某一个热力学过程中系统减少的内能中可以转化为对外做功的部分。

$$\Delta G = \Delta H - T \Delta S \tag{5-2}$$

将两式联立并引入卡诺循环效率 ($\eta_c = 1 - T_0/T$)，得

$$\Delta E = \Delta G + T \Delta S \eta_c \tag{5-3}$$

式(5-3)表达了物质做功能力 ΔE 与化学反应做功能力 ΔG 和物理能的做功能力 η_c 的关系。由热力学第一定律可知，体系焓的变化可分为对外最大功和供热 $T\Delta S$ 两部分。而由热力学第二定律可知，热能 $T\Delta S$ 的最大做功能力符合卡诺定理，即 $T\Delta S\eta_c$。故化学反应的最大做功能力和热的最大做功能力之和构成了物质的最大做功能力(即物质的化学能)。其意义在于它突破了传统热力循环中用热㶲公式所表示的物理能最大做功能力，揭示了化学反应最大做功能力和热力循环的最大做功能力之间的联系，建立了物质化学能级利用的理论基础。

于是燃烧反应的公式改变形式为

$$\Delta E = \Delta G(1 - \eta_c) + \Delta H \eta_c \tag{5-4}$$

式中，$\Delta G(1-\eta_c)$代表燃料燃烧的㶲损失，$\Delta H\eta_c$ 代表热的最大做功能力。

为了描述化学能品位，定义体系㶲变与焓变之比为 A，即无量纲量 $A = \Delta E/\Delta H$；定义化学反应能的品位 B 为反应体系的最大做功能力与焓变之比，即 $B = \Delta G(1-\eta_c)/\Delta H$。化学能在反应过程和热功过程中的最大做功能力用 A_{ch} 表示，$A_{ch} = B + \eta_c$。

5.2.2　直接燃烧与化学链燃烧

以甲烷为例，观察直接燃烧与化学链燃烧的差异。

CH_4 直接燃烧反应[见图 5 - 2(a)]方程式：

$$CH_4 + 2O_2 \longrightarrow CO_2 + 2H_2O,\ \Delta H_1(T_0) = -802\ \text{kJ/mol}; \qquad (5-5)$$

CH_4 化学链燃烧反应[见图 5 - 2(b)]方程式：

还原反应，$CH_4 + 4NiO \longrightarrow CO_2 + 2H_2O + 4Ni,\ \Delta H_2(T_0) = -160\ \text{kJ/mol}$；

$$(5-6)$$

氧化反应，$4Ni + 2O_2 \longrightarrow 4NiO,\ \Delta H_3(T_0) = -962\ \text{kJ/mol}$　　(5 - 7)

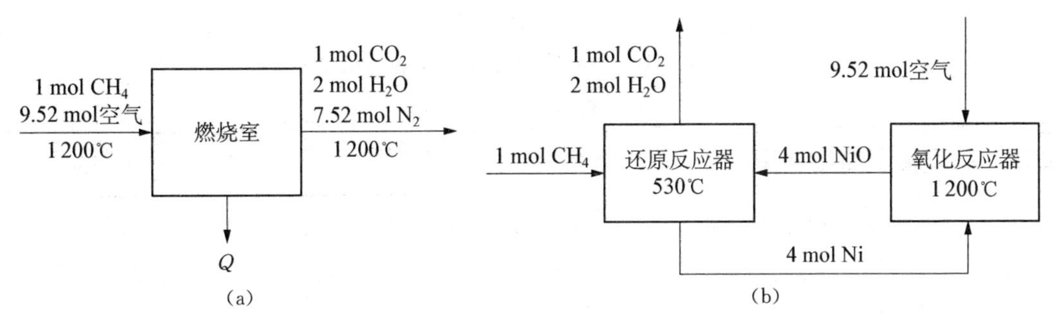

图 5 - 2　CH_4 燃烧反应与化学链燃烧反应的示意图

(a) CH_4 燃烧过程　(b) 化学链燃烧过程

图 5 - 3 为 CH_4 燃烧及化学链燃烧品位与㶲损失的比较。横坐标 ΔH 为反应热的绝对值，纵坐标 A 为能的品位。图中曲线表示化学能的品位，直线表示热的品位，阴影面积表示㶲损失。

从化学能品位来看，当燃烧温度相同，也就是热㶲品位 η_{c1}($\eta_{c1} = 1 - 298.15/1\,473 = 0.798$) 相等时，$CH_4$ 直接燃烧化学能品位 $A_{ch1} \approx 1$，化学链燃烧化学能品位 $A_{ch3} \approx 0.91$，可见 A_{ch3} 与热㶲品位 η_{c1} 之差小于 A_{ch1} 与热㶲品位 η_{c1} 之差。这表明化学能得到梯级利用。

由图 5 - 3 可见，在化学链燃烧中 CH_4 还原 NiO 反应的化学能平均品位 $A_{ch2} \approx 0.39$，热源的热㶲品位 $\eta_{c2} = 0.629$；从燃烧㶲损失看，CH_4 直接燃烧的㶲损失为 162.8 kJ/mol，用“*efpm*”阴影面积表示。化学链燃烧总的㶲损失为 139.2 kJ/mol，其表示面积为“*abdc*”与“*ghnm*”之和，比 CH_4 直接燃烧㶲损失降低 14.5%。

化学链燃烧中利用吸热还原反应将中低温热源的品位提升到燃烧反应温度下的热㶲品位，以增加系统的做功能力。其增加的做功能力为 $\Delta W=\Delta|H_2|(\eta_{c1}-\eta_{c2})$。在图 5-3 温度下用面积“$smba$”表示，$\Delta W$ 增加 23.9 kJ/mol。

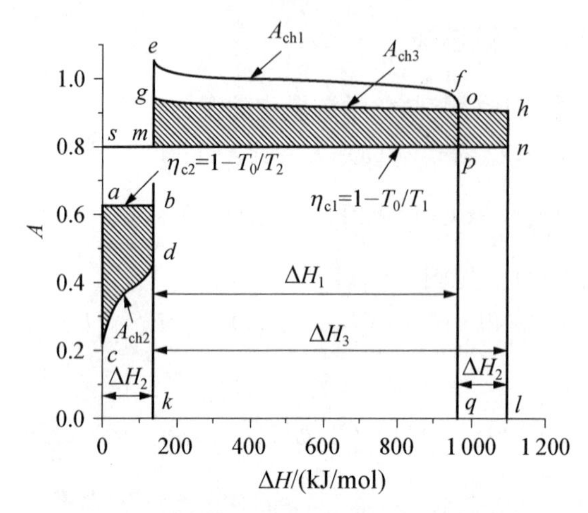

图 5-3　CH_4 燃烧及化学链燃烧品位与㶲损失

5.2.3　化学能级利用

直接燃烧与间接燃烧的化学能品位差异在于化学反应能品位的不同。图 5-4 中左侧纵坐标 A 为能的品位，右侧纵坐标为化学反应能的品位 B，横坐标 ΔH 为反应热的绝对值。

从图 5-4 看到，反应做功能力的品位平均值 $B_1=0.2$ 下降到 $B_3=0.11$。相应化学能品位的平均值从 $A_{ch1}=1.0$ 下降到 $A_{ch3}=0.91$。于是燃烧过程化学能的品位与热

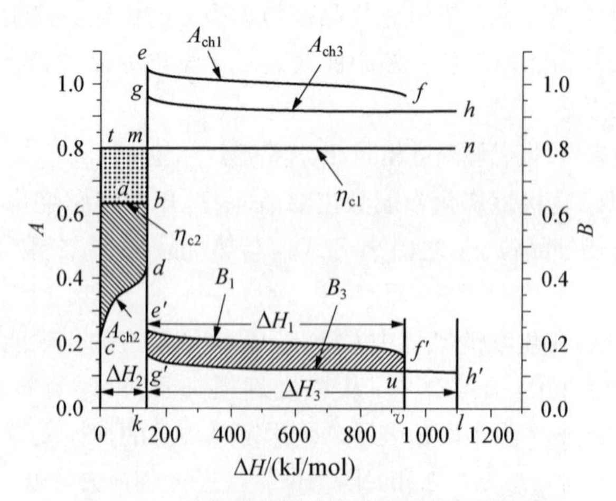

图 5-4　化学链燃烧过程化学能级利用机理

烟品位 $\eta_{c1}=0.798$ 之间的品位差缩小，使得燃烧过程烟损失减少。其原因归结为化学反应因素（吸热反应 B_2）和物理能因素（燃烧反应温度的品位 η_{c1}、吸热反应热源的品位 η_{c2}、吸热量 ΔH_2）。其中化学反应因素由选取的反应式决定。

由图 5-5 可见，当燃烧反应温度不变时，系统可利用的功随吸热反应的热源温度升高而减小（曲线 W_1），烟损失增加（曲线 E_{L_1}）；而吸热反应温度不变时，其可用功随燃烧反应温度升高而增加（曲线 W_2），烟损失减少（曲线 E_{L_2}）。

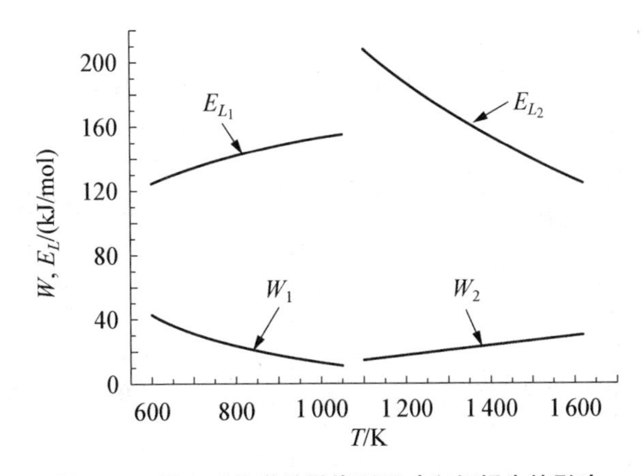

图 5-5　温度对化学链燃烧利用功和烟损失的影响

当燃料直接燃烧的品位一定时，影响化学能梯级利用程度的因素包括反应方式、燃烧反应温度、吸热反应的热源温度和吸热量。由此可见，给燃料设计合适的反应方式对燃烧化学能梯级利用非常重要。

5.3　化学链燃烧技术研究

从系统总能角度来分析，化学链燃烧技术选择合适的载氧体，减少还原反应的吸热量，就能增加系统热能总量。它不仅具有有效内分离 CO_2、提升气体燃料的燃烧效率、减少环境污染的特质，而且可与其他系统耦合形成新型能源环境动力系统用来制氢。于是载氧体的选择和制备、反应器和系统成为应用化学链燃烧技术的关键。

5.3.1　气相燃料的试验研究

用燃料气体研究化学链燃烧技术，可以容易考察化学链燃烧的机理、载氧体及反应器结构之间的影响。研究中通常选用一氧化碳、氢气、甲烷等气体燃料。

1）载氧体研发情况

金属载氧体研发情况如表 5-1 所示。高性能的载氧体是能够实现化学链燃烧的先决条件。载氧体的评价指标有反应性、载氧能力、寿命、最高承受温度、机械强度、抗烧结和抗团聚能力、载氧体颗粒物分布、内孔隙结构、价格和环保性。

表 5-1　化学链燃烧中金属载氧体的研发情况[3, 4]

研究者	载氧体/载体	Red 气体	Red 温度/℃	设备	主要研究内容
Ishida, Jin(1994)	Ni	H_2	600	热重分析仪	对载气体进行性能测定
Hatanaka(1997)	NiO	CH_4	600	热重分析仪	Ni/NiO 在固定床上的反应性，用气相测生成气体组分
Jin(1998)	NiO - CoO/钇稳定氧化锆(YSZ)	CH_4	600	热重分析仪	复合载氧体特性
Jin, Okamoto (1999)	NiO, CoO, Fe_2O_3 载体 MgO, $NiAl_2O_4$	CH_4/H_2O	800, 900	热重分析仪	抑制积碳
Jin, Ishida(2001)	NiO, NiO/YSZ, NiO/$NiAl_2O_4$	H_2/H_2O	600	热重分析仪，固定床	NiO/$NiAl_2O_4$ 在以氢气为燃料的 CLC 中是非常适合的材料
Mattisson, Lyngfelt (2001)	Fe_2O_3/Al_2O_3	CH_4	950	固定床	载氧体的反应特性
Mattisson(2004)	CuO, NiO, Fe_2O_3, Mn_3O_4	CH_4/H_2O	950, 850	流化床	载氧体种类对反应的影响，颗粒团聚特性
郑瑛等(2006)	$CaSO_4$	CH_4	800～1 400	热重分析仪	$CaSO_4$ 是否可以作为载体

载氧体的研究使用热重分析仪(thermo-gravimetric analysis, TGA)、固定床、双流化床反应器；载氧剂多为金属氧化物，已经证实的活性金属氧化物主要包括镍、铁、钴、锰、铜和镉的氧化物，还添加一些比表面积大、孔结构适合的惰性载体，以改进载氧体的强度、热稳定性以及活性用量。

据报道，惰性载体主要有 SiO_2、Al_2O_3、TiO_2、ZrO_2、MgO、钇稳定氧化锆(YSZ)、海泡石、高岭土、膨润土和六价铝酸盐。通过不同比例的活性材料及适当的制备方法、烧结温度等制成综合性能较好的载氧体。一般制备方法有冷冻成粒、浸渍法、机械混合、分散法和溶胶-凝胶法，前两者较为常见。对于镍和铁的载氧体常使用冷冻成粒法，对于铜载氧体通常采用浸渍法。其工艺至今已有百余种，试验发现 NiO/$NiAl_2O_4$、Fe_2O_3/Al_2O_3 和 CoO - NiO/YSZ 等载氧体的性能较为理想。

考虑到金属载氧体存在磨损带来的负面影响，无二次污染的非金属载氧体也进入研究的范围，特别是 $CaSO_4$ 在一定条件下具有与燃料气进行氧化-还原两步反应的可行性。

2）反应器研发情况

化学链燃烧反应器的研发情况如表 5-2 所示。设计燃料氧化-还原反应于一体的反应器是实施化学链燃烧的关键之一，CFB 成为首选对象。国外研究者采用两个相互联通的流化床反应器，被称为双循环流化床，由低速鼓泡床（燃料反应器）和高速提升管（空气反应器）组成（见图 5-6）。若按照流化床的性能区分，应用 CLC 技术的流化床位列于鼓泡床、循环流化床、正压循环流化床之后，可称为第四代锅炉流化床燃烧技术。

表 5-2　化学链燃烧反应器的研发情况

研究者（年）	研究过程	主要结果
Lyngfelt 等（2001）	化学链燃烧过程	给出有关反应器概念设计、设计方程、对物料循环特性进行分析
Ishida 等（2002）	化学链燃烧过程	小型流化床试验，H_2 转化率为 100%，空气反应器内 O_2 转化率为 70%
Johansson 等（2003）	串连流化床	反应器泄漏率占反应气入口进气的 2%～15%，通过引入水蒸气可以有效解决气体泄漏问题
Lyngfelt 等（2004）	10 kW 化学链燃烧中试，Ni 基载氧剂，天然气/空气	世界首次化学链燃烧中试验证，燃料转化率为 99.5%，无气体泄漏，载氧剂基本不失活，载氧剂磨耗率非常低

载氧体在两流化床内循环使用。载氧体在高速床中与空气发生氧化反应，经旋风分离器分离后流入燃料反应器（鼓泡床）还原，燃料被氧化。被还原后的载氧体通过回流阀重新被送到空气反应器，而氧化后的气体（主要是 CO_2/H_2O）从燃料反应器排出，CO_2 经冷冻法处理分离后被压缩成液态储存，没有被压缩的气体重新循环进入燃料反应器进行氧化。在两个流化床之间回流阀起到气密性的作用。

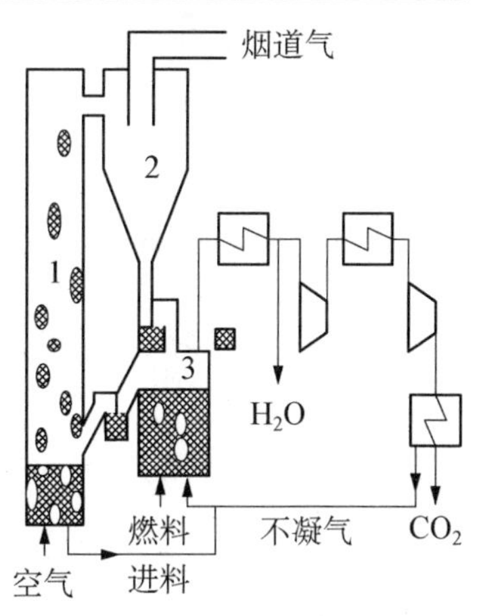

图 5-6　双循环流化床反应器图

1—空气反应器（提升管）；2—旋风分离器；3—燃料反应器

基于流化床反应器的试验装置，一些研究者开展了热功率为 5～10 kW 系统的优化，物流系统中采用一种帽子形颗粒物分离装置（见图 5-7），选择合适

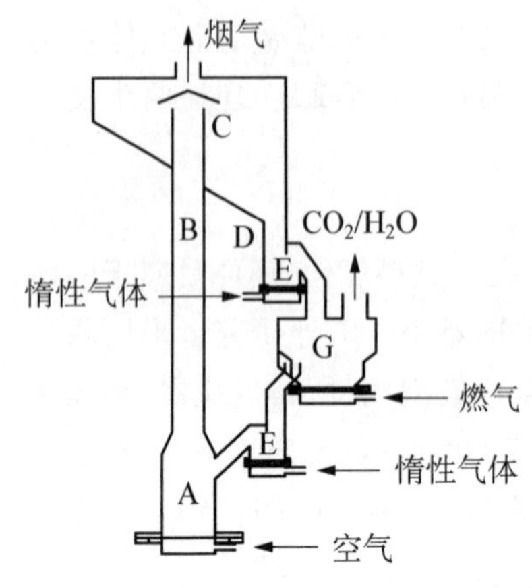

图 5-7　热功率 5～10 kW 的 CLC 系统

尺寸的载氧体颗粒，利用颗粒沉降室原理降低固体流颗粒回流量，减少分离器压降；一些研究者建立冷模型，分析了大容量增压的化学燃烧反应器的可行性。

Lyngfelt 等研究者在 10 kW 装置(见图 5-8)上连续运行 100 小时的研究中，采用了 NiO 载氧体、天然气燃料。装置通过颗粒存储器和回流阀的精确控制，实现燃料反应器中颗粒流率的控制，燃料转化率达 99.5%；回料器严密，没有 CO_2 泄漏到空气反应器。试验证实了化学链燃烧技术工程应用的可行性。

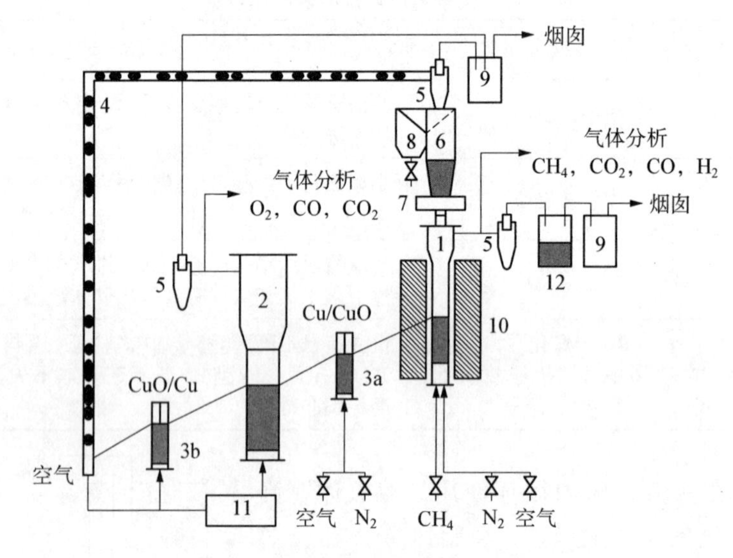

图 5-8　热功率 10 kW 的 CLC 系统

1—燃料反应器；2—空气反应器；3—密封回路；4—提升管；
5—旋风分离器；6—颗粒储存器；7—颗粒阀门；8—转向颗粒阀门；
9—过滤器；10—加热炉；11—空气预热器；12—冷凝器

5.3.2　固相燃料的试验研究

燃煤电厂常规化学类高浓度碳捕集技术导致发电效率大幅下降(约 10%)、发电成本增加。探索新型二氧化碳捕获和封存的技术迫在眉睫，CLC 回收 CO_2 技术的问世受到研究者的青睐。在可燃气 CLC 研究的基础上，国内外研究者对煤炭开展 CLC 装置的研究。

东南大学研究者以流化床为反应器、水蒸气为气化-流化介质，采用 NiO 载氧体，在 800～960℃温度范围内进行化学链燃烧实验研究，取得煤炭化学能转化热能的规律性实验结果，在 9 min 之内完成化学链燃烧，烟气 CO_2 含量大于 92%[5]。

5.3.2.1　化学反应

在常压条件下流化床内的主要煤气化反应及 NiO 颗粒和煤气化产物（CO、H_2、CH_4 等）的还原反应如下：

$$C + H_2O \longrightarrow CO + H_2,\ \Delta H = 131.5\ \text{MJ/kmol}; \tag{5-8}$$

$$C + CO_2 \longrightarrow 2CO,\ \Delta H = 160.5\ \text{MJ/kmol}; \tag{5-9}$$

$$CO + H_2O \longrightarrow CO_2 + H_2,\ \Delta H = -41.0\ \text{MJ/kmol}; \tag{5-10}$$

$$CO + NiO \longrightarrow Ni + CO_2,\ \Delta H = -42.38\ \text{MJ/kmol}; \tag{5-11}$$

$$H_2 + NiO \longrightarrow Ni + H_2O,\ \Delta H = -2.125\ \text{MJ/kmol}; \tag{5-12}$$

$$CH_4 + 4NiO \longrightarrow 4Ni + CO_2 + 2H_2O,\ \Delta H = 156.5\ \text{MJ/kmol}; \tag{5-13}$$

$$2NiO + C \longrightarrow 2Ni + CO_2,\ \Delta H = 75.2\ \text{MJ/kmol}; \tag{5-14}$$

$$Ni + 0.5O_2 \longrightarrow NiO,\ \Delta H = -240.6\ \text{MJ/kmol} \tag{5-15}$$

根据标准吉布斯自由能的变换，反应平衡常数 K_p 与温度 T 的关系为

$$R\ln K_p = -\frac{\Delta H_T^\theta}{T} + \Delta S_T^\theta \tag{5-16}$$

式中，ΔH_T^θ、ΔS_T^θ 分别为在温度 T 时的标准反应热、标准反应熵差，R 为气体常数。图 5－9 显示了还原反应的平衡常数 K_p 越大，载氧剂 NiO 与 CO 和 H_2 还原反应的活性越高，其 K_p 为 10^4～10^2。

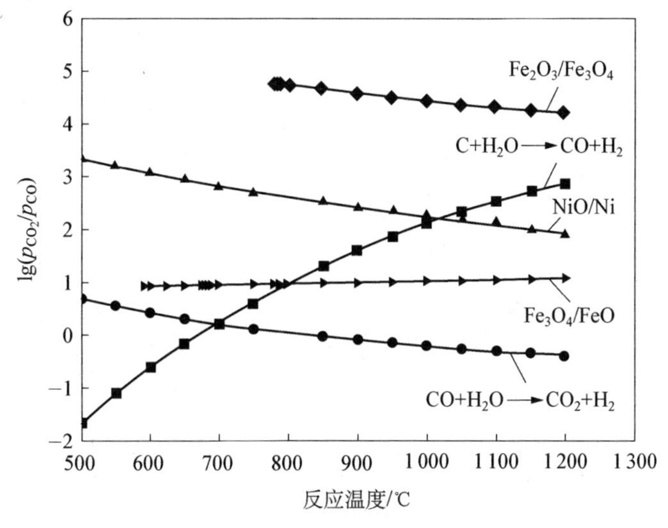

图 5－9　温度对 Me_xO_y 与 CO 反应的平衡常数的影响

5.3.2.2 实验情况

1）实验装置

实验装置由流化床反应器（高 680 mm、内径 32 mm）、温度控制器（10% Pt/Rh 型热电偶）、蒸汽发生器（TBP－50A 型恒流泵＋铸铝加热器）和气体测试装置组成。气体产物浓度使用美国 EMERSON 公司 NGA2000 型多组气体分析系统测定。反应系统实验流程：过热蒸汽→流化床反应器→煤气化反应、还原反应→反应产物冷却脱水→计量及分析。

2）实验条件

载氧体为质量份数为 23%的活性相 NiO 和质量份数为 77%的惰性载体 $NiAl_2O_4$，分数法颗粒制备条件如下：煅烧温度为 1 273℃、时间为 3 h、颗粒直径为 300～500 μm、BET 比表面积为 86.97 m^2/g、比孔容为 0.30 cm^3/g、平均孔径为 14.22 nm。煤质分析：神华烟煤，试验用煤质的工业分析和元素分析见表 5－3。煤和载氧体依照煤的质量平衡计算，即每 1 kg 煤中含碳 53.6 mol，含氢 39.1 mol。反应温度为 800～960℃。反应时间为 30 min。水蒸气质量为 2.0 g/min；煤质量为 1.5 g；NiO 质量为 105.0 g。

表 5－3　煤质的工业分析和元素分析

近似分析/%（质量，空气干燥）				终极分析/%（质量，空气干燥）					LHV/MJ·kg^{-1}
水分	挥发分	固定碳	灰分	碳	氢	氧	氮	硫	
13.18	28.07	52.82	5.93	64.36	3.91	10.3	1.61	0.71	22.99

3）实验结果

(1) 反应器温度对气体浓度的影响　反应器温度对气体浓度的影响如图 5－10 所示。

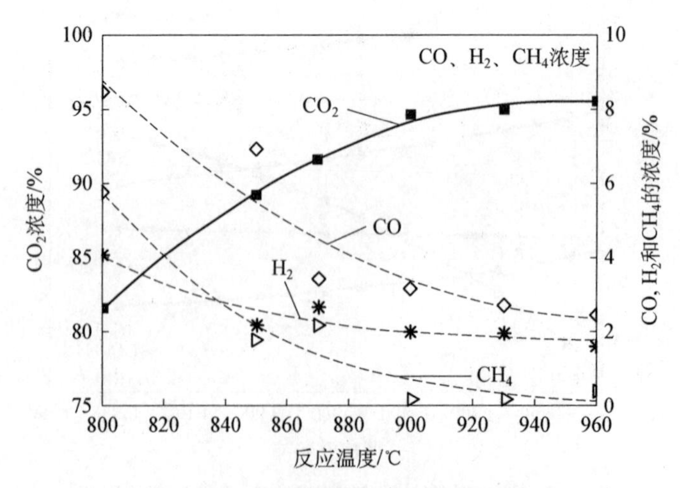

图 5－10　气体产物干气体浓度随温度变化

出口气体成分随时间变化定义如下：$C_{CO_2}(t)$、$C_{CO}(t)$、$C_{CH_4}(t)$、$C_{H_2}(t)$分别表示气体产物 CO_2、CO、CH_4、H_2 在单位时间内释放的平均量与煤中碳量之比；$X_{CO_2}(t)$、$X_{CO}(t)$分别表示气体产物 CO_2、CO 的量随时间的累加值与煤中碳量之比；残碳率 $Cr(t)$表示煤中残余碳的量与煤中碳的量之比。

从图 5-11 可见，流化床反应器内气体产物 CO、CH_4、H_2 与 CO_2 干气体浓度之比随反应器温度升高逐渐减少，其干气体浓度小于 CO_2 两个数量级。图 5-12 中煤中碳转化 CO_2 的生成率 X_{CO_2} 随床温升高而增加，残碳率 Cr 的变化趋势与之相反。反应器温度高于 900℃，CO_2 的生成率在 92%以上。

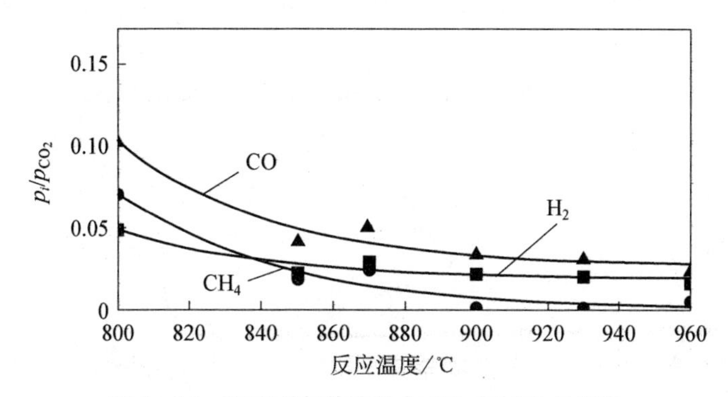

图 5-11　温度对气体产物与 CO_2 压力比的影响

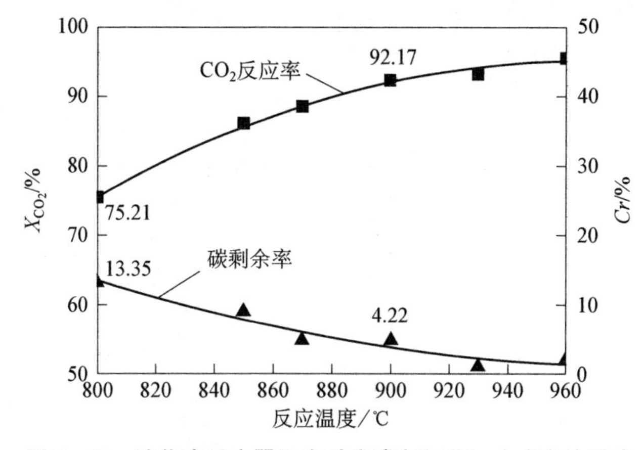

图 5-12　流化床反应器温度对残碳率和 CO_2 生成率的影响

（2）反应时间对产物的影响　由图 5-13 和图 5-14 可知，H_2 生成率峰值比 CH_4 小一个数量级，同时也远小于 CO 的生成率。由此可知，H_2 与 NiO 的反应活性应高于 CH_4 和 CO。CO_2 生成率在短时间内达到峰值，温度越高，所需达到平衡态的时间越短（见图 5-15）。

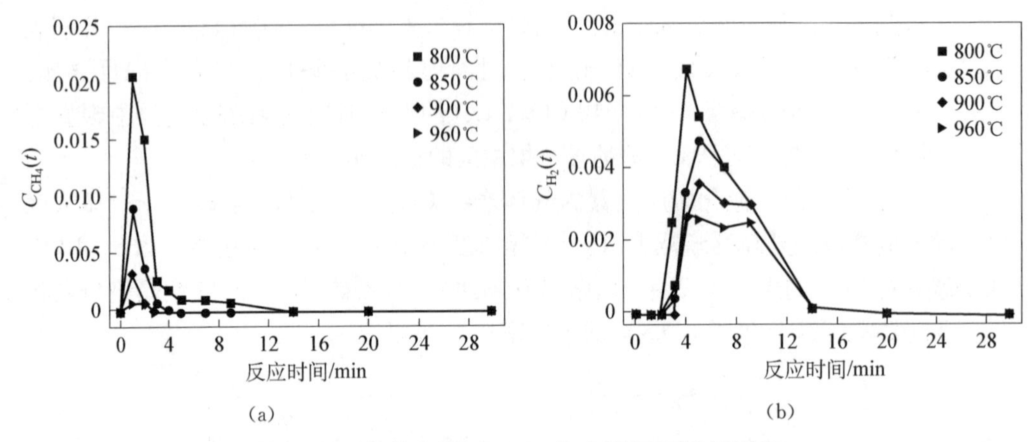

图 5-13 气体产物 CH_4、H_2 生成率随反应时间变化

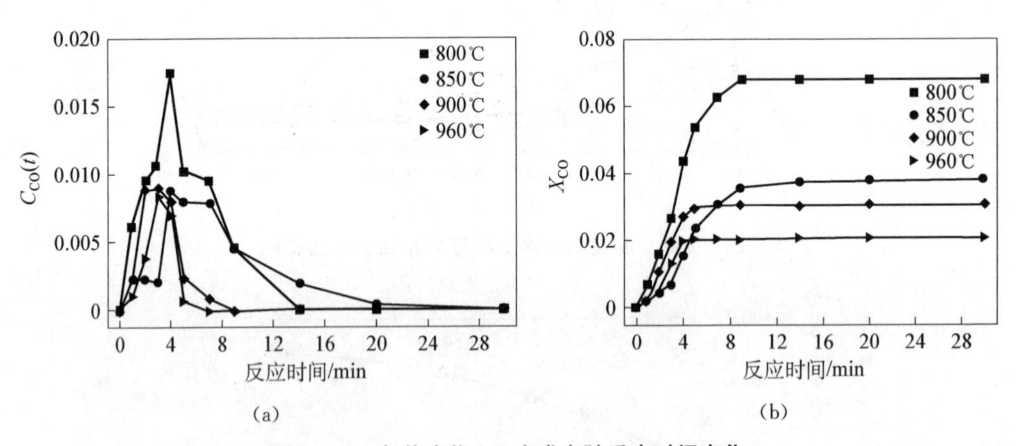

图 5-14 气体产物 CO 生成率随反应时间变化

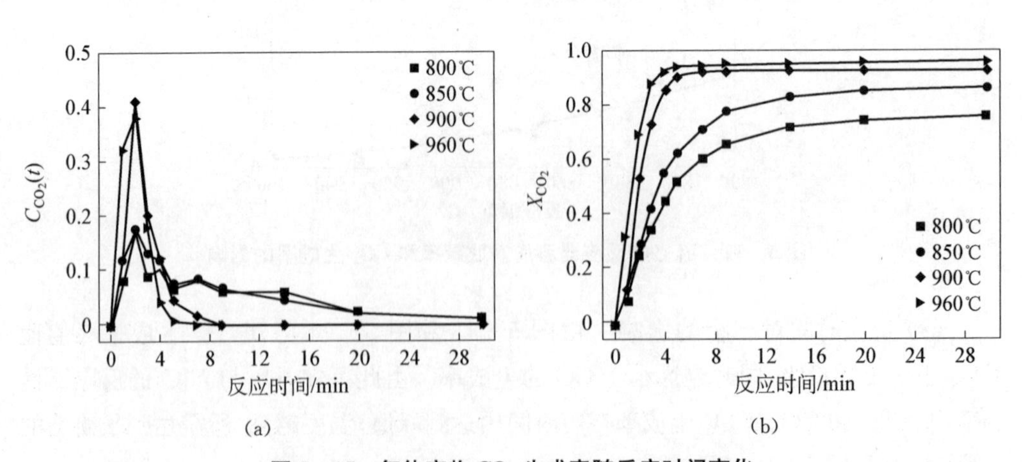

图 5-15 气体产物 CO_2 生成率随反应时间变化

(3) 试验小结　NiO 对神华烟煤的反应活性很高。CO_2 的比率随反应器温度提高而逐渐增大，其余气体生成率递减，且随时间变化均呈单峰特性，而 H_2 生成率远小于 CO 的生成率；残碳率逐渐降低。床温大于 900℃时，NiO 载氧体煤化学链燃烧在 9 min 内基本完成，冷凝后 CO_2 生成率高于 92%、残碳量小于 5.0%。

应用煤化学链燃烧技术的关键问题是需要高的反应速度和高性能的载氧体。

5.3.2.3　CLC 技术探索

1）传递方式

直接以煤为燃料的 CLC 技术可分为原位煤 CLC 技术和串行流化床煤 CLC 技术。

(1) 原位煤 CLC 技术　基于原位煤 CLC 技术特点，煤在载氧体为床料的反应器中，与 H_2O 或 CO_2 气化介质作用，然后气化产物再与载氧体进行氧化反应，当床料中煤焦反应完成后通入空气，使载氧体再生，这是一种间歇式的运行方式。若根据不同反应阶段，采用多个反应器并行运行，可使反应系统连续运行。因反应器系统简单，研究者多用来研究载氧体的活性以及气化介质、反应温度对煤转化程度的影响等，其反应速度较低成为限制煤焦充分转化的重要环节。

(2) 串行流化床煤 CLC 技术　由于原位煤 CLC 技术应用时，煤与氧载体之间反应并不直接固固反应，而是通过煤气化物与载氧体的气固反应实现的，这是以煤为燃料的 CLC 技术的限制因素。对高阶煤而言，反应后的残碳量更多。为此，研究者设计 10 kW 级串行流化床反应器。研究认为，虽然南非烟煤与铁矿石、神华烟煤与赤铁矿和 NiO 基载氧体的反应性能试验是成功的，但存在煤气转化速率低的问题，与原位煤 CLC 技术类似。

2）煤氧解耦型化学链燃烧技术

为了解决煤转化率低的问题，研究者应用一些在较低温度和氧分压下释放氧气的金属载氧剂，如 CuO、Mn_2O_3、Co_3O_4。试验表明，在反应器出口氧分压为 5%、温度小于 850℃的情况下，CuO 更适合于煤氧解耦型化学链燃烧技术(CLOU 技术)(见图 5-16)；而 Mn_2O_3、Co_3O_4 虽然容易分解氧气，但再生后的载氧剂不稳定。在石油焦以及其他煤种与 CuO 反应的研究中发现，煤的反应速率提高了 10 倍。当煤转化率为 95%时，所需反应时间不到原位煤 CLC 技术的 1/10。可是，CuO 的最大缺点是熔点低、成本高，具有潜在的二次污染，且其晶格氧没有被利用，而 Fe_2O_3 的反应活性较低。

国内研究者集成 CuO、Fe_2O_3 的优点，在 CLC 技术中采用 $CuFe_2O_4$ 作为煤的载氧体，对煤的充分转化非常有利，还进一步传递残余载氧剂中的晶格氧。平顶山烟煤(PDS 烟煤)与 $CuFe_2O_4$ 反应时，载氧体呈现两段反应特征。这对保持反应器温度和煤的转化率效果明显，其反应放热特性如图 5-17 所示。

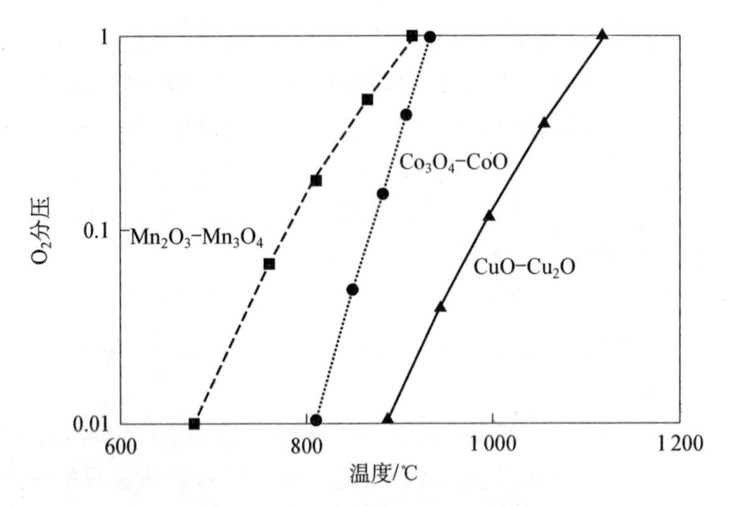

图 5-16 O_2 释放与温度、分压的关系

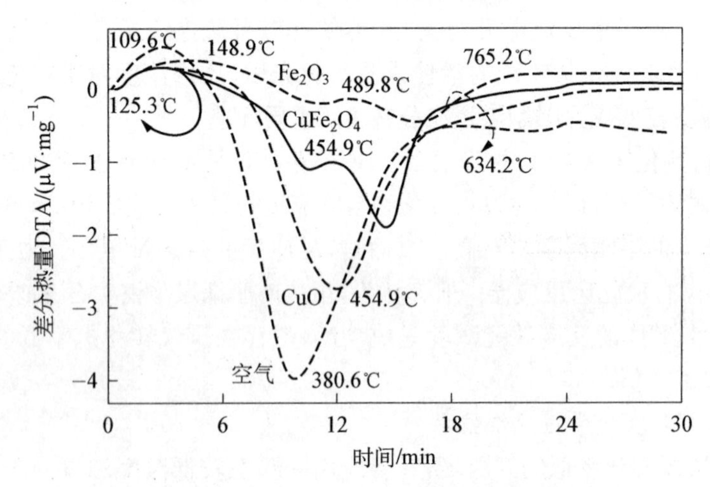

图 5-17 $CuFe_2O_4$ 与 PDS 烟煤反应放热特性

5.3.3 系统设计研究

目前研究者对系统总能考量开展 3 个方面的系统研究，即不同能源系统的耦合，提高能源转换效率和整体系统效率途径以及系统能量分析(见表 5-4)。

表 5-4 化学链系统性能分析研究情况

研究者(年份)	系统名称	主要结果
Richter 等(1983)	化学链燃烧分析	与传统燃烧过程相比，㶲效率增加
(日)Ishida 等(1987)	CLC+燃气轮机(GT)	系统效率达 50.2%

（续表）

研究者（年份）	系统名称	主要结果
Harvey 等（1994）	CLC＋固体燃料电池（SOFC）	系统效率可高达 78.4%
（日）Ishida 等（1994）	CLC-注水空气轮机（HAT）	系统效率达 55.1%，CLC 过程㶲损失减少
Anheden 等（1998）	CLC＋GT	以 NiO 为载氧体时，发电效率为 44.9%，以 Fe_2O_3 为载氧体时，系统效率大于等于传统 GT 循环效率
Brandvoll（2004）	CLC－HAT	系统效率为 55.9%
J. Yu（2003）	SETS（一种吸附剂能量转换系统）	具有较高的 CO_2 分离效率
金红光（2000）	CLC－HAT	系统效率大于传统循环效率
金红光（2004）	化学能梯级利用	化学链燃烧的能量梯级利用原理
王逊（1999）	化学链＋燃料电池	提高换热效率
王逊（2000）	化学链＋SOFC	系统整体优化

1）不同能源的耦合系统

国外 GE－EER 公司将化学燃烧技术与传统的矿石类、生物质水蒸气重整制氢结合起来，解决重整过程中热能来源的问题[6]。中科院研究者开拓“第三代”能源环境动力系统，高温段应用化学链燃烧技术，中低温段采用高效空气湿化法[空气湿化燃气轮机联合循环（CLSA）]，将工程热力学与环境学两个学科有机结合为一体；探索低温太阳能与清洁合成燃料甲醇-三氧化铁化学链燃烧相结合的控制 CO_2 分离的新能源动力系统。

Fe_2O_3 载氧体可使煤化学链制氢技术具有系统简单、能耗低、有效捕集 CO_2 的优势。对燃料煤或煤合成气而言，该技术可分为直接或间接制氢技术两种。在综合评估下，煤直接制氢更为现实。如图 5－18 所示，Fe_2O_3 在燃料反应器中与煤气化物发生还原反应，在蒸汽反应器中完成高纯度 H_2 的制备，最后在空气反应器中完成 Fe_2O_3 的氧化，并实现多次循环利用。

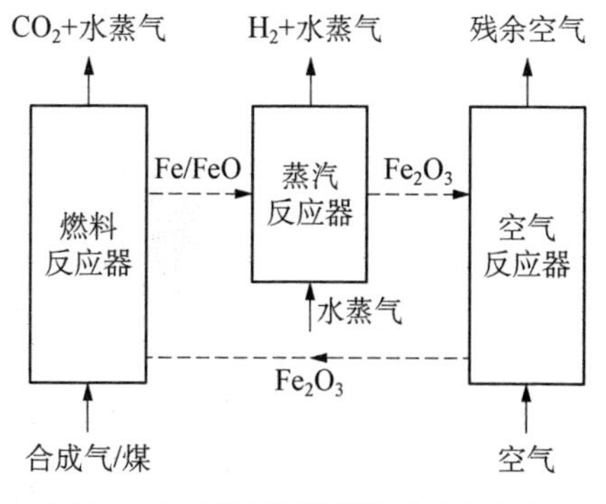

图 5－18　煤化学链制氢技术原理图

在此基础上，开展煤焦制氢，推出 $CaSO_4$－CaS 和 $CaCO_3$－CaO 两个化学链循环以及铁铝矿石热循环组成的煤混合燃烧-气化制氢技术（见图 5－19）。图 5－19 表示，

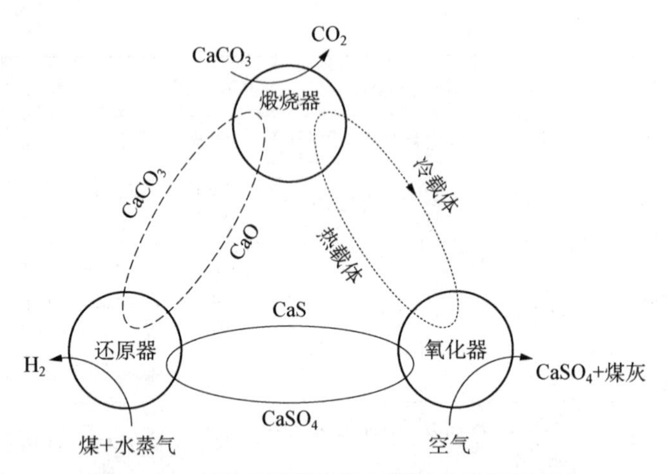

图 5-19 以煤为燃料的混合燃烧-气化制氢技术

$CaSO_4$ 作为载氧体完成煤气化制备合成气,合成气中 CO_2 通过 CaO 的碳酸化反应进行富集分离,而 $CaSO_4$ 的还原产物 CaS 则由空气氧化再生,CaO 碳酸化产物 $CaCO_3$ 通过热解再生,所需热量由铁铝矿石作为介质予以传递。当然,煤的充分转化、载氧体与煤灰的分离以及灰硫组分对载氧体活性的影响问题还有待进一步研究。

国外研究者将串行循环流化床配 3 个流动密封阀,组成固体燃料的化学链燃烧系统(见图 5-20)。载氧体在高速管内发生氧化反应后,经分离与固体燃料混合热

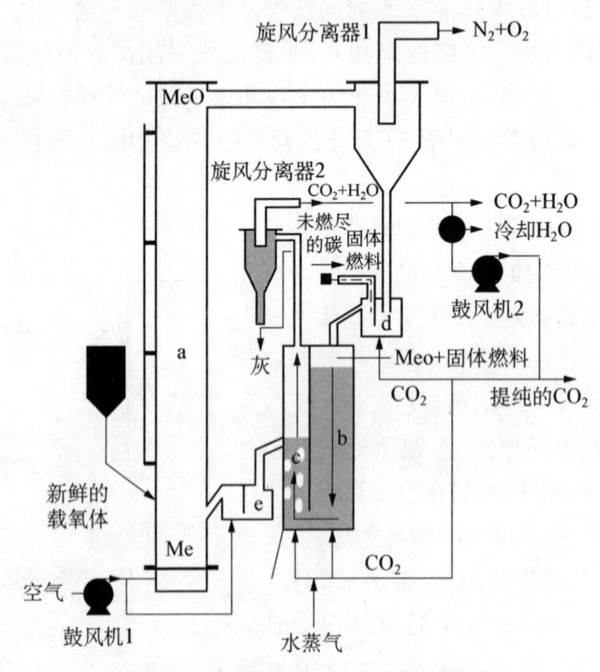

图 5-20 固体燃料 CLC 装置系统图

解，进入燃料反应器还原，被还原的载氧体与灰和未燃尽碳在鼓泡床内分离。于是燃料反应器作为还原器和分离器，又构成流动密封阀。系统生成的 CO_2 一部分被收集起来，另一部分再循环，与水蒸气一起引入燃烧反应器使固体燃料气化。系统中的 3 个流动密封阀功能是使系统维持压力平衡，使固体颗粒从低静压侧流向高静压侧，实现物料循环流动。

东南大学 10 kW 级生物质燃烧系统试验装置（见图 5－21）由循环流化床（空气反应器）、旋风分离器和代替鼓泡床的喷动床（燃料反应器）串联组成。固体燃料从喷动床底部喷入燃料反应器，系统在 30 h 连续运行中燃烧稳定。研究者采用 NiO/Al_2O_3 载氧体进行 100 h 生物质（松木）燃烧分离 CO_2 的连续试验，载氧体具有良好的氧化-还原性能和较强的循环能力，最高燃烧效率为 95.2%。载氧体损失为 0.03%/h。

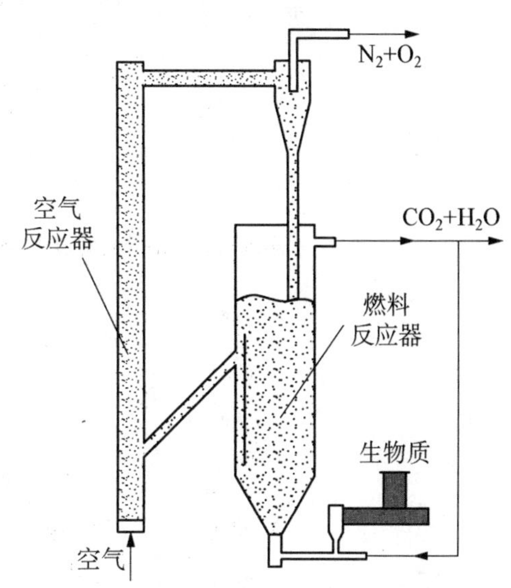

图 5－21　10 kW 级串行流化床生物质 CLC 系统图

2） 系统能量分析

在系统能量分析中，研究者采用格拉斯曼（Grassmann）图分析化学链燃烧系统，采用 Aspen Plus 软件对系统仿真。虽然建模计算中引入了适当假设，但有利于了解提高整体效率的影响。有的分析表明，不可逆损失减少，使 GT－CLC 系统最优效率达 55.9%；有的认为 NGCC－CLC 系统效率有望达到 52%～53%，氢/电/热三联产的扩展使化学链燃烧系统达到 50% 的热效率。

化学链燃烧制氢技术结合燃料电池联合多重循环（CL－FCCC）的发电系统，利用反应热直接获得高温氢气和空气，简化系统。为实现能量的梯级利用、整体提高能源利用率提供一条新的可行途径[7]。CL－FCCC 系统见图 5－22，其优点包括：①为燃料电池提供更高的介质温度和压力；②金属氧化物 NiO/Ni 以间接链式反应替代 H_2 和 O_2 的直接接触，减少㶲损失；③还原器与氧化器分别提供高温的氢气和空气，便于与燃料电池连接。

3） 系统设计点参数

图 5－23 表示系统热效率 η 与 N_{H_2} 的关系，N_{H_2} 为燃料电池进口 1 mol 氢气量与出口氢气量之比。不同的燃料电池温度下存在最佳的 N_{H_2} 使燃料电池联合循环效率最高。系统 η 随着大气温度升高而降低，且 η 下降速度加快。

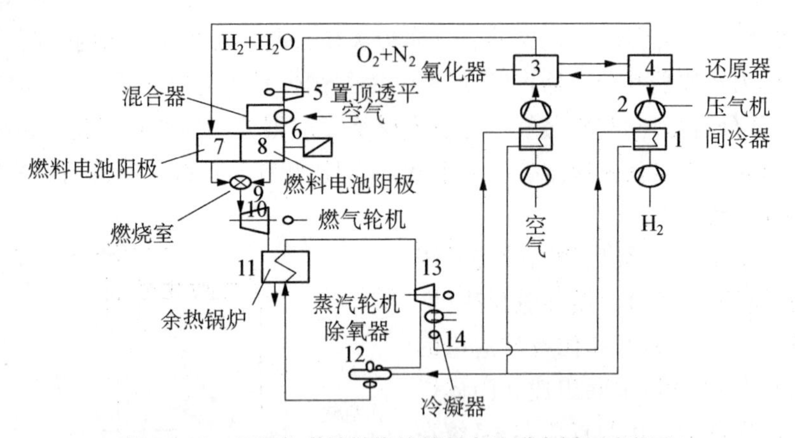

图 5-22　采用化学链燃烧的燃料电池联合循环流程图

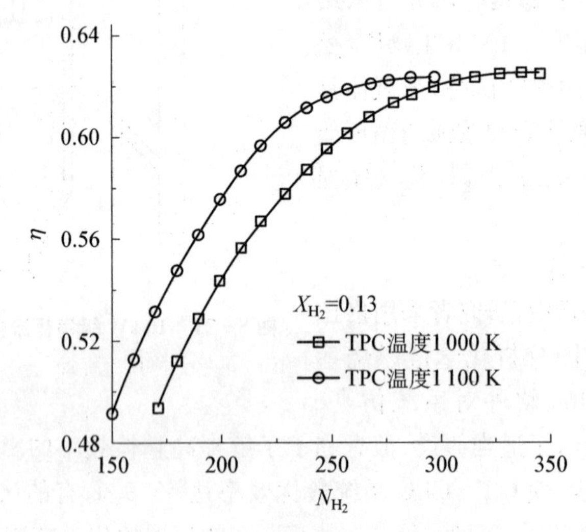

图 5-23　系统热效率 η 与 N_{H_2} 的关系

5.3.4　关键技术

为提高煤气化速率，无论是化学链燃烧、制氢，煤的转换率都是煤化学链燃烧技术的核心。

5.3.4.1　载氧体选择

载氧体必须既具有维持燃料反应器所需的热量，又有从空气反应器内向燃料反应器输送燃料转换所需氧的特性。

目前载氧体主要包括金属载氧体和非金属载氧体两大类，其中金属载氧体主要包括镍基、铜基、铁基、钴基、锰基等载氧体；非金属载氧体主要包括钙基（$CaSO_4$/CaS）、钡基（$BaSO_4$/BaS）和锶基（$SrSO_4$/SrS）等载氧体。

金属载氧体中，尽管 Fe_2O_3 载氧体反应活性较低，但因其具有熔点高、抗烧结、价格低廉和环境友好等优点，所以使用最为广泛；CuO 次之，虽然其活性高，但熔点低、易烧结；而 NiO 受热力学限制以及存在潜在致癌风险，其应用受到阻碍。金属载氧体选择要重视煤种、温度、水蒸气和不同活性组分比例对循环中载氧体活性的影响。

1）煤质的影响

煤质在化学链燃烧技术中对碳的转化率、反应速率有显著影响。在不同煤种与 Fe_2O_3 载氧体反应的研究中发现，煤的反应速率以及煤的转化率与煤中挥发分含量成正比；同样，其碳转化率、反应速率表明烟煤、褐煤、煤焦有着更高的反应活性。当选用 K_2CO_3 和 $Ca(NO_3)_2$ 溶液浸渍的中国烟煤及煤焦与 Fe_2O_3 反应，煤颗粒表面经过活性处理后反应明显，且 K_2CO_3 还有催化作用。

在系统中，载氧体既是氧气携带体，又是能量载体。维持循环载氧体的活性对促进煤气化非常重要，但是硫分会损伤载氧体活性，而且会形成低熔点的固相硫化物，易烧结团聚并产生气相硫化物（如 H_2S、SO_2），污染环境。目前研究仅集中于 H_2S 对载氧体活性的研究。有研究者研究硫分对 NiO 的影响，发现硫分越多，对载氧体的活性危害越大，导致尾气中 CO 等未凝气体含量越高；也有研究表明，反应温度增加，气相反应物中硫份额也显著增加。煤灰与载氧体的反应形成复杂的低熔点惰性组分，严重危害载氧体的活性。另外，载氧体与煤灰的分离也比较复杂，虽有报道可采用分离器或磁分离技术，但也绝非容易的事情。

由图 5-24 可以看出，在相同的温度、相同的反应时间下，碳转化率由高到低的煤种，依次为神木煤、北宿煤，反映了不同煤种具有不同的物理化学性质。由煤质分析可见，神木煤的挥发分含量较高，而北宿煤的较低。这两种煤的挥发物在挥发过程中，神木煤的孔结构变化明显，孔比表面积较大，气化剂易与固体表面接触，促使反应速度增快；同时，随着反应温度的升高，转化率都变大，但两者间差异减小。不同的煤质具有不同的表面结构和灰分，这两方面对其反应性能均能产生较大的影响。

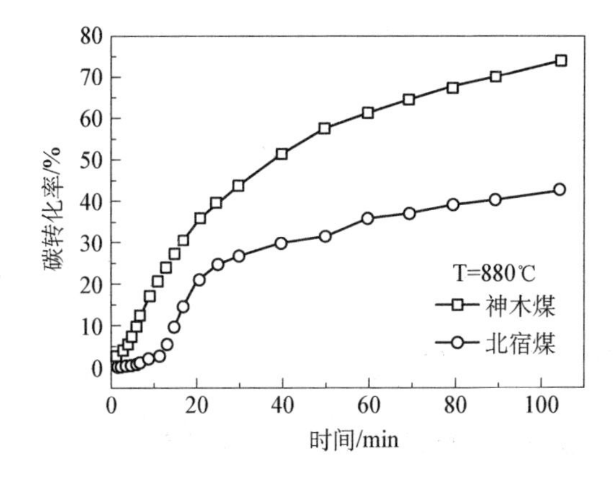

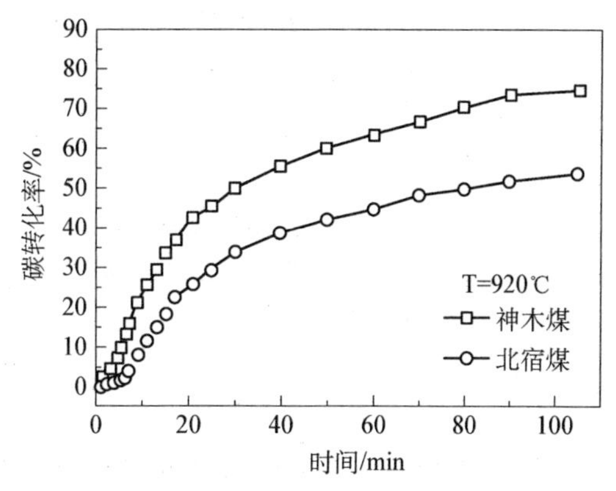

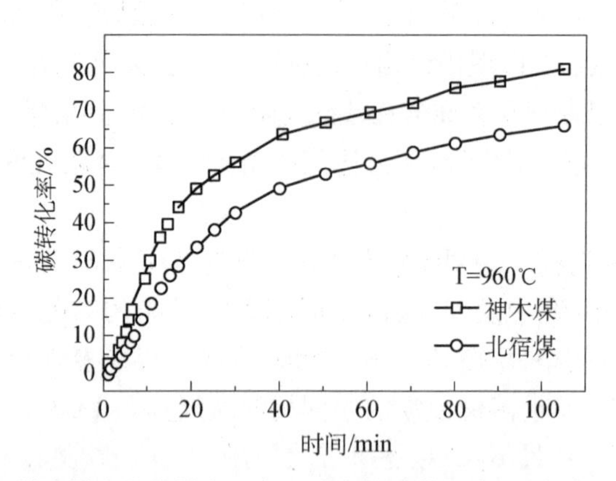

图 5-24　神木煤和北宿煤在 3 个温度下的碳转化率 *Xc* 与温度 *T* 的关系

2）温度的影响

在化学链气化过程中，温度影响气化时发生的所有化学反应，气化温度的选择一方面影响反应速率，另一方面也对一些吸放热的可逆反应起到一定的控制作用，从而改变最终气体产物的分布情况。

图 5-25 给出了反应器各气体产物的干基浓度随反应温度增加的变化趋势，840～960℃内 CO_2 干基浓度逐渐降低；CO 干基浓度变化趋势与 CO_2 相反，随反应温度的升高逐渐增大；H_2 干基浓度也随温度升高而升高。由图可以看出反应温度在 840～880℃范围内的各气体干基浓度变化情况小于 880～960℃范围内。上述现象的原因如下：反应器温度在 840～960℃范围时，水煤气化反应的速度迅速增加，水煤气

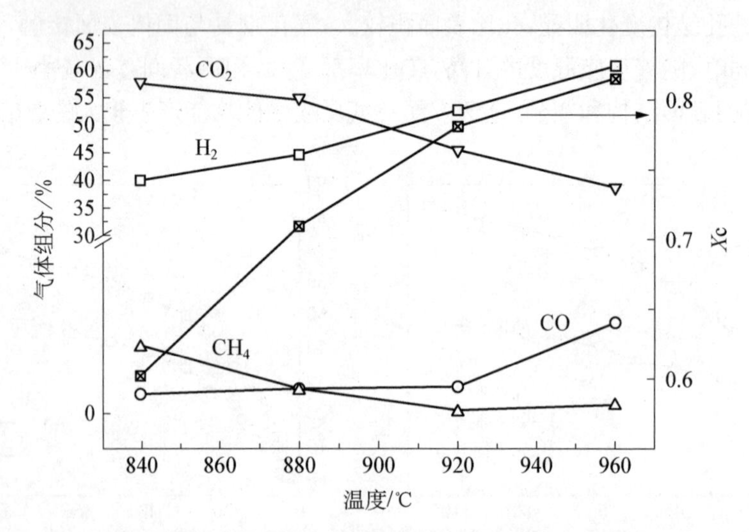

图 5-25　化学链气化过程中气体产物的百分含量及碳转化率随温度的变化情况

变换反应为弱放热反应，逆向进行，CO、H_2 生成量迅速增加；与此同时 Fe_2O_3 与 CO、H_2 的还原反应速度也增加，因此，CO_2、CO 和 H_2 的干基浓度变化不明显。当反应温度大于 900℃时，Fe_2O_3 载氧体与 CO、H_2 的反应活性受热力学的限制而使 H_2、CO 增加，CO_2 减少。

3）水蒸气的影响

当载氧体与煤的比值一定时，水蒸气加入量过多，会使气化温度下降，产气率和产气热值降低；同时增加反应系统能消耗以及污水处理量。而水蒸气加入量太小会导致气化温度升高，气化过程对材料要求相应提高，成本增加。最佳水蒸气/煤质比的获得还要考虑多种因素。碳转化率和有效合成气含量随 H_2O 流量的增加而变化：随着 H_2O 流量增加，碳转化率增加缓慢。当 H_2O 流量达到 4 g/min 时，颗粒表面水蒸气接近饱和，继续增加 H_2O 流量，其碳转化率增加缓慢，此时可以认为外扩散的影响已被消除，增加水流量不能继续加快反应速率，而且会增加反应系统能耗以及污水处理量。有效合成气含量随 H_2O 流量增加呈现先增加后减少的趋势。当 H_2O 流量达到 2.5 g/min 时，有效合成气含量达到最大，为 67.28%。原因是水蒸气先促进了 H_2 的产生，但随着 H_2O 流量继续增加，其又促进了水蒸气重整反应，产生大量的 CO_2。

4）不同活性组分比例的影响

图 5－26 显示了 F_2O_3 载氧体/煤比对合成气含量和碳转化率的影响。a、b、c、d 分别对应载氧体/煤比为 0、0.5、1 和 2 的情况。随着载氧体/煤比的增加，有效合成气含量的变化趋势由 H_2 和 CO_2 共同作用。碳转化率逐渐升高，以焦炭形式存在的残碳量减少。而随着载氧体/煤比由 0 增加到 2 时，其碳转化率提高了 1.45 倍。

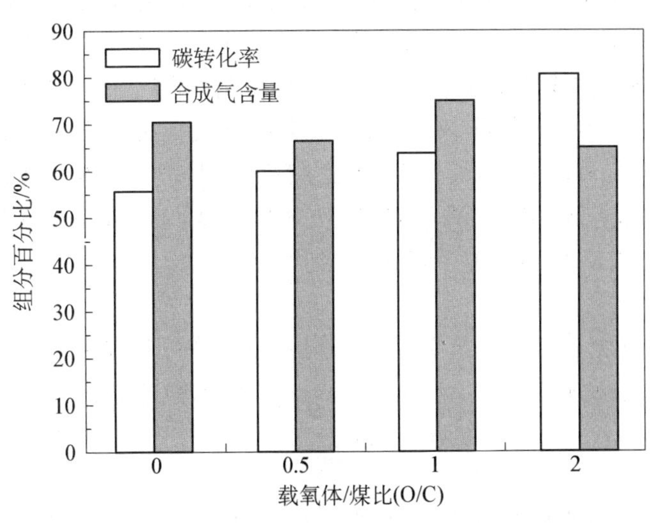

图 5－26　载氧体/煤比(O/C)对碳转化率和合成气含量的影响

尽管金属载氧体具有高反应速率、耐高温等优点，但其与煤灰混合在一起，难以进行有效分离，且煤中的硫元素有可能导致金属载氧体的永久性失活。为此，一些学者对非金属载氧体进行深入研究，发现具有非金属载氧体载氧能力大，物美价廉等优点。其不足是在高温反应过程中易发生分解反应，生成 SO_2 等有害气体，机械强度较低。

5.3.4.2 设备系统优化

1）系统运行参数

调整运行参数可起到事半功倍的作用，如提高反应温度，改变气化介质的种类、浓度或加压反应系统，优化载氧体循环倍率和存储量以及调节气化介质与煤的输入比。

2）反应器结构优化

为减少不凝结的气体和提高系统 CO_2 捕获率，适当延长煤在燃料反应器的时间，增强载氧体与煤粒的混合，通常燃料反应器设计为低速反应器、除碳器、高速反应器 3 个部分。在低速反应器内完成煤气化及气化物质与载氧体的反应，在除碳器中分离煤焦和载氧体，并深化反应，在高速反应器内实现一部分轻质煤粉以及载氧体颗粒的回收。一些设计者采取改变反应器截面，改变物质流动状态或设内置分离器等利于煤焦回收的措施。可是，不同措施对燃料反应器尾气的处理差异较大，有些研究者建议用纯氧燃烧法，有些研究者提出两段式喷动流化床等。

5.4 实验案例

煤化学链燃烧实验系统如图 5-27 所示，系统由流化床反应器、温度与质量流量控制器、蒸汽发生器和气体测试装置组成。流化床反应器高度为 680 mm，内径为 32 mm；反应器的温度由 10% Pt/Rh 型热电偶测量；蒸汽发生器由精密恒流泵与铸铝加热器组成，通过改变恒流泵输水流量可精确控制蒸汽产生量；气态产物成分与浓度使用美国 EMERSON 公司 NGA2000 型多组分气体成分分析系统测量（CO_2、CH_4、CO 的测量精度均为 0.1‰，H_2 的测量精度为 1‰）。固体产物成分的 XRD 测试采用日本岛津公司的 XD-3A 衍射仪，功率为 40 kV×30 mA，CuKα 辐射；SEM 采用荷兰 FEI 公司的 Sirion200 型场发射扫描电镜。

1）载氧体性质[8]

载氧体的质量组成为 70% Fe_2O_3 和 30% Fe_3O_4，采用机械混合法制备，载氧体在 1 373 K 煅烧 3 h，颗粒破碎直径为 300～450 μm，载氧体颗粒堆积密度为 1.78 g/cm^3，最小流化速度为 0.29 m/s，实际流化速度为 0.58 m/s。

2）实验流程

采用神华烟煤作为燃料试样，粒径为 300～450 μm。煤的工业分析和元素分析

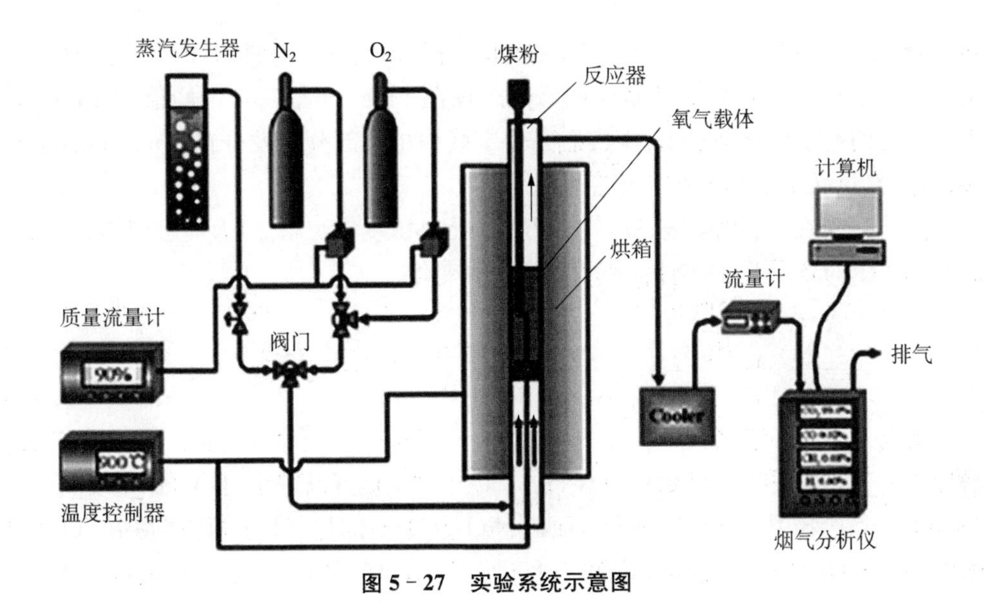

图 5-27　实验系统示意图

见表 5-3。化学链燃烧反应条件：神华烟煤为 1.5 g，Fe_2O_3 载氧体为 103.0 g，水蒸气流量为 4.0 g/min，反应时间为 30 min，反应温度为 800℃、850℃、900℃、950℃。

3）实验结果

（1）温度对产物的影响　图 5-28 为神华烟煤水蒸气气化产物干基体积流量随时间的变化关系。实验条件：神华烟煤为 1.5 g，气化介质水蒸气流量为 2.0 g/min，温度为 900℃，反应时间为 30 min。由图 5-28 中插图可知，H_2 的体积生成量占总气

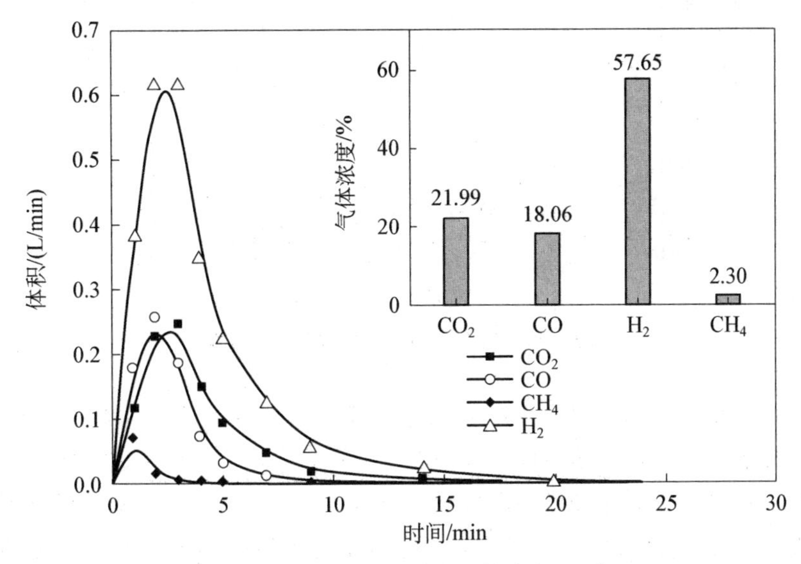

图 5-28　煤气化产物成分干基浓度(900℃)

态产物(干基)的57.65%,CO_2、CO与CH_4分别占气态产物的21.99%、18.06%以及2.30%;H_2、CO、CO_2生成率的峰值出现在2~4 min,CH_4的峰值为1 min;煤中挥发分的主要成分是CH_4,本实验条件下煤中绝大部分挥发分在3 min内释放完毕,水煤气化反应在14 min内已基本完成。

图5-29给出了化学链燃烧气态产物的干基浓度P_i(P_{icum})为气态产物成分$i=CO_2$、CO、CH_4、H_2的累计体积量随温度的变化。

$$\overline{P_i}=\frac{P_{icum}}{\sum P_{icum}}(i=CO_2、CO、CH_4、H_2) \tag{5-17}$$

由图5-29可见,在800~950℃时CO_2干基浓度逐渐增大,且在800~850℃的增加值大于850~950℃的增加值;CH_4、CO干基浓度逐渐减小,且CH_4浓度明显大于CO;气态产物中没有检测到H_2,而以NiO为载氧体时所得的气体产物中CO干基浓度大于CH_4浓度。反应温度低于800℃时,出口气体中CO_2干基浓度为89%,CH_4与CO的浓度和接近11%。气态产物中CO_2浓度过低导致了捕捉和分离能耗的增加,从而化学链燃烧将失去其应用的价值。因此,反应温度低于800℃时,Fe_2O_3载氧体已不能适合煤化学链燃烧。

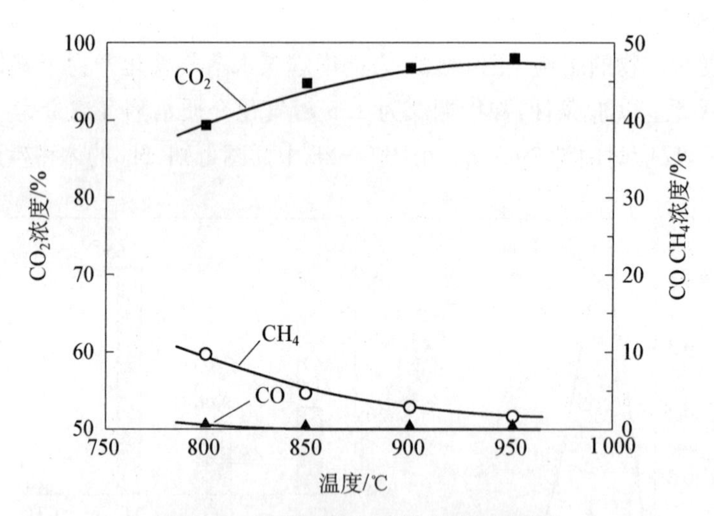

图5-29 气态产物干基浓度随温度变化

由于Fe_2O_3可能的还原形态较多,主要有Fe_3O_4、FeO、Fe。XRD分析结果为确定Fe_2O_3载氧体在煤化学链燃烧过程中的还原形态提供了重要依据。图5-30为对不同温度下Fe_2O_3载氧体经过还原反应30 min后样品的XRD分析结果,由此可知,反应后载氧体的主要成分为Fe_3O_4与Fe_2O_3,而没有FeO与Fe。Fe_3O_4与Fe_2O_3衍射主峰强度的比值定义为 I_e。

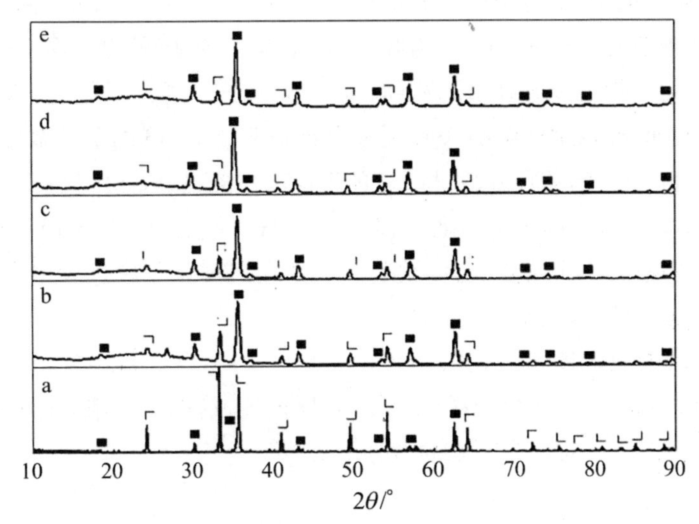

图 5－30　不同温度下还原态 Fe_2O_3 载氧体的 XRD 谱图

将图 5－30 进行定性分析可得 I_e 随温度的变化关系，见图 5－31。图中数值只是代表 Fe_3O_4 与 Fe_2O_3 在试样中含量比值的相对大小，并不反映待测样品中 Fe_3O_4 与 Fe_2O_3 真实质量含量的比值。根据 Fe_3O_4 与 Fe_2O_3 衍射主峰强度的比值 I_e 可确定载氧体中 Fe_2O_3 被还原为 Fe_3O_4 的程度。根据 XRD 的定性分析，可以很明显地看出 I_e 随温度的升高而增加，说明在固态产物中 Fe_3O_4 含量逐渐增加。因此，载氧体被还原为 Fe_3O_4 的转化率也随之升高，即有更多的 Fe_2O_3 失去晶格氧而转化为 Fe_3O_4，与此同时更多的煤气化产物被氧化为 CO_2 和 H_2O。

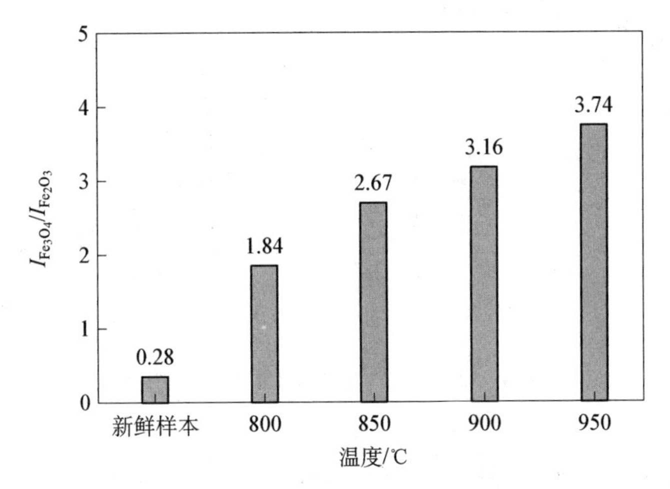

图 5－31　I_e 随温度的变化关系

水煤气化主要反应的热平衡常数和反应速率均随温度升高而增加，气化产物 H_2、CO、CH_4 生成量迅速增加。与此同时，Fe_2O_3 与气化产物的反应速率也增加，含碳气化产物被快速转化为 CO_2。因此，CO_2 干基浓度逐渐增加，而 CO、CH_4 逐渐递减。水煤气化产物主要成分摩尔数(m)间的比例关系为 $m(H_2) \approx 3.2m(CO) \approx 25.1m(CH_4)$，而反应温度为 900℃时反应器出口 CH_4、CO 的干基浓度比例关系为 $m(CH_4) \approx 8.2m(CO)$，即 Fe_2O_3 与 H_2 的反应活性最强，Fe_2O_3 与 CH_4 的反应活性弱于 H_2 和 CO，Fe_2O_3 对气化产物(CH_4、CO、H_2)的反应性是构成 CH_4 浓度明显大于 CO 的主要原因。研究者认为，铁基氧化物在煤气化反应过程中催化甲烷化反应也可能是导致 CH_4 浓度高于 CO 的一个原因[8]。

(2) 气态产物的生成率　图 5-32(a)、(b)、(c)为反应温度为 800～950℃时反应器出口气体产物(CH_4、CO、CO_2、H_2)的累积生成率 $x_i(t)$ 随时间的变化关系。图 5-32(d)为 $x_{CO_2}(t)$ 对反应时间的微分函数。

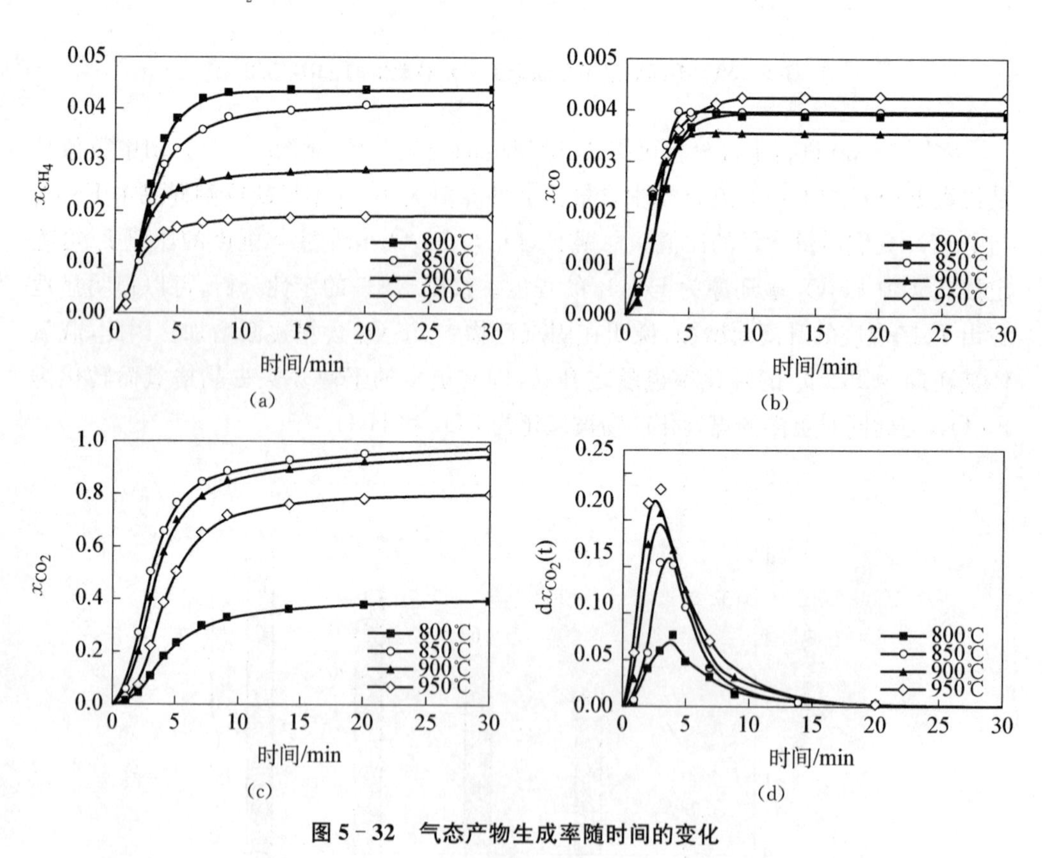

图 5-32　气态产物生成率随时间的变化

反应温度为 950℃时，气体产物 CO_2 的最大生成速率出现在 3 min 处，但反应温度为 800℃时，CO_2 的最大生成速率推迟到 4 min，且 $dx_{CO_2}(t)$的峰值随反应温度的升高而增加。比较图 5－32(a)与(b)可知，$x_{CH_4}(t)$高于 $x_{CO}(t)$一个数量级，且$x_{CO}(t)$随温度的变化较小。如图 5－32(c)所示，反应温度为 800℃时，CO_2 的累积生成率仅为 0.4，即仅可捕捉煤中碳 40％；反应温度为 850℃时，虽然 CO_2 的干基浓度达到 95％，但 $x_{CO_2}(t)$在平衡时也仅有 0.75，可见，煤中碳转化为 CO_2 的比率仍比较低；当反应温度大于 900℃时，在反应 30 min 后 $x(CO_2)$均大于 0.9，且反应出口气体中 CO_2 干基浓度均高于 95％。

因此，以 Fe_2O_3 为载氧体的煤化学链燃烧具有很高的 CO_2 捕捉效率。

实验测得，H_2 浓度为 0，即绝大部分 H_2 被 Fe_2O_3 氧化。可见，Fe_2O_3 与 H_2 具有很高的反应活性。由于实验采用间歇式加料，煤颗粒与载氧体混合后需要一定时间才能加热到反应温度，伴随着升温过程，煤的挥发分中 CH_4 以及主要气化产物(CO、H_2)在 5 min 内快速析出，与此同时，载氧体与流化介质携带的 CH_4、H_2、CO 反应。在 CO_2 最大生成速率出现之前，载氧体与煤气化产物的反应主要受化学反应控制，随之而后的反应为扩散控制与化学反应控制的综合作用，反应温度越高载氧体产物层的增长速率越快，从而载氧体与煤气化反应从化学反应控制向扩散控制转换的时间越短。通过分析 H_2 浓度为 0 的现象可知，H_2 与载氧体颗粒有着良好的接触。由此可知，其他煤气化产物 CO、CH_4 也应与载氧体颗粒接触良好。因此，煤气化产物与新鲜载氧体的反应主要受化学反应控制，而扩散控制的影响较小，但 Fe_2O_3 对 H_2、CH_4、CO 的选择性反应导致了少量 CH_4、CO 不能被氧化为 CO_2 与 H_2O。

(3) 循环次数对产物成分的影响　在反应器温度为 900℃时，将 Fe_2O_3 载氧体交替暴露于还原性气氛(水煤气化产物)、氧化性气氛(空气)下进行循环特性研究。载氧体还原 30 min，还原反应结束后用高纯氮气冲扫 30 min，载氧体氧化再生 10 min，载氧体循环次数为 20 次。

固态产物的 XRD 分析

图 5－33 为对载氧体在不同循环数下还原/氧化反应得到的样品进行 XRD 分析的结果。反应后载氧体的主要成分为 Fe_3O_4 与 Fe_2O_3。由图 5－33(a)可知，随着循环数的增加，还原态(reduction cycle, RC)载氧体中 Fe_3O_4 与 Fe_2O_3 的衍射主峰强度比 I_e 逐渐升高，即载氧体中 Fe_3O_4 的含量逐渐增加。由图 5－33(b)可知，氧化态(oxidation cycle, OC)载氧体中 Fe_3O_4 与 Fe_2O_3 的衍射主峰强度 I_e 随循环数也逐渐升高，载氧体中 Fe_3O_4 的含量逐渐增加。综上所述，还原态的载氧体被再生为 Fe_2O_3 的程度逐渐减少，从而载氧体的载氧量降低。

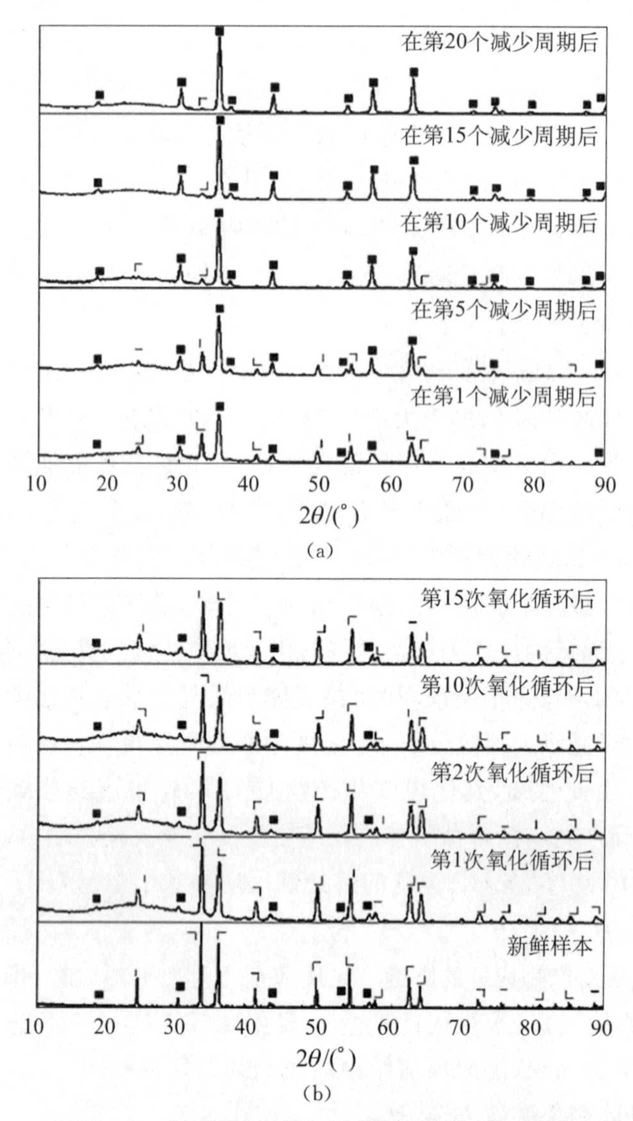

图 5-33 铁基载氧体在不同循环次数的 XRD 谱图

固态产物的 SEM 分析

新鲜载氧体由粒径 1～5 μm 的细微颗粒构成，颗粒表面较为粗糙且有很大的孔隙率和有效反应面积。图 5-34 为循环反应后 Fe_2O_3 载氧体颗粒的 SEM 照片，放大率为 5 000 倍。由图 5-34(a)可知，第一次循环反应还原态的载氧体颗粒表面结构呈较为光滑的细微颗粒状，且有较大孔隙率和有效反应面积，细微颗粒直径为 1～3 μm，与新鲜载氧体相比较，大气孔已基本消失，且较大的细微颗粒变小并出现了球化现象。从图 5-34(b)可见，第一次循环反应氧化态的载氧体表面微粒出现球化现象，并在它们之间有烧结生成，原先相互连通的大气孔反应后被固体颗粒占据，且部分小的细微颗粒消失并黏结在一起，颗粒表面的孔隙率和有效反应面积显著减少。随循环次数的增加，载氧体颗粒表面的孔隙率和有效反应面积逐渐减少，互相连通的气孔逐渐被固体颗粒占据。尤其如图 5－34(c)、(d)所示，第十五、二十次循环反应氧化态载氧体表面的细微颗粒出现了熔融状态，细微颗粒基本连为一体，大气孔完全消失，颗粒表面微观结构发生了巨大变化，导致这种结构变化的原因是载氧体颗粒在循环反应过程的再生阶段体积的膨胀与液相烧结的综合作用。

在载氧体的再生过程中，1 摩尔的 Fe_2O_3(摩尔体积为 46.3 cm^3/mol)可生成 1.5 摩尔 Fe_2O_3(摩尔体积为 31.7 cm^3/mol)，其单位摩尔载氧体的体积增量为 1.25 cm^3/mol，即载氧体颗粒体积在再生阶段发生了膨胀。

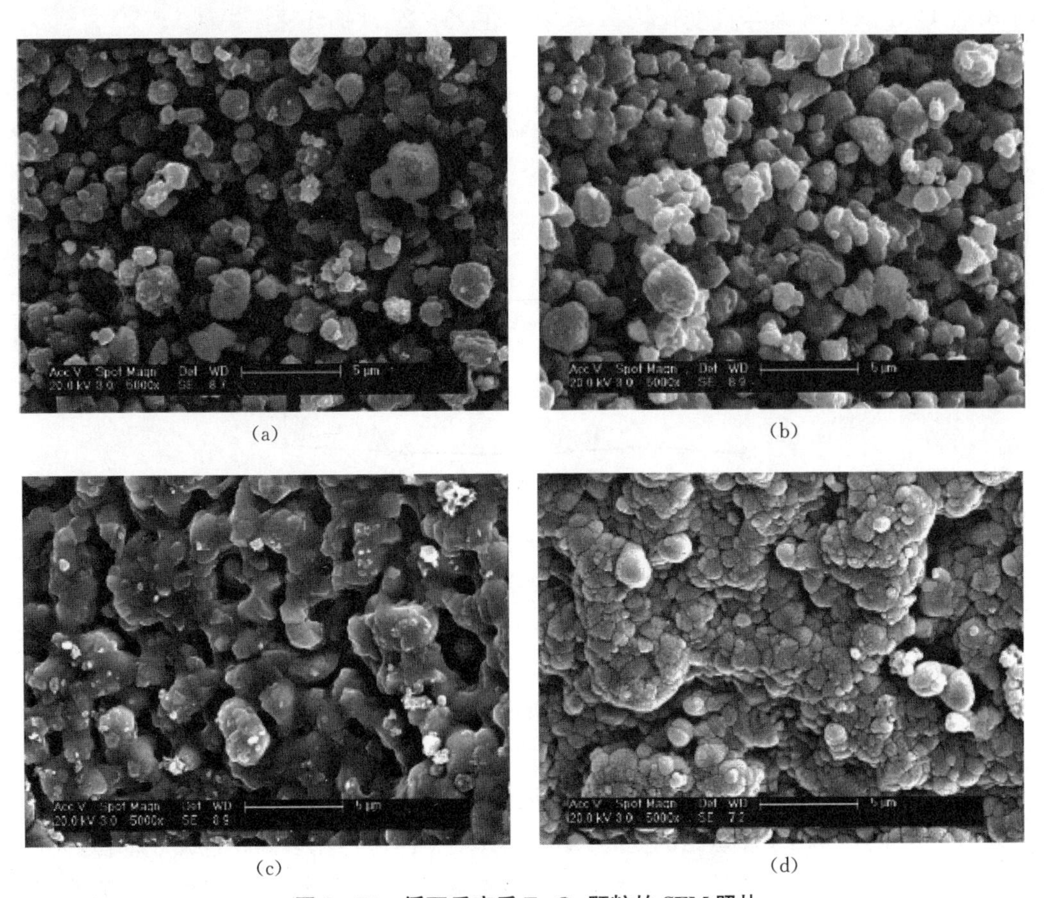

图 5－34　循环反应后 Fe_2O_3 颗粒的 SEM 照片

(a) 第一次循环反应还原态的载氧体　(b) 第一次循环反应氧化态的载氧体　(c) 第十五次循环反应后氧化态载氧体　(d) 第二十次循环反应后氧化态载氧体

实验测得载氧体再生阶段所释放的热量使得反应器的宏观温度在 1.5 min 内由 900℃升高至 1 050℃，快速升温导致了载氧体颗粒表面的软化、熔融，甚至形成了部分液相，从而导致颗粒表面的烧结。

通过分析再生后载氧体的 XRD 谱图可知，氧化态载氧体中 Fe_2O_3 的含量随循环数逐渐增加且均大于新鲜载氧体中的含量，可知表面烧结阻碍了载氧体颗粒的再生，载氧体的还原/氧化反应受扩散控制增强。

(4) 气态产物的分析　图 5-35 为气态产物的干基浓度 Φ_i（$i=CO_2$、CO、CH_4、H_2）随循环次数的变化，根据气态产物中 H_2 含量的变化而分为两个阶段：①1～15 次循环，CO_2 干基浓度略微减小，浓度值均接近 95%，气态产物中没有检测到 H_2，CH_4、CO 干基浓度略微增大，且 CH_4 浓度值大于 CO，载氧体在前 15 次循环内的反应活性基本不变；②15～20 次循环，CO_2 浓度急剧降低至 65%，H_2 浓度迅速升高至 28%，CH_4、CO 干基浓度变化较小，载氧体在 15～20 次循环逐渐失活。

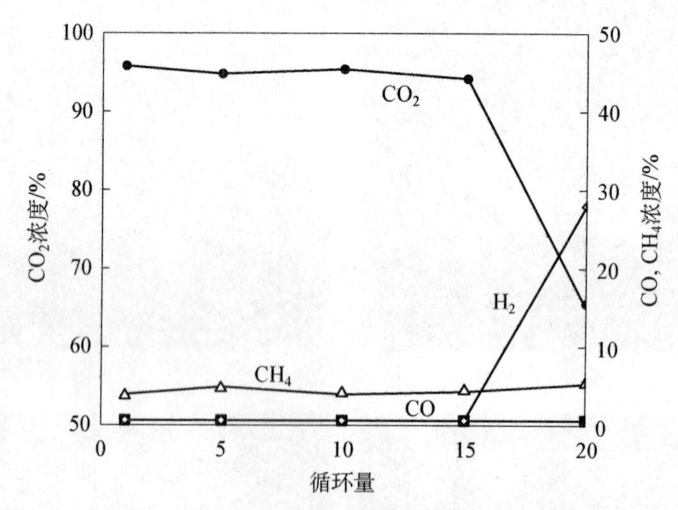

图 5-35　气态产物干基浓度随循环次数的变化

(5) 实验小结[9]。

① 载氧体随循环次数(1～15 次)增加，颗粒整体的空隙率与比表面积减小。1～15 次循环，随着循环次数的增加，再生过程释放的巨大热量导致载氧体颗粒表面逐渐烧结，从而降低颗粒表面孔隙率和有效反应面积。与之相似，NiO 载氧体在多循环 H_2/Air 反应中颗粒表面烧结的同时，颗粒整体的空隙率与比表面积也减小。由此可见载氧体与煤气化产物反应受扩散控制而逐渐增强，导致载氧体与煤气化产物的反应活性随循环次数降低。CO_2、CO、CH_4、H_2 浓度变化微小，即载氧体表面孔隙率与有效反应面积减少所导致扩散阻力的增强不是控制反应的主要机理，载氧体与煤

气化产物反应在 1～15 次循环主要受化学反应控制。因此，载氧体颗粒能保持良好的反应活性应该有一个极限空隙率 γ_{min} 和极限有效反应面积 A_{min}，而在 1～15 次循环，颗粒空隙率和有效反应面积分别大于 γ_{min} 和 A_{min}。

一些研究者认为，载氧体 N 6AN 1306 在与甲烷/空气经过 5 次循环反应以后，其比表面积、内孔容积有一定幅度的减小，但平均孔径有所增加，载氧体仍然表现为多孔结构，由此导致载氧体反应活性较为稳定。这一结论与上述关于“极限空隙率和极限有效反应面积”的描述是相符的。

② 载氧体循环 15～20 次，载氧体颗粒的扩散阻力急剧增加。15～20 次循环，载氧体再生过程中发生的累积烧结导致颗粒空隙率和有效反应面积分别低于 γ_{min} 和 A_{min}，载氧体颗粒的扩散阻力急剧增加。载氧体与煤气化反应由化学控制转换为扩散控制。煤气化产物与载氧体的接触反应时间延长，载氧体不能氧化所有煤气化产物；与之同理，在载氧体再生过程中，当反应时间为固定值时，Fe_3O_4 便不能完全再生为 Fe_2O_3，随循环次数的增加，载氧体被再生为 Fe_2O_3 的程度逐渐减少。铁基载氧体再生过程的严重烧结是导致其反应活性衰减的重要原因，而反应活性的衰减又是决定其使用寿命的重要因素。

③ 减少铁基载氧体再生过程的热量释放密度或从制备工艺上提高铁基载氧体的抗烧结特性是下一步研究的重点。

总之，化学链燃烧技术基于化学能梯级利用，具有更高的能源利用效率，可实现回收 CO_2 和氮氧化物零排放，具有良好的产业化应用前景。然而，该技术的产业化应用尤其是制备与合成高效、经济、环境友好的载氧体亟待解决，反应器中物料流动、传热、化学反应、污染物排放、煤灰与载氧体的分离以及磨损等问题仍需深入研究。

参 考 文 献

[1] 卢玲玲，王树众，姜峰，等. 化学链燃烧技术的研究现状及进展[J]. 现代化工，2007，8：17－22.
[2] 金红光，王宝群. 化学能梯级利用机理探讨[J]. 工程热物理学报，2004，25(2)：181－184.
[3] 李振山，韩海锦，蔡宁生. 化学链燃烧的研究现状及进展[J]. 动力工程，2006，26(4)：538－543.
[4] 段慧维，张建民，陈磊，等. 化学链燃烧技术的研究现状[J]. 山西能源与节能，2007，1：31－32，34.
[5] 高正平，沈来宏，肖军. 基于 NiO 载氧体的煤化学链燃烧实验[J]. 化工学报，2008，59(5)：1242－1250.
[6] 王保文，赵海波，郑瑛，等. 煤化学链燃烧技术的研究进展[J]. 动力工程学报，2011，31(7)：

544 - 550.

[7] 王逊,张世铮,蔡睿贤.采用化学链燃烧的燃料电池联合循环及其性能分析[J].工程热物理学报,1999,20(3):274 - 277.

[8] 高正平,沈来红,肖军,等.煤化学链燃烧 Fe_2O_3 载氧体的反应性研究[J].燃料化学学报,2009,37(5):513 - 520.

[9] Zhao H B, Liu L M, Wang B W, et al. Sol-Gel-Derived NiO/$NiAl_2O_4$ oxygen carriers For chemical-looping combustion by coal char [J]. Energy Fuels, 2008,22(2):898 - 905.

第 6 章　燃煤发电节能技术

绿色燃煤电厂的构想总是通过理念创新，从多角度提高火电厂设备能源转换效率，包括提高循环工质的参数等级、应用先进技术、改造或更新老电厂设备、系统结构优化及加强能源管理，还涉及发电设备产业链供给侧结构性改革，以达到高效、节能的目的。

6.1　概述

为了应对全球能源匮乏的现状与地球环境升温的变化趋势，“巴黎气候协议”给出了严格的低碳、节能减排要求，推动着清洁煤发电技术不断进步。

6.1.1　国内外电站装备的节能情况

虽然我国在电力技术与装备上取得较大的节能效益，但是从表 6－1、表 6－2、表 6－3、表 6－4 中列举的一些技术数据来看，与世界先进的水平还有相当距离，必须继续努力，迎头赶上[1]。

表 6－1　300 MW 亚临界机组能耗状况与节能潜力

名称	350 MW 机组（西门子）	引进机组		备注
		最佳水平	一般	
理想热耗率/(kJ/(kW·h))	7 850	7 850	7 850	
本体性能差/(kJ/(kW·h))	50	200	200	煤耗高约 5.5 g/(kW·h)
系统缺陷与正常热损/(kJ/(kW·h))	40	40	40	
实际热耗率/(kJ/(kW·h))	8 099	8 257	8 257	
锅炉效率(烟煤)/%	94.2	94	93	影响煤耗约 3.3 g/(kW·h)
发电煤耗/(g/(kW·h))	297.8	304.3	307.7	
厂用电率%	3.7	4.1	5.1	影响煤耗约 3.3 g/(kW·h)
供电煤耗/(g/(kW·h))	309.3	317.3	324.1	

表 6-2　600 MW 以上超临界机组能耗状况与节能潜力

名称	600 MW		1 000 MW		备注
	最佳水平	一般	最佳水平	一般	
理想热耗率/(kJ/(kW·h))	7 550	7 550	7 350	7 350	
本体性能差/(kJ/(kW·h))	0	150	0	150	煤耗高约 5.5 g/(kW·h)
系统缺陷与正常热损/(kJ/(kW·h))	30	30	20	20	
实际热耗率/(kJ/(kW·h))	7 733	7 883	7 523	7 673	
锅炉效率(烟煤)/%	94.5	94	94.5	94	影响煤耗约 1.5 g/(kW·h)
发电煤耗/(g/(kW·h))	283.5	290.5	275.8	282.7	
厂用电率/%	3.8	4.7	3.8	4.3	影响煤耗约 1.5 g/(kW·h)
供电煤耗/(g/(kW·h))	294.7	304.8	286.6	295.5	

表 6-3　主要辅机耗电率状况

单位:%

系统辅机	300 MW		600 MW		备注
	先进水平	一般	先进水平	一般	
脱硫	0.9	1.1	0.85	1	
三大风机	1.2	1.4	1.15	1.35	
磨煤机	0.4	0.4	0.35	0.38	
循环水泵	0.6	0.8	0.6	0.8	开式、闭式的差别
凝结水泵	0.17	0.2	0.17	0.2	
除尘	0.1	0.25	0.1	0.25	
除灰	0.1	0.15	0.1	0.15	
输煤	0.1	0.15	0.08	0.15	
辅机冷却系统	0.1	0.2	0.07	0.15	
前置泵	0.1	0.1	0.1	0.1	
中等容量辅机	0.15	0.2	0.08	0.12	20～200 kW 范围内的设备
各种小容量辅机	0.05	0.05	0.03	0.05	10 kW 以下的辅机
合计	3.97	5.05	3.68	4.7	

表6-4　节能潜力与机组的关联因素

技术方向	节能潜力
汽轮机通道改造	5 g/(kW·h),技术难度较大
低压(低低温)省煤器	1.5~3 g/(kW·h),受煤种及超低排放技术方案限制
冷却水塔提效改造	1 g/(kW·h),主要对闭式循环机组,填料老化、破损严重
风机及烟道系统	0.3~0.8 g/(kW·h)(约0.1~0.25厂用电率),与风机运行及烟道阻力有关
调门优化或凝结水参与一次调频	0.5~2 g/(kW·h),与汽机调门运行方式、凝结水参加一次调温情况有关
供热改造	-15 g/(kW·h),与有无热源、热用户负荷大小及参数有关
燃用燃尽性好、硫分低煤种	3~6 g/(kW·h),与煤种有关
合计	至少7 g/(kW·h)

(1) 热耗水平　目前汽轮机通流部分经过改造后的300 MW亚临界机组热耗率水平仍高于理想水平约100 kJ/(kW·h),但低于未经改造的引进型机组约100 kJ/(kW·h),影响煤耗约3.7 g/(kW·h)。

(2) 节能措施　我国常规电站的发展经历了引进先进技术装备、消化吸收到自主研发的过程,增效节能措施大致可分为以下几个方面:①提升机组蒸汽参数;②适应多种燃料,提高锅炉效能;③烟气净化系统的优化及节能降耗;④改善汽轮机性能,热力循环系统扩容增效;⑤变频节能,降低厂用电;⑥提升电网等级,降低线损;⑦提高电站智能化控制水平,稳定维持机组最佳运行工况;⑧加强运营维护管理,节水、节油、减少机组启停,提高设备安全可靠性等。

在燃煤发电技术的发展中,我国许多工程建设者以"绿色、环保"为目标,秉承"节能就是环保"的设计理念,瞄准世界最先进的火力发电技术,提出研发和实施的创新课题。这一席卷电力行业的实践确保电力的可持续发展,为我国绿色能源的发展翻开了崭新的一页。

6.1.2　设计理念创新

以烟气超低排放、控制CO_2排放为基本出发点,开展节能技术创新,挑战传统的燃煤发电方式,实践全新的洁净煤发电技术理念已经成为时代的需要,形成动力发电装备领域"百花齐放"的局面。

1) 富氧燃烧

常规燃煤电厂的节能减排能不能可持续发展?实践告诉我们:富氧燃烧是一项高效节能的燃烧技术,在玻璃业、冶金及热能工程领域均有应用。经济性空分富氧替代空气的富氧燃烧技术越来越受到人们的重视[2]。

2）能电转换

煤电节能的新思维是研发多品种的新装备，除了常规燃煤火电的技术改造、系统优化外，还积极探索和示范洁净煤发电技术，如煤气化、超超临界蒸汽机组、超临界蒸汽 CFB 机组、新型的 IGCC 和增压富氧燃烧整体化发电等[3]。

燃煤机组节能改造的目标就是环保、安全与高效。

由能耗公式可知，
$$b = \frac{HR}{29.308 \cdot \eta_b \cdot \eta_p \cdot (1-\delta_p)} \tag{6-1}$$

式中，b 为发(供)电煤耗；HR 为汽轮机热耗率；η_b 为锅炉效率；η_p 为管道效率；δ_p 为厂用电率。

影响热机能耗的主要因素有汽轮机侧(热耗率)、锅炉侧(排烟温度、飞灰含碳量)和辅机(耗电率)等。

综合能耗升级改造项目涉及的内容有汽轮机本体通流改造，汽封改造，揭缸提效，机组的供热改造(纯冷凝改供热机组、高背压循环水供热改造、热网循环泵的汽动改造等)，热力系统的优化及改造，冷却水塔改造，汽轮机调门优化运行(包括凝结水参与一次调频)，低压省煤器、热网节能改造，冷端系统整体节能优化运行及改造，机组整体节能优化运行及改造，机组性能监测系统及测点规范，广义回热系统、0 号高压加热器(弹性回热)、外置蒸汽冷却器、变频电源、超(超)临界(二次再热)改造等[3]。

6.1.3 系统一体化

上海外三电厂就是一直坚持走有中国特色节能之路的典范[4]，其经验值得借鉴。

1）节能型低成本环保之路

2008 年，该厂投产后在年平均负荷率 75%的情况下，创造了平均运行供电煤耗 287.44 g/(kW·h)的世界纪录，年平均供电煤耗仅为我国火电厂平均煤耗的 82%，相当于电厂 18%的发电量是“零能耗”和“零排放”。经过 3 年的优化，该厂开发了多项节能技术，煤耗在原有基础上又下降了 11 g/(kW·h)。机组投运 4 年，累计节省标煤 200 多万吨。

2）节能减排

(1) 回收烟气余热　烟气热能回收装置布置于增压风机与脱硫塔之间，不但能回收锅炉的排烟热能，还能回收引风机与增压风机做功导致的烟气温升(5～10℃)，显著提升了项目的边际效益。技术关键是防止热能回收装置烟气侧的低温腐蚀及积灰堵塞。

(2) 污染物减排应用技术　电厂在烟气污染物减排中应用了多种技术，如能耗脱硫技术、电除尘系统优化技术、低氧燃烧及低 NO_x 排放技术、节能型全天候脱硝技术、低排放高水分劣质煤掺烧技术、脱硫扩容增效技术、全新回热式 GGH(烟气-烟气-加热器)“石膏雨”防治技术、中温省煤器(低低温电除尘)技术和除雾器优化改造等。

(3) 采用变频降技术低厂用电等。

6.1.4　研发绿色燃煤技术

多年来,我国积极推动经济发展向绿色转型,计划到 2020 年碳排放强度比 2005 年下降 40%～45%;在“十二五”规划中,明确了未来五年碳排放强度下降 16%～17%的减排目标。火电厂推行的绿色燃煤技术将是降低碳排放量的主力。

1) 绿色能源

中共十八届五中全会提出绿色发展理念,首次把“绿色发展”提到“五大发展理念”的高度,即切实贯彻创新、协调、绿色、开放、共享的发展理念。在联合国系列峰会期间,习近平主席提出打造全球命运共同体,要构筑尊崇自然、绿色发展的生态体系,倡导绿色发展之路。中国正在引领世界加速向绿色、低碳发展转型。目前,CCS 的高能耗是阻碍绿色煤电商业化应用的主要技术挑战[5]。

2) 35 MW 富氧燃烧煤粉锅炉研发

为了使燃煤机组实现低碳排放、降低能耗,东方锅炉公司研发 35 MW 富氧燃烧煤粉锅炉。该设计为国家科技支撑计划项目《35 MW 富氧燃烧碳捕获关键技术、装备研发及工程示范》中的子课题——富氧燃烧关键技术与装备研发及示范。锅炉采用富氧燃烧方式,同时兼顾常规空气燃烧方式[6]。

与常规空气燃烧系统相比,富氧燃烧系统需要增加空气分离设备、烟气冷凝器以及二氧化碳压缩纯化设备等。在氧浓度为 24%～27%时,富氧工况传热系数与空气工况接近;CO_2 达到 80%甚至更高的浓度;经过简易的压缩纯化过程液化 CO_2 浓度即可达到 95%以上,可满足大规模管道输送和存储的需要。

示范项目于 2015 年 7 月 26 日首次成功实现富氧燃烧,于 2015 年 9 月 16 日完成全部试验研究工作。热力工况见表 6-5,由表可见两者不同的燃烧方式产生不同的热能转换效率,锅炉出力最大为 42 t/h,达到设计要求。

表 6-5　35 MW 机组锅炉富氧/空气燃烧的测试结果

名称	符号	单位	T-01	T-02	T-03	T-04	T-05	T-06
条件			空气	空气	干循环	干循环	湿循环	湿循环
汽水参数								
蒸汽流量	*Dgr*	t/h	32.74	32.81	34.80	32.89	32.31	31.32

（续表）

名称	符号	单位	T-01	T-02	T-03	T-04	T-05	T-06
蒸汽温度	tgr	℃	426.46	430.44	425.79	437.94	446.70	447.67
蒸汽压力	pgr	MPa	3.19	3.24	3.33	3.25	3.43	3.32
给水流量	Dgr	t/h	32.49	32.21	32.73	31.63	32.32	32.26
给水温度	tgs	℃	104.78	104.96	104.09	103.38	103.05	103.71
给水压力	pgs	MPa	6.18	6.17	6.17	6.20	6.14	6.16
燃料特性								
应用基碳	Car	%	60.54				56.46	
应用基氢	Har	%	3.65				3.52	
应用基氧	Oar	%	7.14				7.40	
应用基氮	Nar	%	0.49				0.44	
应用基硫	Sar	%	0.73				0.75	
全水分	Mar	%	5.88				6.02	
应用基灰分	Aar	%	21.57				25.41	
低位发热值	$Qnet$	kJ/kg	23 640.0				22 730	
煤耗	B	kg/h	4 208		4 710	4 520	4 306	4 359
入炉温度	Qr	kJ/kg	23 640.0		23 879.9	23 872.9	23 201.6	23 214.5
基准温度	t_0	℃	25.0					
效率计算								
排烟热损失	q_2	%	5.34	5.18	3.49	3.47	3.56	3.70
未燃物热损	q_4	%	4.61	4.59	5.24	4.00	5.53	3.70
散热损失	q_5	%	1.41	1.41	1.33	1.40	1.43	1.48
灰渣显热损	q_6	%	0.16	0.16	0.15	0.15	0.19	0.19
总热损		%	11.52	11.33	10.20	9.02	10.71	10.44
增益	Δ	%	0.00	0.00	1.00	0.98	2.03	2.09
锅炉效率	η	%	88.48	88.67	90.80	91.95	91.32	91.64

在空气工况下，锅炉效率均在88%以上，达到并超过立项85%的锅炉效率指标；在富氧燃烧干/湿循环工况下，锅炉效率均在90%以上。

6.2 节能减排成果荟萃

这些年，大量电力设备的节能改造使我们积累了丰富的实践经验，提升了电力装备的品位等级。

6.2.1　锅炉侧节能

电站锅炉节能潜力在于优化锅炉设计、系统配置及锅炉运行管理。

1) 提高蒸汽参数

在现有锅炉机组上,将过热蒸汽压力相应提高到24～35 MPa,一次再热蒸汽参数温度由535℃提升到610℃或620℃,取得了运行实绩,为现有火电机组拓开了一种节能的措施,同时,还开展了700℃等级超超临界机组的探索。正在研发的超超临界燃煤机组,蒸汽温度拟提升到700℃,节能减排效果显著,它与600℃超超临界参数相比,发电率可提高至50%,供电煤耗可降低约36 g/(kW·h),CO_2 排放减少13%。

2) 二次再热

2015年前后我国投产了第一座2×660 MW超超临界二次再热机组电厂。锅炉出口蒸汽参数为32.45 MW/605℃/623℃/623℃,与一次再热的超超临界机组(26.25 MPa/600℃/600℃)相比,热耗由7 380 kJ/(kW·h)降至二次再热7 132 kJ/(kW·h),降低发电标煤耗约2.5 g/(kW·h);厂用电率为3.36%(含脱硫脱硝),比2014年国内600 MW级一次再热火电湿冷机组平均水平4.24%低0.88%。燃煤机组整体效率可达42%～44%[7]。它还有国内首台采用炉烟再循环系统调节双再热温度、最小的660 MW机组主厂房(25.049 5×10^4 m^3)和首个二次再热机组汽机基座等特点(见图6-1)。该机组的成功投运标志着我国电力设计、制造、安装和调试水平又迈上了新台阶。

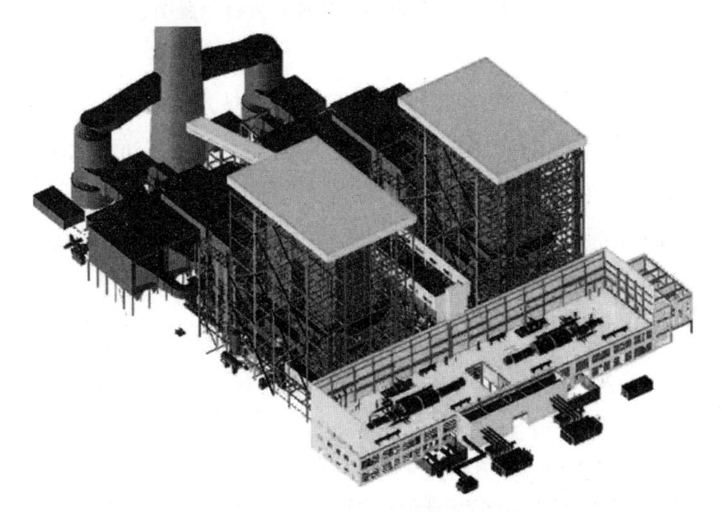

图6-1　660 MW机组主厂房(优化长度为154.2 m)

3）富氧+小油枪点火

重庆恒泰发电公司 2×300 MW 国产亚临界、四角切圆燃烧器的燃煤锅炉原采用传统的#0 轻柴油点火和低负荷投油助燃方式，锅炉设计安装四层点火枪，其中 A 层为等离子点火，AB 层为空气雾化点火油枪，出力 0.8 t/h，BC 和 DE 层为机械雾化油枪，出力 1.5 t/h。

近些年随煤炭市场发生较大的变化，锅炉多燃用劣质烟煤和贫煤的混煤。燃用煤质发生的变化导致等离子点火方式对劣质烟煤、贫煤、无烟煤失效。2009 年，公司将四角燃烧器 A 层等离子点火改造为微油点火，出力 0.3 t/h；2010 年将 BC 和 DE 层机械雾化油枪改为空气雾化油枪，出力 0.8 t/h。由于油价的长期高涨，启动点火和低负荷稳燃的燃料成本成为极大的经济负担，而且在冷炉启动初期由于电除尘不能及时投入而造成了烟尘对环境的污染，再则助燃不足，煤粉燃烬率也较低，所以公司决定采用富氧燃烧点火器[8]（见图 6－2）。

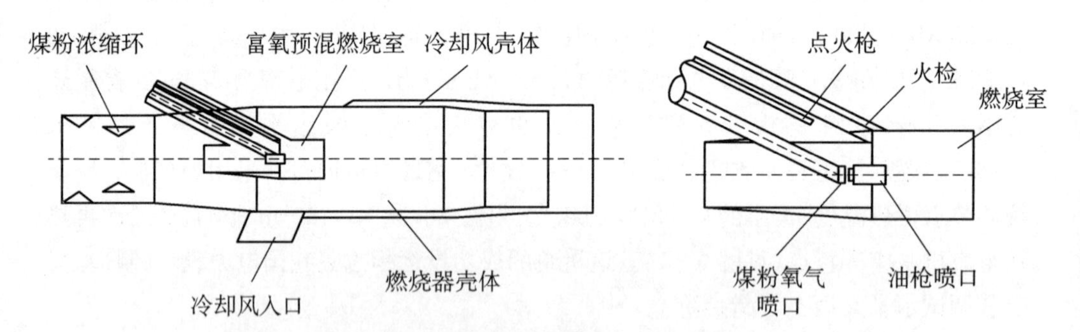

图 6－2　富氧预混燃烧室及点火器示意图

恒泰电厂对 2×300 MW 机组锅炉进行富氧点火技术改造。2015 年 5 月完成#2 炉富氧燃烧改造项目，在锅炉点火、深度调峰、锅炉煤粉稳燃方面取得了明显效果，解决了锅炉点火期间不能投入电除尘器运行导致周边环境污染的问题，解决了点火期间污染脱硫的浆液、脱硝等环保装置的安全问题。

4）超低负荷运行

我国纯凝机组调峰能力一般为额定容量的 50%左右，典型的抽凝式机组在供热期间的调峰能力仅为额定容量的 20%。

（1）案例　重庆富燃科技公司改造角式/旋流/W 型锅炉燃烧器，采用断层/错位富氧燃烧调峰方式[9-10]。富氧深度调峰技术的实践（见表 6－6 与表 6－7）证明了机组具有不停锅炉、超低负荷（20%额定负荷）调峰的特性，可达到机组快速爬坡所需负荷，可减少锅炉启停时间。

表6-6　火电厂机组富氧深度调峰技术应用情况

额定出力	重庆九龙电厂200 MW机组锅炉				重庆恒泰电厂300 MW机组锅炉			
调峰负荷/MW	57	60	63	65	65	72	78	84
稳定运行时间/h	7	10	10	5	6	10	13	9
爬坡速度/(MW/min)	3.0				3.5			
单次冷态启动时间/h	6				6			

表6-7　富氧燃烧点火稳燃节油技术改造前后的对比数据

机组		重庆恒泰电厂300 MW		成都金堂电厂600 MW	
时间段	应用状态	点火	耗油量	状态	耗油量
富氧燃烧	冷态启动 稳燃	大油枪	约50 t 2 t/h/炉	大油枪	约70 t 4 t/h炉
改造前	50 h机组调试 冷态启动		300 t 油:2.65 t;液氧:11 t	62 h调试	270 t 油:4.5 t;液氧:18 t
富氧燃烧	稳燃	富氧燃烧	油:160 kg/h/炉; 液氧:0.5 t/h/炉	富氧燃烧	油:200 kg/h/炉 液氧:0.6 t/h/炉
改造后	50 h机组调试		油:13 t;液氧:50 t	62 h调试	油:17.1 t;液氧:42 t

(2) 实绩　煤种适应性强,节油率高达90%以上,可点燃烟煤、贫煤、无烟煤、煤矸石等不同的煤种;不产生油污,确保环保设备全程安全、高效运行。在锅炉取消烟气旁路后能够确保脱硫、脱硝等环保装置安全投运;安全、可控、零维护,由于减少机组的启停次数,降低了汽轮机转子、锅炉汽包、阀门等重要厚壁部件的寿命损耗,减少维护工作量与维修费用;快速升高机组负荷,为电厂带来优先上网权,破解电网安全和经济调度矛盾带来的困局。

5) 低温省煤器

烟气深度冷却系统的低温省煤器可使厂用电率下降0.15%,汽轮机热耗降低51.2 kJ/(kW·h),供电所需煤量降低约1.89 g/(kW·h)。回收烟气余热对节能、节水效果显著[11]。

(1) 锅炉烟气余热回收利用技术和工程应用[12]。

通常的几种节能措施:①加装低温省煤器回收烟气余热;②回收烟气余热加热锅炉进风(低温省煤器和暖风器组合);③旁路高温省煤器和低温省煤器组合(加热高压与低压给水)。

(2) 几种低温省煤器运行的优缺点。

加热锅炉空气预热器进风,由约 25℃提高到约 50℃,其加热方法有暖风器、烟气再循环。但是锅炉空气预热器进风温度的提高导致锅炉排烟温度上升和厂用电增加;热风再循环会造成锅炉效率的降低,同时再循环热风中所携带的粉尘会造成风机叶片的磨损减薄,带来安全隐患。

凝结水由蒸汽加热转由烟气加热的方法增电节能。烟气余热回收低温省煤器能使凝结水温度提高 20℃左右,节省大量用于加热凝结水的低压抽汽量。

在 SCR 出口布置 SCR 后省煤器(对原省煤器进行扩容),电除尘入口布置烟气余热回收装置和冷风加热系统可以最大限度地利用烟气余热,节约煤耗量,回收成本时间短。

依照满负荷工况测试数据——预热器进口温度 27℃为基准设计,在脱硝反应器下方增设 SCR 后省煤器,将原空气预热器入口温度由 369℃降到 324℃,空气预热器排烟口温度由 140℃降到 125℃;30% BECR 工况下(压力 9.43 MPa,温度 286℃),最终省煤器出口给水欠焓 20℃;50% BECR 工况下(压力 14.5 MPa,温度 285℃),最终省煤器出口给水欠焓 20℃,负荷规定欠焓不小于 15℃。在除尘器入口增加四组低温省煤器将烟气温度继续由 123℃(多数时间及负荷可控制在 115℃)继续降到 90℃。

(3) 对环境温度变化的适应性。

在夏季,该部分余热用于加热凝结水,分别从 8 号低压加热器入口抽取水温为 33.18℃凝结水和从 7 号低压加热器出口抽取水温为 91.99℃凝结水,混合成 65℃后进入低温省煤器,经低温省煤器加热至 95.5℃后回到 6 号低压加热器入口,减少汽轮机的抽气。

冬季或低负荷时,设计利用该部分烟气余热通过管式暖风器,加热空气预热器入口的空气至最高 39℃(加热空气预热器入口一、二次风),将空气预热器出口排烟温度控制在 120℃。在防止空气预热器出口排烟温度过低而发生堵塞的同时,提高机组经济性。

图 6-3 为某项目烟气冷却器出口水温在 101℃到 110℃之间变化时,节省蒸汽做功量的计算结果。烟气冷却器与#6 低压加热器并联,当出口水温等于#6 低压加热器出口的水温,即 107.3℃时,排出的蒸汽做功能力最强。

高、低温省煤器改造后的节能情况如下:高温省煤器增设后,BECR 负荷工况下锅炉排烟温度至少降低 10℃,提高锅炉效率约 0.5%,节约发电煤耗不低于 1.6 g/(kW·h);夏季低温省煤器将排烟温度继续降低 40℃,冬季暖风器利用余热可节约发电煤耗 1.4 g/(kW·h),共计节约发电煤耗 3.0 g/(kW·h)。

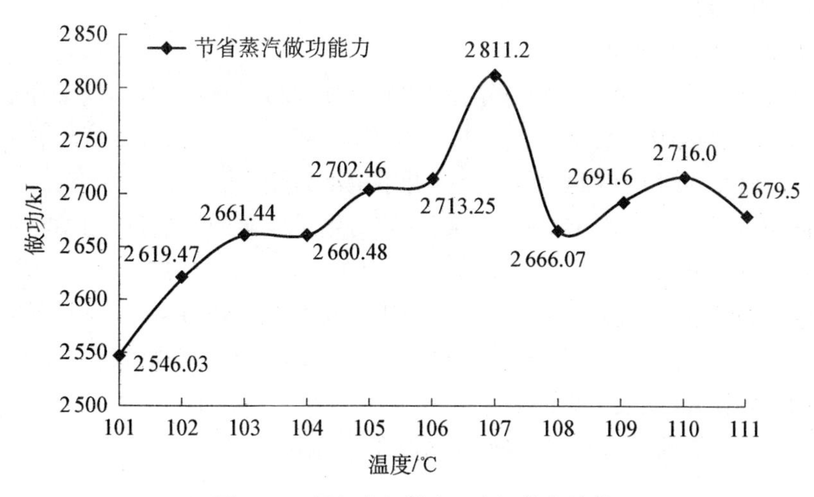

图6-3　烟气冷却器出口水温优化计算

6.2.2　汽轮机侧节能

高参数汽轮机蒸汽通流系统技术含金量高，国内制造商正向高端技术不懈努力。

东方汽轮机有限公司的第三代汽轮机改造包括先进的通流改造技术，成熟的主机结构优化技术，热力系统改造优化技术。所谓成熟的主机结构优化指高中压缸优化提效技术、自带大冠静叶片及隔板设计技术、联轴器采用液压螺栓连接；热力系统改造优化包括增设0号高压加热器、增设外置式蒸汽冷却器、给水泵汽轮机改造、增设低温省煤器、冷端优化五项措施。

6.2.2.1　改善汽轮机通流特性

某电厂在二期3、4号汽轮机组节能环保综合升级改造中，采用东方汽轮机有限公司的最新通流设计方案，对基础叶型的三维成型研究进行了大量分析、计算和试验验证，并实施严格的出厂验收标准，使之成为国产30万机组增容提效改造的标杆机组[13]。

改造前后性能试验显示，汽轮机高、中、低压通流改造后的煤耗降低15 g/(kW·h)。其增容5%的改造方案取得很好的经济效益。改造后汽轮机在额定工况下高压缸效率(三阀全开)为88.61%，高于设计值2.61%；中压缸效率为93.61%，高于设计值1.01%；热耗为7 864 kJ/(kW·h)(排汽压力为4.9 kPa)。

新的通流技术达到国内领先水平，包括整缸完整通流全三元优化技术、进排汽优化技术、边界层抽吸等技术应用到600 MW(如华润常熟#2)机组上，热力试验显示，高压缸效率为90.3%，中压缸效率为93.6%。

6.2.2.2 回热系统

1）增设♯0高压加热器

补汽阀的原设计目的是为了提高汽轮机的过载和调频能力，但其动作后引起轴瓦振动，许多机组停用补汽阀。因此拆除补汽阀，使补汽阀的进汽口作为抽汽口，增加一路抽汽以及一组♯0高压加热器，提升了机组的经济性与安全性[14]。

根据铜山1 000 MW超超临界机组参数变化对煤耗的影响，机组给水温度每提升1℃，机组供电煤耗降低0.08 212 g/(kW·h)。补汽阀系统被改造成♯0高压加热器的实践得到了较好的经济效益。在机组正常运行范围内投入♯0高压加热器，可为机组降低0.567 g/(kW·h)至1.790 g/(kW·h)不等的供电煤耗；在低负荷时，♯0高压加热器的节能效果更为显著。图6-4为♯0高压加热器改造后，给水系统高压加热器管路示意图。表6-8为补汽阀改造前后给水参数。

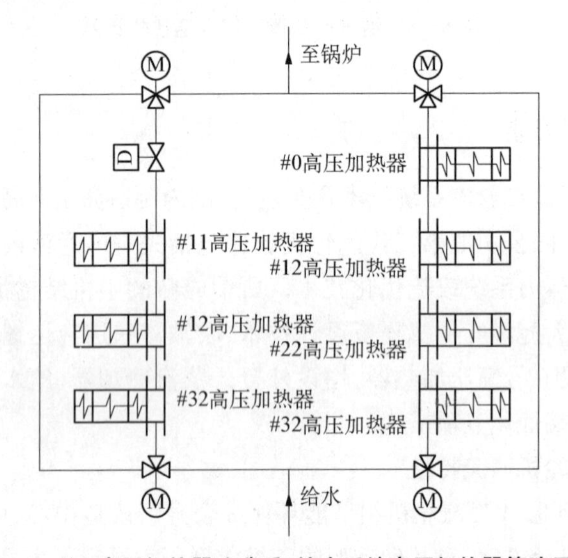

图6-4 ♯0高压加热器改造后，给水系统高压加热器管路示意图

表6-8 补汽阀改造前后给水温度

负荷/MW	改造前给水温度/℃	改造后给水温度/℃	给水温升/℃
1 000	291.5	298.4	6.9
900	285.2	295.8	10.6
800	277.7	292.5	14.8
700	270.1	289.4	19.3
600	261.4	283.0	21.6
500	251.3	273.1	21.8

2）蒸汽加热锅炉侧水＋空气的模式

铜山华润电力公司 2×1 000 MW 超超临界机组进行了节能技术改造，改变了传统的以锅炉给水为回热媒介的经典回热循环，将传统回热的蒸汽加热拓展为以加热锅炉侧水＋空气的模式，给水系统中增加一台＃0 高压加热器，在风烟系统空气预热器出口增加蒸汽-热风换热器，以提高进风温度，降低汽轮机排汽损失[15]。

（1）蒸汽侧　＃0 高压加热器汽源自高压缸第五动叶级处的管道（原系统补汽阀接口）抽出，蒸汽经过＃0 高压加热器压力调节阀至＃0 高压加热器管道进入锅炉侧＃1 换热器系统，与热二次风热交换后，蒸汽回到汽机侧，进入＃0 高压加热器参与加热给水。降负荷时，高压加热器抽汽级压力相应下降，出口给水温度下降，通过＃0 高压加热器调门可控制＃0 高压加热器的入口蒸汽压力基本不变，从而提高给水温度。

（2）送风侧　热二次风换热器及＃50 高压加热器的蒸汽来自原补汽阀管道，经过压力调节阀至＃50 高压加热器抽汽管道进入锅炉二次风换热器系统，与送风热交换后回到＃50 高压加热器参与加热给水（见图 6－5）。

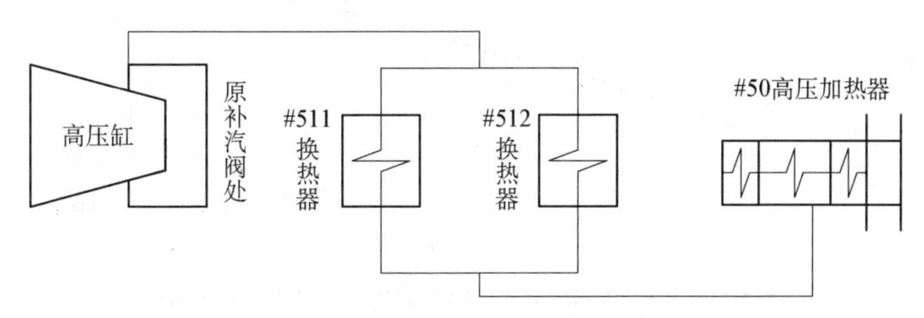

图 6－5　＃50 高压加热器及热二次风换热器汽侧示意图

热二次风换热器位于锅炉送风管路（进大风箱前），送风经热二次风换热器加热后进入大风箱，热二次风换热器加热空气预热器出口的热二次风。

（3）给水侧　机组高压加热器布置方式为双列高压加热器布置。＃50 高压加热器位于 B 列高压加热器，增设于＃512 高压加热器后给水管路上。A 列高压加热器上在＃511 高压加热器后加装给水调门，用于调节两列高压加热器的给水流量分配。两列管道给水混合后进入锅炉。

（4）图 6－6、图 6－7 给出了满意的改造效果，即机组在同样负荷下的给水温度提高了。

（5）改造后的操作要求　其一，需要解决锅炉分配集箱进口端蒸汽温度升高的问题。解决的措施如下：运行中加强分配集箱温度的调整，适当降低过热度运行。在快降负荷及事故处理的过程中，若分配集箱的温度接近保护值，应快速将给水切换至

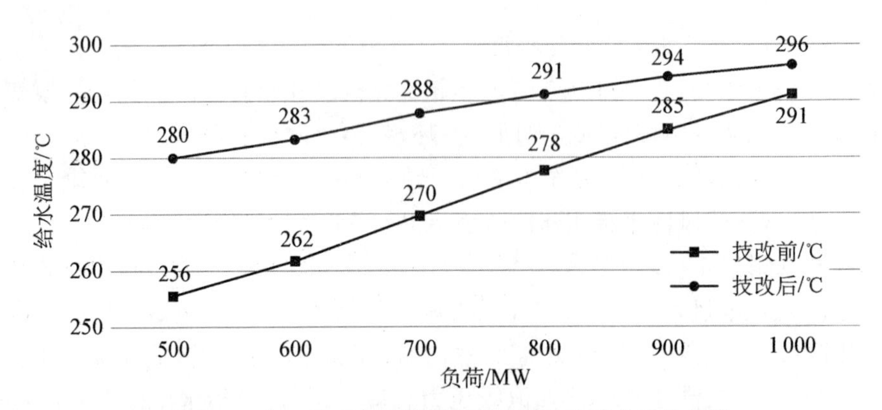

图 6-6　♯50 高压加热器投运前后给水温度的变化曲线

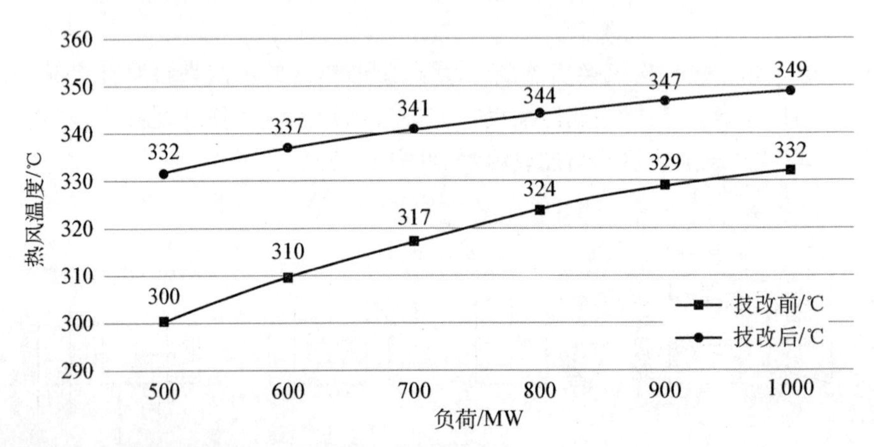

图 6-7　热二次风换热器投运前后热二次风温度变化曲线

手动;磨煤机组运行方式由下层磨运行切换为上层磨运行,随着火焰中心的上移,水冷壁吸热量减少,能够大幅降低分配集箱进口温度。在高压加热器 B 列增加♯50 高压加热器后,♯50 高压加热器蒸汽侧的解列逻辑存在一定安全隐患。其二,防止热冲击。当 B 列高压加热器因故障解列、导致 B 列给水走旁路时,♯50 高压加热器蒸汽侧并没解列,这将对高压加热管产生热冲击,降低高压加热器使用寿命,甚至损坏♯50 高压加热器。解决的措施如下:调整♯50 高压加热器逻辑,♯50 高压加热器供汽侧随同 B 列高压加热器同时解列。其三,低负荷时降低高温省煤器进口过冷度的影响。由于给水温度的提高,省煤器入口过冷度随之降低,高温省煤器存在汽化的风险。由于低负荷时♯50 高压加热器加热量增加,这一现象在低负荷时尤为明显。负荷在 500 MW 时,高温省煤器入口过冷度只有 10℃左右,存在一定的安全隐患。解决的措施如下:低负荷时,逐渐开大♯51 高压加热器出口调门,降低♯50 高压加热器抽汽压力,在任何工况下,维持高温省煤器入口过热度不低于 20℃,保证高温省煤器的安全运行。其四，＃52 列增加一台高压加热器后，对疏水调门的影响如表 6－9 所示。解决的措施如下：负荷降至 500 MW 时，根据疏水调门开度情况，适当降低＃50 高压加热器抽汽压力运行，保持疏水调门有一定的余量；定期对危急疏水调门进行试验，保证其能够可靠开启；由于＃51 列高压加热器抽汽量较技改前减少，因此今后同类型机组设计时，应考虑将＃0 高压加热器疏水切至＃51 列。

表 6－9　不同负荷下各高压加热器疏水调门开度变化表

负荷/MW	600	700	800	900	990
＃511/％	39	44	48	54	57
＃521/％	60	65	67	73	76
＃531/％	56	59	61	67	71
＃512/％	90	89	84	81	78
＃522/％	88	86	86	83	82
＃532/％	80	24	18	18	16

经过系统改造及解决措施的实施，机组节能效果明显，运行稳定，各项经济指标均优于技改前。按照 75％平均负荷计算，增加了一台高压加热器后，进入锅炉的给水温度平均提高 15℃，仅此一项，每台机组供电煤耗下降约 1.23 g/(kW·h)。按照铜山华润全年发电量 120 亿千瓦时计算，改造后每年可节约 1.5 万吨标煤，按照标煤单价 500 元/吨计算，全年节能收益约 750 万元。

6.2.2.3　真空系统

600 MW 机组抽真空系统的高、低背压凝汽器通过双倍压改造，由原来两台真空泵增加为 3 台，补充 3 台入口联络门的控制逻辑(见图 6－8)。表 6－10 为清电公司 9 号机组凝汽器在不同运行工况下的数据。

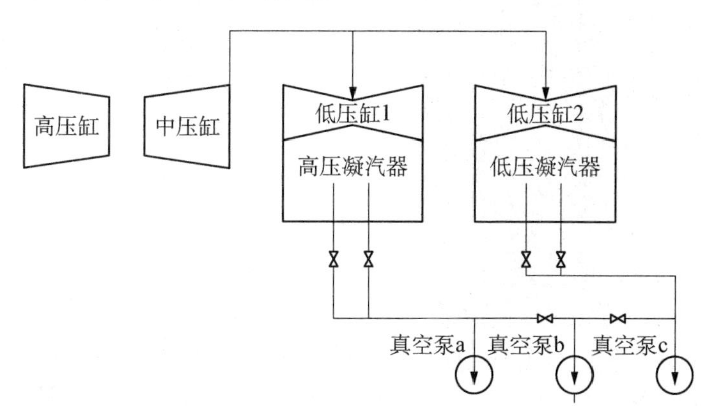

图 6－8　凝汽器系统双倍压改造示意图

先后处理真空系统严密性差、热力系统疏水阀门内漏，消除由于密封性差引起低压缸1与低压缸2排汽室温差大而引发的机组振动问题，真空度由0.20 kPa/min降至0.15 kPa/min，提高机组的经济运行能力，长期试运行表明改造成效显著[16]。

在机组负荷、循环冷却水温度相同的工况下，与修改前比较，真空度共提高2.0～3.0 kPa，供电煤耗共降低6～9 g/(kW·h)。

表6-10　清电公司9号机组凝汽器在不同运行工况下的数据

测定时间	负荷/MW	高压真空/kPa	低压真空/kPa	低凝器A/B入水温/℃	＃1/2低压缸排汽温度/℃	凝汽器运行方式
2014-11-10　17:10	536	93.69	94.08	18.5/18.6	38.6/38.9	联合运行
2014-11-10　17:40	537	93.93	95.51	18.5/18.6	35.3/38.3	双倍压运行
2014-11-4　18:00	578	91.57	92.42	22.1/22.2	44.2/44.6	联合运行
2014-11-4　18:20	579	92.29	94.74	22.1/22.2	43.2/38.9	双倍压运行

6.2.3　辅机节能

电站辅机的耗电在厂用电中占比大，节能潜力不可小觑。

6.2.3.1　磨煤机

目前国内火电企业制粉系统的耗电量已经占到火电企业用电量的15%～25%，是发电企业的耗电大户。

通过量身定制合理的钢球磨煤机钢球初装钢球量和级配，在保证钢球磨煤机出力不降低和细度合格的前提下，使钢球磨煤机电流降低15%～30%，不仅降低了火电厂用电率，又可以大幅度降低钢球磨煤机钢球的损耗，最终达到节能降耗的目的。

磨煤机节能改造采用铬锰钨钛合金铸球，通过加入锰、钨、钛几种合金元素细化金属晶粒，使金属碳化物颗粒更小，分布更均匀，提高了钢球的淬透性，使其具有高耐磨性、低失圆率和破碎率的特点。它的耐磨性是普通高铬铸球的2倍，是普通中铬铸球的3倍。

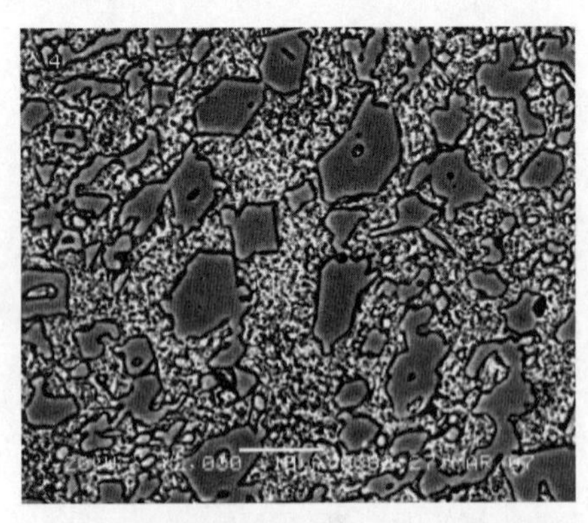

图6-9　铬锰钨钛合金铸球在扫描电镜下的微观组织(2 000X)

铬锰钨钛合金铸球的材质分析如图6-9所示，淬火回火后的组织为马氏体加铬、锰、钨及钛复合碳化物以及少量的残余奥氏体。其中碳化物呈多边形、团球状，约占

65%，基体为回火马氏体，其上有少量残余奥氏体。

华能山西某电厂为两台 600 MW 级超临界间接空冷燃煤机组所配备的 10 台磨煤机由北方重工集团公司生产，属双进双出直吹式低速钢球磨煤机，型号为 MGS4366。

在平均负荷 500 MW 以上且磨煤机内平均压力为 7.0 kPa 左右时，磨煤机改造前后数据如表 6－11 所示。

表 6－11　#1 炉 D 层磨煤机节能改造前后数据对比

名　　称	改造前	改造后
磨煤机平均出力/(t/h)	63.6	62.3
磨煤机平均电流/A	153.6	122.8
煤粉细度 R90%	6～7	6～7
磨煤机内压力(远离大齿轮)/kPa	7.2	7.0
磨煤机内压力(靠近大齿轮)/kPa	7.1	6.9
热一次风门开度(从动端)/%	78.6	82.7
热一次风门开度(主动端)/%	78.4	80.5
磨煤机耗电量占发电量百分比/%	0.27	0.2
最大出力时磨煤单耗/kW·h/t	21.33	17.41

通过表 6－11 可以看出，磨煤机节能改造后比改造前电流降低了 30.8 A，出力基本一致。磨煤机耗电量占发电量百分比由原来的 0.27%降低到 0.2%，降低了约 25.9%。试验最大出力下的磨煤单耗由原来的 21.33 kW·h/t 降低到 17.41 kW·h/t，降低了 3.92 kW·h/t，节能效果非常明显[17]。#1 炉 D 层磨煤机节能改造后运行约 2 500 小时，检查磨煤机衬板磨损情况时发现，磨机衬板正常完整，没有出现衬瓦有裂纹和松动等现象。

6.2.3.2　风机

带基本负荷的机组在变工况运行条件下有较大的节能空间。当前国内风机普遍存在负荷率低，在动叶开度 45%左右运行时，能耗加大的问题；同时风机运行工况点偏离设计高效点，风机效率下降超过 10%(图 6－10 中高效中心圈左侧与其他圈相交的圈区域内)，能耗浪费严重。业内一种观点认为，动叶可调引风机改为变频驱动效果不一定好。对此，某热电厂对双级动叶可调式引风机改为变频驱动后的节能性以及动叶开度固定后的安全稳定性进行分析和实践[18]，变频前后引风机电耗见表 6－12，节能效果明显。

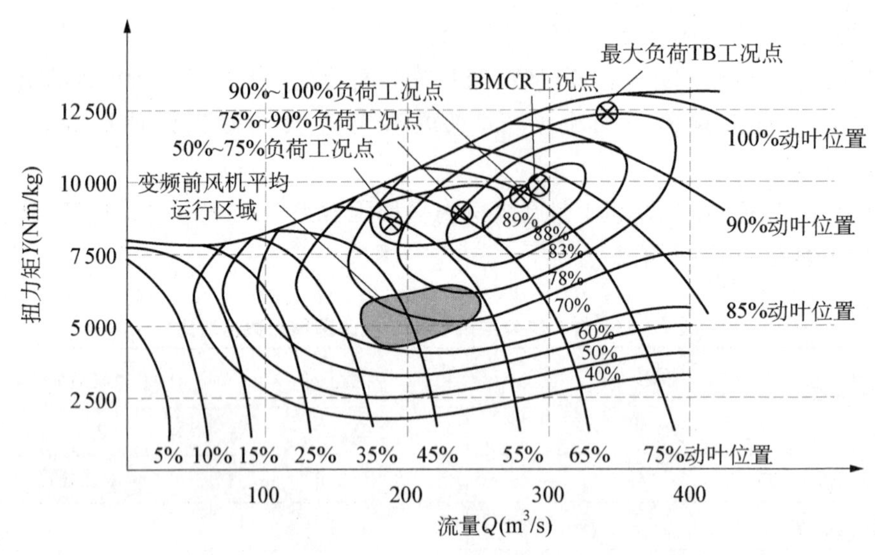

图 6－10 引风机特性曲线

表 6－12 引风机变频前后电耗数据

负荷/MW	变频改造前 风机电流/A	风机电耗/%	变频改造后 风机电流/A	风机电耗/%
175	172	1.03	35	0.47
262	181	1.1	81.5	0.71
350	223	1.19	167	0.89

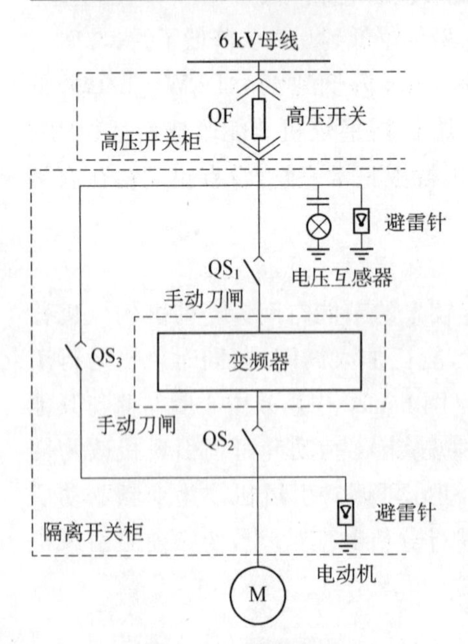

图 6－11 接线方式

在工频状态下，通过改变动叶开度调节流量，使引风机出力处于低扭矩区域，风机效率也处于低效区；变频后（见图 6－11），动叶开度开大，增加扭矩出力，使风机工况点区域扭力矩上升 3 700 Nm/kg，风机效率平均提高了近 10%。

6.2.3.3 泵

1）凝给水泵

超临界 600 MW 汽轮发电机组凝泵配置：两台全容量凝泵，凝泵转速为 1 492 r/min，扬程为 388 m，流量为 1 604 t/h，电动机的额定功率为 2 000 kW、额定电流为 225.5 A，电动机配备两套 6 kV 工作电源。

变频装置自动控制逻辑：采取降低凝泵出

口水压、工作转速等措施，确定凝泵的最佳变频运行方式(见图6-12)，使机组在低负荷运行期间每小时可节电300 kW·h，凝泵的耗电率降至0.20%以下。

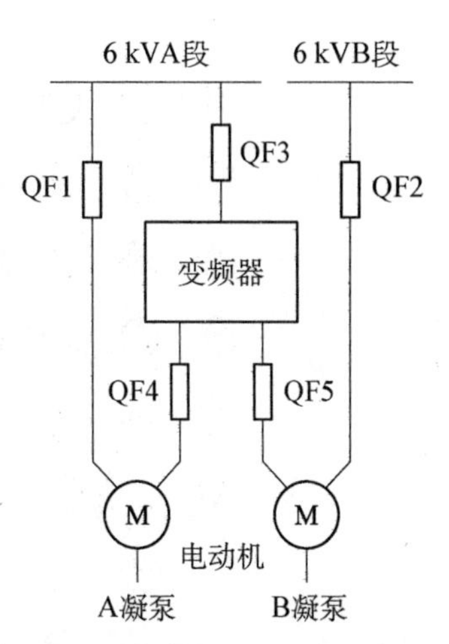

图6-12　凝泵工作电源配置图

原凝泵变频控制在自动状态运行时，出口压力设定为2.2~2.5 MPa，而除氧器水位调节门较多参与调节，其压头损失造成凝泵耗电率达0.33%；出口压力设定为1.8 MPa，自动跟踪正常，化学精处理后水压为1.5 MPa，可以满足凝结水汽泵中密封水的供水压力要求，其最高压力为1.2 MPa。相同工况下低负荷运行时，凝泵电流下降10~15 A，耗电率下降至0.27%，较同期降低0.06%。随后，将凝结水压力低于1.5 MPa的联启备用水泵的定值更改为1.4 MPa，化学精处理后凝结水压力低报警值由1.4 MPa改为1.2 MPa，然后将凝泵出口压力设定值改为1.6 MPa，化学精处理后水压为1.3 MPa，凝结水系统运行正常。机组在低负荷下凝泵电流降低了5~10 A，每小时可节省60 kW·h的厂用电量[19]。通过降速节电，取得一定的节能效果。

2) 循环水泵

辽宁清河发电公司地处北方，年平均气温为6.5℃，最高气温为37.9℃，最低气温为-36.6℃，年平均相对湿度为66%，年平均风速为3.6 m/s。600 MW机组配两台50%容量的斜式轴流循泵，凝泵转速为370 r/min，扬程为26 m，流量为32 400 t/h；循泵装配的电动机额定功率为3 000 kW、电压为6 kV、额定电流为370 A。

在冬季，600 MW机组保持单台循泵运行，每台循泵单独运行时的实际容量为60%左右，由于循环水温低，循泵流量过大，且斜式轴流循环泵系统不允许采取关小出口阀门限制冷却水流量的措施，导致循泵耗电增大。

针对冬季循泵耗电严重的问题，将一台YKSL3000-16(3 000 kW、16 P)循泵电机改造为16/18 P高低双速电动机(见图6-13)，电机在18极运行时，水泵流量为16极运行时的0.89倍，扬程为16极运行时的0.79倍，轴功率为16极运行时的0.7倍，相当于水泵流量减少11%时，电机输出功率可减少30%。据此，随各季节水温的变化选择驱动转速，调节供水量，有效节约电能。

冬季单台循泵运行的实测数据如下：循环水供水温度平均为13℃左右，凝汽器真空度平均为96.55 kPa，凝汽器端温差平均为8.65℃，凝结水过冷度平均为1.21℃，循泵的耗电率平均为0.86%，循泵的年平均耗电率为1.10%。该机组每年可节省厂用电量约4.68×10^6 kW·h，合计金额为187万元[20]。

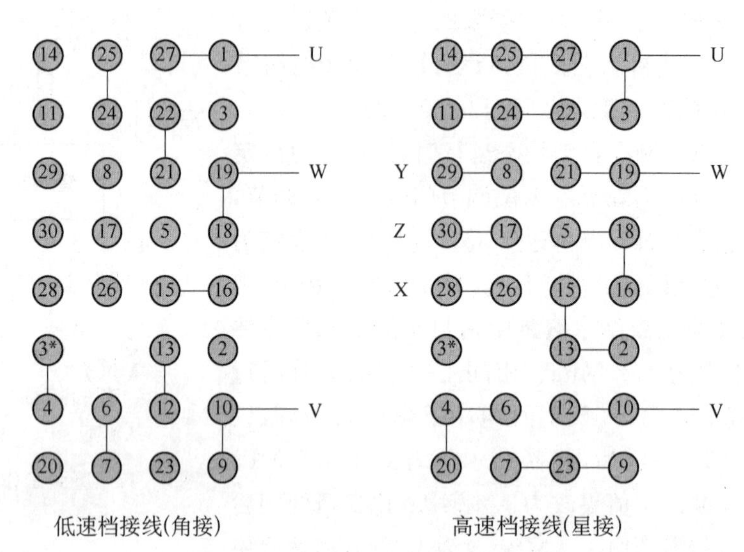

图 6-13　电机定子的角形、星形接法

在改造成高低双速电机(见表 6-13)后,定子绕组以原 16 P 为基本极,星形接法,16 P 时电机各项性能与原来全部一样,原电机"CT"差动保护功能及方式可不变。在 18 P 转速时,定子绕组以角形接法,因绕组仍有较高的分布系数,故其输出功率仍能满足低速时水泵所需功率,且电机的温升、振动、噪声也均能符合国家相关标准的规定值。

表 6-13　循泵电机改造高低双速前后的技术数据

电机性能	改造前	改造后(低速)(高速性能不变)
输出功率	3 000 kW	1 980 kW
额定电压	6 kV	6 kV
额定电流	370 A	280 A
额定频率	50 Hz	50 Hz
极数	16 P	18 P
额定转速	372 r/min	331 r/min
效率	94.5%	94.0%
功率因素	0.83	0.799
启动电流	5.1 倍	5.0 倍

(续表)

电机性能	改造前	改造后(低速)(高速性能不变)
启动力矩	0.87 倍	0.88 倍
最大力矩	2.09 倍	2.10 倍
空载电流	125 A	110 A
发热参数	2 213	1 622
温升	不变	低于改造前
振动	不变	≤2.8 mm/s
噪声	不变	≤85 dB(A)

因为继电保护规程高压电机容量在 2 000 kW 以下可不安装差动保护，所以电机在 18 P 运行时将差动保护退出。

6.2.3.4　阀门

电站阀门的重要性显而易见，仅以高压旁路阀举例说明。

1）设备情况

HG－1970/25.4－PM18 超临界参数变压运行直流锅炉配合东汽的 N630－24.2/566/566、QFSN－630－2－22 发电机组。汽轮机旁路系统阀门由 CCI 进口阀门构成，高压旁路主阀型号为 HBSE280－200，采用气动执行机构。可是，高压旁路主阀内漏严重，多次修复投运后仍旧内漏，仅用堆焊工艺无法修补，机组热耗升高，严重影响机组效益及其运行可靠性，初步折算煤耗约 0.5 g/(kW・h)[21]。

2）高压旁路阀内漏原因

启动过程中，主蒸汽管道开始暖管升温，大量湿蒸汽在阀芯上冲刷是磨损的主要原因。由于蒸汽速度达 100 m/s 以上，且蒸汽夹带部分水珠或异物，阀芯严重磨蚀，开机一次就使阀门密封线冲刷损坏。

在阀门平衡式密封结构上，阀杆和流量套筒之间的压缩石墨密封圈几经动作而损伤，造成间隙超标，影响密封性能。

再则，阀门气动执行机构没有达到必需的比压。根据计算，阀门的关闭力过小，很容易产生泄漏。

3）改进措施

采用上海华尔德电站阀门公司的阀芯保护技术，阀芯上设有专门的保护套(见图 6－14)，避免湿蒸汽或异物直接冲刷阀芯。另外设置一套高压旁路阀控制系统，在气动执行机构上加装液压装置，增加关闭力，防止高压旁路阀泄漏。

图 6-14　高压旁路阀改造前后的结构外貌

6.2.3.5　热解尿素环保节能

尿素作为烟气脱硝还原剂，普遍存在尿素热解电耗高的问题。淮南平圩发电公司二期 2×640 MW 机组脱硝采用选择性催化还原(SCR)烟气脱硝工艺，两台炉共用一个还原剂储存与供应系统，利用锅炉高温烟气加热冷一次风作为尿素热解热源，大大降低尿素热解工艺的能耗，在 HG-1970/25.4-YM7 型锅炉上真正实现节能、环保、安全的目标[22]。

1) *原设计电加热*

原设计尿素用锅炉一次风(280～320℃)电加热高温热解，风量设计值为 7 184～7 876 Nm^3/h，最大值为 8 000 Nm^3/h。电加热器将高温一次风空气加热到 340～650℃，每台炉的电加热器功率约 908 kW。热解炉配置冷风吹扫管路系统，气源为冷一次风，作为热解炉紧急吹扫降温用，但电加热一次风法(见图 6-15)耗电量大。

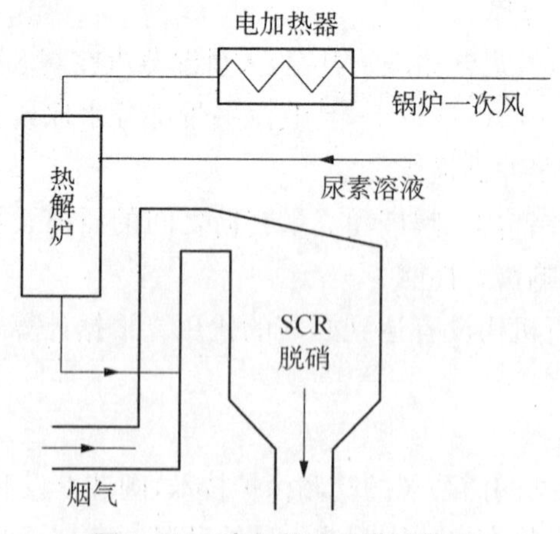

图 6-15　电加热法热解系统图

2）改用 650℃热烟气

加热一次风到 450℃热解尿素。图 6－16 为＃4 机组设备改造后的正常投运系统图。图 6－17 为尿素热解烟气换热系统。

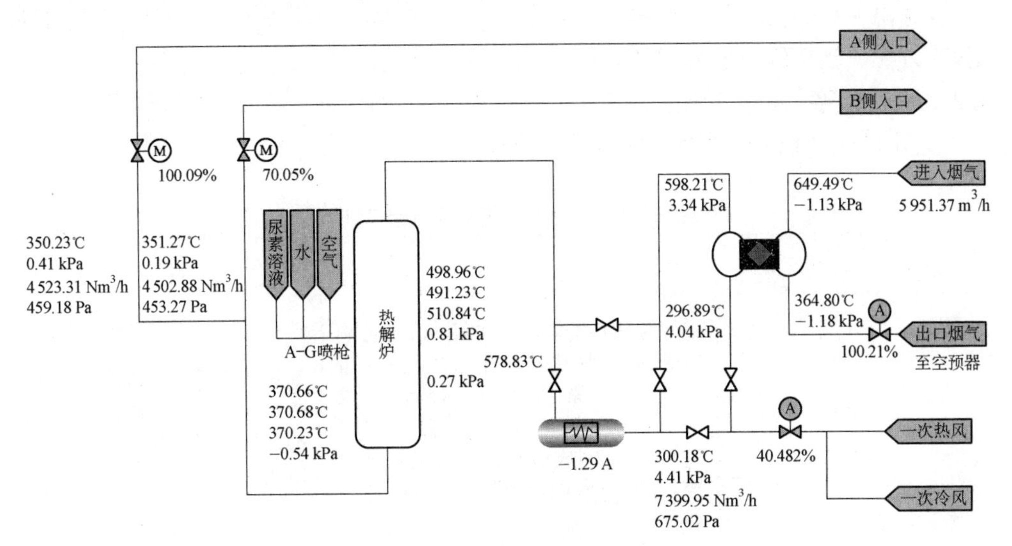

图 6－16　＃4 炉脱硝热解系统 DCS 画面

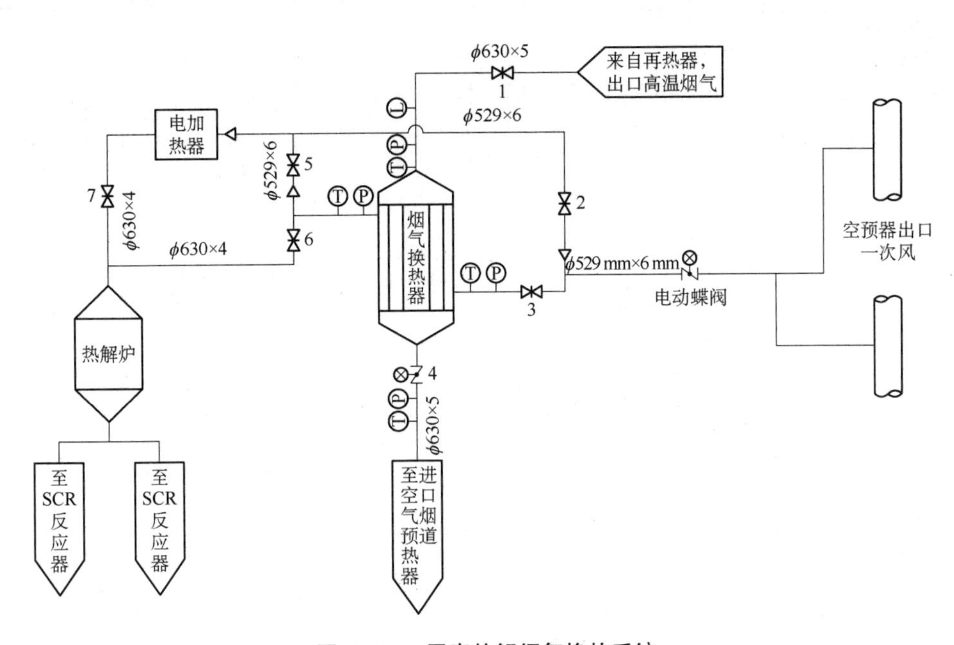

图 6－17　尿素热解烟气换热系统

注：系统共 8 个阀门，6 个手动闸阀，2 个电动蝶阀，4 个热电偶，4 个压力变送器和 1 个流量计。系统的 3 种运行方式：①使用高温烟气换热器；②使用电加热器；③两者同时使用。

3）经济性

锅炉脱硝热解系统改造成本为230万元左右，其费用包括专利使用费、购置设备费和施工费。设备费用中预热器及除尘器50万元，管道及膨胀节、阀门、弯头等50万元，保温材料、外护、耐火捣料30万元，热控设备20万元，专利费30万元，施工费用50万元。当年即可收回投资，并创造20万元效益。

6.2.3.6 案例

孟津发电公司600 MW机组的节能措施和效果见表6-14。

表6-14 600 MV超临界机组节能[23]

节能项目	节能措施	内容	效果
机组各部组件启动节能	锅炉启动冲洗	锅炉冷热态清洗过程中，Fe含量影响较大；高压加热器出水水质Fe含量可以比正常值稍高（控制要求0.05 ppm），小于0.1 ppm后，锅炉可直接上水，完成后直接大流量清洗排放，此时不回收，全部排放清洗效果较好	前置除铁过滤器精处理，回收炉水，缩短了高压加热器循环清洗及锅炉循环冲洗的时间，节水
	无电泵启动	汽泵启动	较电泵启动可减少厂用电量4万度
	风烟系统启动优化	原双侧送引风机同时启动，控制温升速度，且炉管吹灰，导致风烟系统从启动到汽机冲转耗费9 h，若汽机冷态启动，则需要15 h	解决末级过热器氧化皮脱落后，改单送引风机启动，可以减少风机电耗，节约厂用电
	提前投入＃2高压加热器	锅炉点火后投入高低压旁路。来自高压缸排气温度上升，暖投＃2高压加热器，加快了暖机	锅炉给水温度可较以前上升18～25℃，减少温水用量
辅机设备运行方式节能	一次风压特性曲线优化	锅炉配置中速磨直吹制粉系统；运行中常出现一次风压风量偏高，干扰炉内工况	一次风压定值控制（11 kPa）改变为跟随负荷信号控制；300 MW负荷的一次风压力降8.5 kPa，风机电流从128 A降至106 A
	凝泵变频改造及循环水泵高低速改造	目前600 MW机组负荷不到70%；凝结水泵压损较大；改变频驱动，电耗减低；循环水泵夏季双泵运行，其他季节随环境温度改变电机接线，实现低速运行，可降80 A	采用30～50 Hz频率调节凝结水流量，300 MW负荷时凝泵电流由202 A降至140 A，同时凝结水压力由4 MPa降至2.3 MPa；循泵节约煤耗约0.4 g/(kW·h)

（续表）

节能项目	节能措施	内容	效果
	降低高压加热器下端差	＃1 高压加热器下端差为 13℃，＃2 高压加热器下端差为 26℃，远大于设计值 5.6℃，这是因为再疏水冷却段未充分热交换（按高压加热器端差增加 5℃，煤耗率增加 0.219 g/(kW・h)计算）	通过此项措施，可以降低煤耗 1.7 g/(kW・h)
脱污系统优化	电除尘优化	机组配 2 台静电除尘器，两通道五电场，20 台 T/R(整流)装置，小分区供电配置，控制为方式 0（火花跟踪控制），电流极限设定 60%，运行中 T/R 装置一次电流为 260～320 A；维持电场控制方式不变，适当降低电流极限	对二、三、四电场控制进行节能选择，依据脱硫塔入口粉尘浓度变化调整电流极限的运行方式。每年节电 49 661.3 kW・h
	减少除雾器冲洗水泵运行台数	正常运行时，两台吸收塔除雾器累计冲洗时间约 6 h；两组除雾器间加装冲洗母管，利用隔离阀以及连通管，优化冲洗逻辑，除雾器冲洗改由一台冲洗泵运行	增加电厂设备备用系数，节约用电
	优化脱硫浆液循环水泵运行	机组配 4 台浆液循泵，3 运 1 备；现根据入炉煤含硫量及原烟气含硫量变化，采用两台、三台、四台等灵活运行方式，增加合理掺煤降低入炉煤含硫量	烟气含硫浓度降至 1 000 mg/m^3，两台浆泵可满足 SO_2 排放达标效果，有效降低厂用电量

6.2.4　运营维护节能管理

除常规的电厂运营维护管理外，机组受环境气候影响的安全经济性容易被设计疏忽。

6.2.4.1　防冻措施

1）空冷发电机组安全性

冬季，电厂空冷岛的安全很重要。冬季风机反转启动前，在同样工况下机组的背压不稳定，其最高值为 10.5 kPa 左右。冬季风机反转启动后，在同样工况下，当投入 7 台空冷反转风机，机组的背压参数稳定，且能保持 8 kPa 左右。改造后，空冷岛内设置了温度场在线监测系统（见图 6－18）[24]，有效地解决了冬季空冷岛管束冻裂的问题。冬季投入 AGC 风机反转控制，使 AGC 系统避免因管束内结冰以致凝结水及蒸汽无法正常流通，保证机组背压稳定，平均降低了 2 kPa 背压，创造了经济效益，设备维修费约 90 万元,冬季空冷岛管束的防寒防冻物资费用约 25 万元。

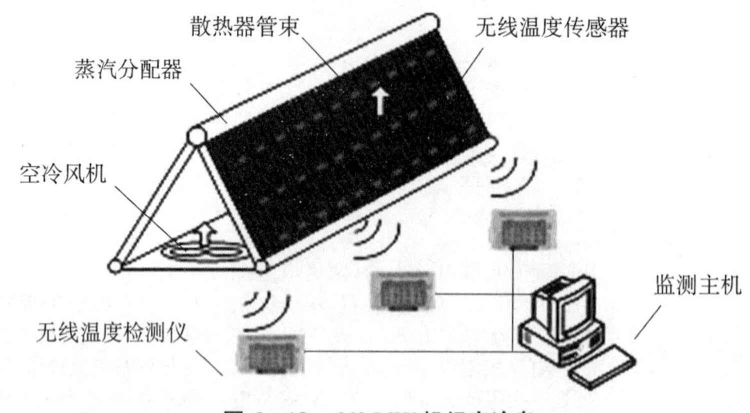

图 6-18　660 MW 机组空冷岛

2) 煤电机组冬运

针对冬夏工况的差异,给予机组不同的应对处理,可获得一定节能效果。

2×600 MW 机组锅炉夏季满负荷运行时排烟温度最高可达 155℃,冬季满负荷不投热风再循环的情况下,排烟温度约为 115℃,而 300 MW 负荷运行时仅约为 95℃。根据 600 MW 负荷下的测试数据可知,预热器进风温度为 27℃时,锅炉空气预热器出口排烟温度为 145℃。以#1 锅炉为例,锅炉年平均排烟温度在额定负荷时为 132.8℃,超过机组设计排烟温度 10.8℃,造成较大的锅炉排烟热损失,见表 6-15。而在冬季,机组低负荷时存在空气预热器冷风温度偏低造成硫酸氢铵腐蚀的风险。

表 6-15　2014 年孟津#1 机组全年排烟温度统计表

单位:℃

负荷/月份	1月	2月	3月	4月	5月	6月	7月	8月	9月	10月	11月	12月	平均
50% THA	97.5	98.5	102.0	112.0	112.0	121.0	118.0	115.5	119.5	116.6	106.6	100.5	109.9
75% THA	105.5	106.0	109.5	119.5	125.5	133.6	125.5	131.0	130.0	125.0	120.5	114.5	120.5
100% THA	117.0	113.5	122.0	128.0	141.0	143.5	148.0	142.5	138.0	135.5	131.5	133.5	132.8

说明:THA 为涡轮机热接收(turbine heat acceptance)。

6.2.4.2　冷凝器机器人

凝汽器在线清洗机器人应用于火力发电厂凝汽器换热管的在线清洗,智能化解决了凝汽器胶球清洗的老问题。其以数字化为核心的控制系统实现了凝汽器在线清洗的智能化管理[25]。

1）结构

水蜘蛛（water spider，WSD）凝汽器在线清洗机器人装置的控制系统主要包含现场、远方两地监控系统。现场监控设备由S7－200 PLC、人机界面（HMI）、伺服电机、三相异步电机、通信接口和触摸显示屏等组成；远方是基于数据传输单元（data transfer unit，DTU）的GPRS无线通信，通过上位机组态软件收发数据，系统结构如图6－19所示。清洗机器人装置及伺服电机定位PLC逻辑如图6－20、图6－21所示。

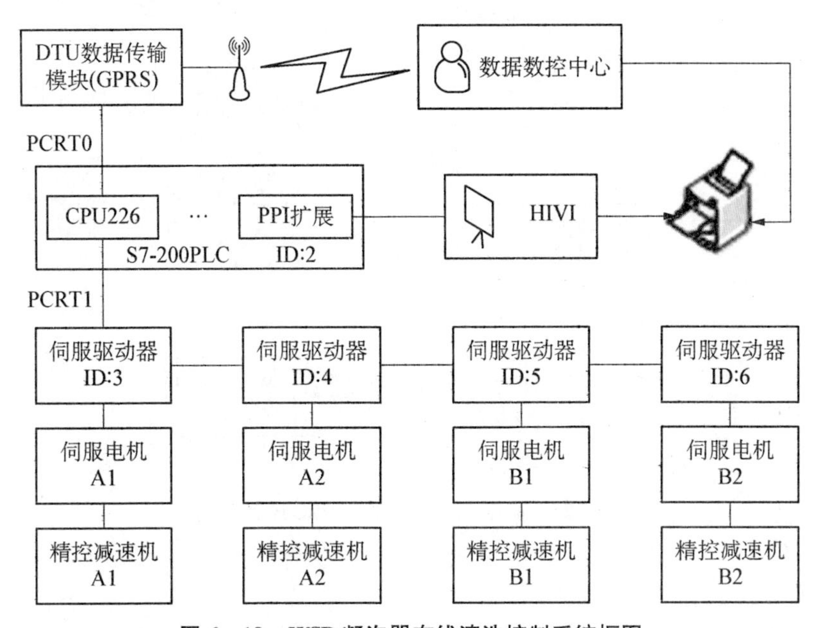

图6－19　WSD凝汽器在线清洗控制系统框图

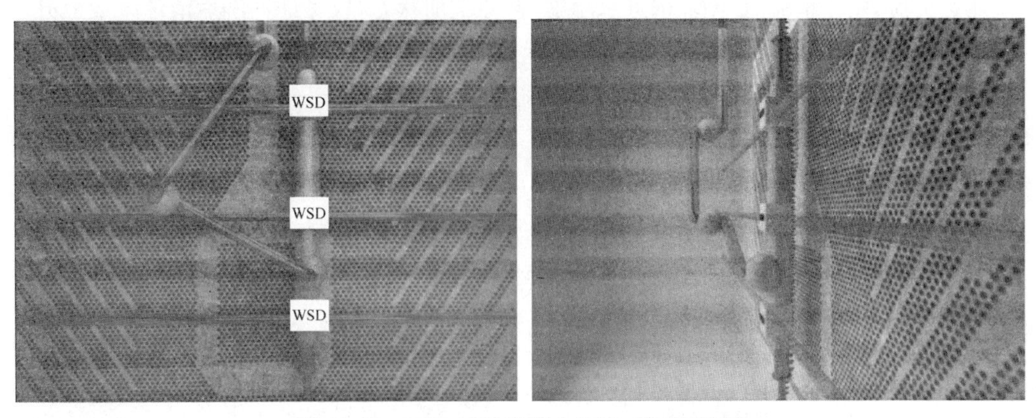

图6－20　WSD冲洗机器人正面、侧面示意图

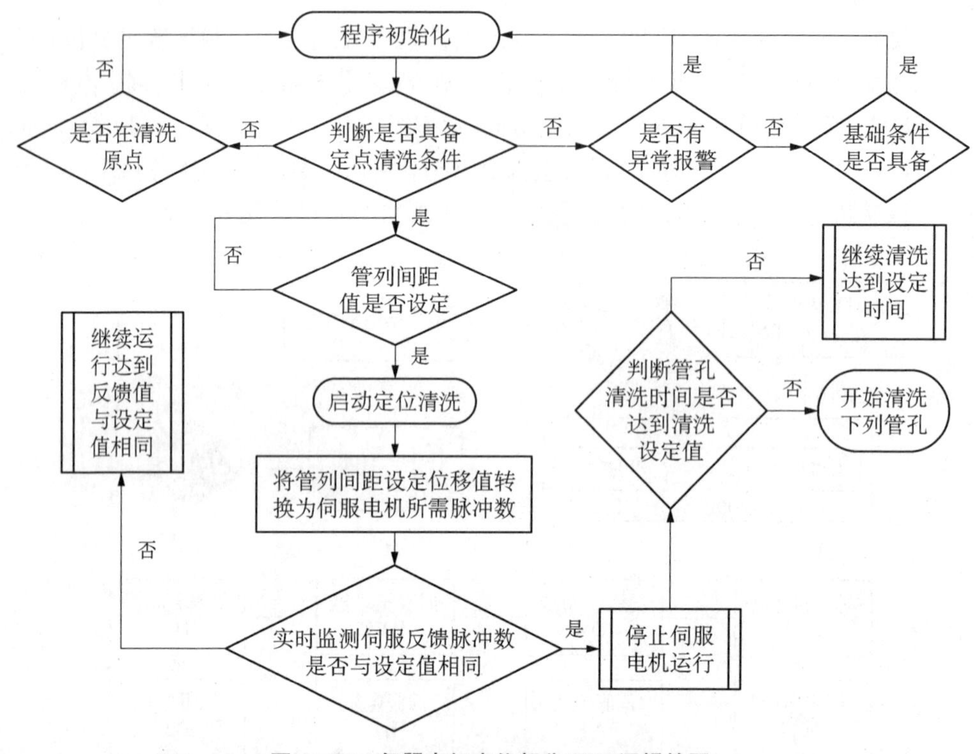

图 6-21　伺服电机定位部分 PLC 逻辑简图

2) 冲洗

在 600 MW、500 MW、450 MW 三个负荷工况下，修正冲洗后凝汽器相关参数(凝汽器热负荷、循环水流量、循环水进水温度)至冲洗前状态，仅考虑冲洗后清洁系数上升对机组的影响：600 MW 负荷时，凝汽器实际总传热系数上升到 174 W/(m^2·℃)，凝汽器端差温度下降了 0.89℃，凝汽器背压下降了 0.23 kPa，随之发电煤耗平均值降低了 0.69 g/(kW·h)。

凝汽器换热效果有明显改善。其冲洗后三个负荷下凝汽器的清洁系数平均值为 0.844，而冲洗前凝汽器的清洁系数平均值为 0.749。

清洁系数的对比试验是在＃5 机组凝汽器在线水冲洗装置停运 10 天后进行的，此时凝汽器水侧的污染还未达到改造前的情况，可见改造效果优于前后清洁系数的差值。

按 600 MW 工况凝汽器热负荷、循环水流量、循环水进水温度条件计算，凝汽器在线水冲洗装置提高凝汽器清洁系数约 0.16，凝汽器平均温度端差降低 2.02℃，凝汽器的平均压力降低 0.54 kPa，机组发电煤耗降低 1.69 g/(kW·h)。

3）效益分析

按江苏镇江发电公司630 MW超临界机组真空度每提高1%，煤耗降低2.8 g/(kW·h)、单机年发电量为35亿千瓦时、标煤单价为500元/吨计算，全年冷凝器真空度平均提高0.54%，则煤耗降低1.69 g/(kW·h)，年节约标准煤5 915 t，企业可节约成本295万元，CO_2 气体排放减少约1.5万吨。

另外，WSD凝汽器在线冲洗机器人运行安全可靠，工作效率高，运行操作简单，维护工作量少，每次电耗大约500度，年运行费低；凝汽器水阻力低，循环水泵电流下降，有利于发挥单循环泵和低速泵运行的节电效益。

6.3　问题与建议

目前，国内火电厂的节能减排水平与配置的主辅机设备关系很大。从《中国制造2025》的角度来看，清洁煤炭减排应用技术存在如下问题[26]。

1）电站建设中存在的问题

（1）我国火力发电装备产业链缺乏整合，部件不能互换。多种样式的三大主机虽然能够自主设计制造，但电站建设的四大管道、高端阀门等辅机设备大多依赖进口，受制于人，增加了电力建设成本。

（2）被称为“第四大主机”的关键水泵，如炉水循环泵维修困难。目前国内30～105万千瓦火电机组的炉水循环泵是强制循环锅炉、直流锅炉和复合循环锅炉等火电厂锅炉的关键配套设备，也是机组低负荷脱硝（超低排放）的关键配套设备，发电机组的炉水循环泵有1 000台左右，绝大部分都是进口产品。国产制造的炉水循环泵总计近800台，其市场占有率仅1%左右，检修的市场占有率约为70%，其中需要再制造的接近200台。

（3）650℃的管材材料国产化困难。火电机组四大管道是指连接锅炉与汽轮机之间的主蒸汽管道、再热蒸汽热段、再热蒸汽冷段、主给水管道以及相应旁路管道，主要材料为大口径厚壁无缝钢管。目前工程化攻关的材料有650℃的G115管材、先进复合材料等高温超临界钢材。

2016年8月11日，替代P92钢主蒸汽管道材料，即规格为 $\phi 460\times 85\times 8\,500$ 的国产化新钢种G115高温大口径厚壁无缝管在河北宏润核装备科技股份有限公司五万吨垂直挤压机上顺利挤压成功，而700℃钢材制造技术距离实际应用还有相当长的时间。

（4）污染物超低排放需护航。燃煤电站“超低排放”的改造使排放监测和监测规范的制定成为当前煤电领域内的重点，需要标准、法律护航。

（5）智能检测仪器仪表有待研发和推广。特别是污染物的检测监督仪表，如在线烟尘测量仪表的满量程为 200 mg/Nm^3，烟尘浓度在 10 mg/Nm^3 以下为其测量盲区。低浓度、高湿度烟气条件下的烟尘、$PM_{2.5}$ 等微量污染物的测试方法尚需进一步完善。

2）清洁煤燃烧技术中的低碳捕集存储和利用(CCUS)问题

目前，CO_2 捕集技术[27]的应用经济性差，传统物理脱碳成本高达 35～50 美元/吨，而国际上所能承受的 CO_2 捕集成本为 15 美元/吨左右，其中吸收及再生过程中的总能耗占绝大部分成本，很大程度上限制了 CO_2 捕集技术的规模化发展。

(1) CCS 的应用成本太高：火电厂将 80%所排放 CO_2 的捕集，并压缩到可输送的压力，需要增加能耗 24%～40%；为确保地质封存安全性要求的长期监测、事故应急响应和可能的赔付等也会加重 CCS 的成本负担；跨部门合作涉及多部门管理，增加很大的协调成本。

(2) 安全问题突出：高浓度和高压下的液态 CO_2 一旦在运输、注入和封存过程的任何环节发生泄漏，都可能危及现场操作人员的人身安全，甚至会对泄漏地附近的居民和生态系统造成不良影响。

(3) 资金压力：CCS 从研发、示范到大规模商业化应用需要大量的资金，目前国际上的 CCS 技术研发和项目示范资金主要来源于政府公共资金投入。

(4) 在火电站的低碳燃煤技术中，CCS 的高能耗是主要技术挑战，需要加强行业内外的协同研发应对处理。

因此，要加强“新颖、高效、绿色”吸收剂的选择与应用，优化并创新“吸收、再生”工艺，开发脱硫脱碳一体化以及耦合分离技术等，以期有效降低 CO_2 捕集成本。

3）建议

(1) 在低碳清洁煤燃烧利用方面，制订统一的 CCUS 技术发展规划和技术路线图。2009 年，国际能源署(IEA)发布了 CCS 技术路线图，旨在指导包括 CCS 和其他先进能源技术在内的新技术的研发及合作。以此为指导，制订适合我国国情的 CCS 技术路线图。

(2) 加强碳排放管理，加强有关 CCS 的环境和安全法律法规建设。建立跨部门合作激励机制，建立灵活的融资机制，大力推动绿色煤电项目发展，促进 CCS 技术应用。紧紧围绕技术、法律、政策、金融以及公众参与等方面提出规划，推动 CCS 技术的研发、示范到未来的商业化。明确 CCS 技术的管理权限，指定一个主管部门负责 CCS 相关工作，避免职能交叉和重叠。

(3) 发扬全国一盘精神，在国家科技主管部门的支持下积极研发 CCUS 技术，包括碳矿化技术或者直接碳转换工艺的利用技术，提高资源利用率，推进资源的循环经济。

(4) 在发展超临界火电技术方面，应依据国产高温高压材料的研发稳步推进；在火电机组性能方面，充分利用热网、光电、风电等再生能源，着重发展电站系统的能级耦合利用，提高能源利用率；在机组单机容量方面，应充分考虑电网调节的灵活性，大力发展分布式能源电站，避免大马拉小车的现象。

(5) 组织我国电力、动力界的技术力量，在低热值燃机装备、煤气化炉及其系统方面，吸取现有 IGCC 示范机组的实践经验，扬长避短，加强 IGCC 技术的商业化应用，提高火电机组的整体经济性。

(6) 由于空气作为助燃剂的火电站受阻于进一步提升机组节能减排的整体经济性，建议在实用性的空分富氧燃烧技术、化学链燃烧载氧体等技术的研发和产业化方面下功夫。

国内燃煤富氧燃烧技术趋向成熟，逐渐成为热能动力装备节能减排可持续发展的先行者。就富氧燃烧技术的产业链而言，尤其急切需要解决经济空分富氧技术的短板，如膜法富氧分离装备的产业化、富氧气流助燃技术的应用，以及解决空分设备与富氧燃烧系统的参数匹配和稳定持久运行问题。

参考文献

[1] 中国电力设备管理协会. 燃煤机组节能一体化改造技术研究与应用实践[G/OL]. [2016-04-6]. http://huanbao.bjx.com.cn/news/20160406/722560.shtml.

[2] 俞谷颖，潘卫国，吴江，等. 膜法富氧燃烧在节能减排中的巨大潜能[C]. 燃煤发电锅炉富氧燃烧节能环保技术研讨会. 武汉：2016.

[3] 阎维平. 洁净煤发电技术的发展前景分析[J]. 华北电力大学学报，2008，35(6)：67-71.

[4] 中国科技新闻网. 构建节能型低成本“超低排放”技术[EB/OL]. [2016-03-16]. http://www.zgkjxww.com/gxqy/145809558.html.

[5] 甘志霞，刘学之，尚明佟. 我国发展二氧化碳捕集与封存技术的挑战及对策建议[J]. 中国科技论坛，2012，4：135-138.

[6] 曾洁，潘绍成，冉燊铭，等. 35 MW 富氧燃烧煤粉锅炉开发与研究[C]. 燃煤发电锅炉富氧燃烧节能环保技术研讨会，武汉：2016.

[7] 中国投资咨询网. 我国首座二次再热电厂创新到底“新”在哪儿？[G/OL]. [2016-4-12]. http://www.ocn.com.cn/chanjing/201604/dmqpq12112248.shtml.

[8] 何韬. 富氧燃烧技术在锅炉上的使用情况[C]. 煤电节能降耗高效运行与环保技术交流会，济南：2016.

[9] 贾益，王涛. 利用富氧不停炉超低负荷调峰技术提高火电灵活性的应用及探讨[C]. 煤电节能降耗高效运行与环保技术交流会，济南：2016.

[10] 杭景川，况荣华. 燃煤发电锅炉富氧燃烧点火稳燃节油技术及其应用[C]. 煤电节能降耗高效运行与环保技术交流会，济南：2016.

[11] 王鹏超.分析低温省煤器降低排烟温度的节能效益[C].煤电节能降耗高效运行与环保技术交流会,济南:2016.

[12] 侯金坤,杨军岐.浅谈超临界机组节能减排的方法[C].煤电节能降耗高效运行与环保技术交流会,济南:2016.

[13] 胡清.第三代增容提效改造技术让煤电老机组焕发新动能[N],中国能源报,2016-06-14.

[14] 顾玉田,谢方喜.1 000 MW 机组汽轮机补汽阀的改造应用实践分析[C].煤电节能降耗高效运行与环保技术交流会,济南:2016.

[15] 汪永利,单龙辉.百万机组创新型抽汽回热系统改造应用实例[C].煤电节能降耗高效运行与环保技术交流会,济南:2016.

[16] 张延风,王文春,李浩然.国产 600 MW 机组抽真空系统改造[C].煤电节能降耗高效运行与环保技术交流会,济南:2016.

[17] 王峰,任志文,王靖程.火电厂钢球磨煤机节能优化级配技术的应用[C].煤电节能降耗高效运行与环保技术交流会,济南:2016.

[18] 胡振国.双级动调引风机变频后节能与安全运行示范[C].煤电节能降耗高效运行与环保技术交流会,济南:2016.

[19] 张延风,刘柱,李浩然.超临界 600 MW 机组凝泵优化运行[C].煤电节能降耗高效运行与环保技术交流会,济南:2016.

[20] 张延风,岳恒,邓景峰.600 MW 机组循泵双速改造[C].煤电节能降耗高效运行与环保技术交流会,济南:2016.

[21] 宋荣科.一种高旁改造防止内漏的方法[C].煤电节能降耗高效运行与环保技术交流会,济南:2016.

[22] 胡嗣魁,高阳.大型燃煤电厂脱硝热解系统烟气换热器改造应用分析[C].煤电节能降耗高效运行与环保技术交流会,济南:2016.

[23] 马洪涛.600 MW 超临界机组节能运行优化分析[C].煤电节能降耗高效运行与环保技术交流会,济南:2016.

[24] 夏庆庆,徐振军,宋国辉.如何降低高寒地区 660 MW 超临界三排管空冷机组运行背压提高冬季安全稳定运行[C].煤电节能降耗高效运行与环保技术交流会,济南:2016.

[25] 史旭东,李石高.基于数控技术的凝汽器在线清洗机器人研究及应用[C].煤电节能降耗高效运行与环保技术交流会,济南:2016.

[26] 冯义军.火电技术全面国产化有多远[N].中国电力报.2016-05-30.

[27] 桂霞,王陈魏,云志,等.燃烧前 CO_2 捕集技术研究进展[J].化工进展,2014,33(7):1895-1901.

第 7 章 整体煤气化联合循环技术

低碳高效绿色电力中，燃用天然气的重型燃气轮机是优选的高端装备，在国民经济和能源电力工业中有重要的战略地位[1]，其技术含量和设计制造难度位于机械制造业的金字塔顶端。

然而，各国从资源储备、经济发展水平和国家安全的战略角度考虑，提出清洁能源多样化的政策，推行并鼓励发电行业燃料多样化。整体煤气化联合循环(IGCC)是最具有发展前途的洁净煤发电技术之一。

7.1 概况

20 世纪 70 年代初期的石油危机以及日趋恶化的环境污染严重地冲击和阻碍着世界经济的发展。联合国政府气候变化专门委员会(intergovernmental panel on climate change, IPCC)第五次关于全球气候变化报告指出，截至 2011 年，大气层中 CO_2 浓度已经从 1880 年的 290 μL/L 增加到 391.57 μL/L，且 CO_2 排放量正随着工业化进程的加速而持续稳定增长。捕集和封存 CO_2 是必须解决的重大课题[2]。

目前燃气轮机联合循环发电已经达到全球发电总量的五分之一(欧美国家已超过三分之一)，最先进的 H/J 级燃气轮机和联合循环发电机组的效率已经分别达到 40%～41%和 60%～61%，为所有发电方式之冠。其污染排放极低，CO_2 比排放量是超临界燃煤电站的一半，大力发展天然气发电是保护环境、落实《巴黎协定》中关于减少温室气体排放的主要措施之一。

美国能源部自 1986 年开始实施洁净煤计划。基于我国多煤少油气的现状，大力发展 IGCC 更有着长期久远的现实意义。由于目前重装燃机关键技术的短板，本章主要讨论 IGCC。

所谓 IGCC 技术，是集成了煤气化技术、空分技术、燃用中低热值煤气的燃气蒸汽联合循环发电技术，它将能源(energy)、环境(environment)、经济性(economy)三者(3E)结合为一体。在 IGCC 系统中，煤炭经过气化产生合成煤气(主要成分为 CO、H_2)，经除尘、水洗、脱硫等净化处理后发电。

为了制备并净化煤气，IGCC 系统中设置了空气分离设备以分离氧氮，系统还配置煤气除尘、脱硫设备。IGCC 具有高效、低污染等特点，并在捕集 CO_2 方面具有成本优势，被公认为未来最具发展前景的清洁煤发电技术之一。

为此，一些工业发达的国家以大幅提高煤电效率、实现 CO_2 的近零排放作为终极目标。美国《全面能源战略》、日本《能源环境技术创新战略 2050》以及欧盟《2050 能源技术路线图》都提出了推进 IGCC 发展的规划。

煤炭约占全球已探明化石燃料资源的 70%，是一种便于运输、成本较低的资源。因此，煤炭在很长一段时间内仍将是主要的一次能源之一，并在中长期能源生产系统中发挥战略作用。我国煤炭在一次能源中占比高达 70%，同时我国经济仍处于高速增长阶段，对于能源的需求势必不断增加。中国经济持续、健康地发展在很大程度上取决于能源资源的可持续发展，这就要求发展包括整体煤气化联合循环（IGCC）、增压流化床燃煤联合循环（PFBC－CC）等洁净煤发电技术，实现煤炭的清洁高效利用。

从世界范围看，IGCC 技术的发展经历了概念性验证阶段和商业示范阶段，正在走向商业化应用。我国的《能源技术革命创新行动计划（2016—2030 年）》规划了我国大型 IGCC、CO_2 封存工程技术的攻关课题。

7.1.1 燃煤清洁利用技术

目前，煤的清洁利用技术主要有煤的高效燃烧及其燃烧后的烟气净化处理技术，即脱硫、脱硝、除尘，CO_2 的捕集、封存与利用（CCUS），循环流化床燃烧（CFBC）技术，整体煤气化联合循环（IGCC）技术，煤炭液化技术等。

7.1.1.1 煤的清洁利用

早期，传统的矿石燃烧技术为二次工业革命提供了原动力，卓有成效。一些工业发达国家在大规模发展社会经济的同时，造成了严重的环境污染，引发多起震惊世界的生态环境污染事件。

我国历经工业发展的各种坎坷，同样为经济的崛起付出了巨大的财力、物力和生态代价。虽然通过各种燃烧技术的革新，包括燃煤低氧燃烧、流化床炉内脱硫处理、末端烟气除尘脱硫脱硝等脱污处理，但是这只能算是进入煤清洁利用的初步阶段。基于我国“贫油少气多煤”的能源结构，迫切需要改变传统电力发展模式，因此，清洁煤发电利用技术应运而生。

煤炭转化为能源主要有三种方式：直接燃烧、气化和液化。在火力发电技术中，通常将常规的超临界火电、超临界循环流化床锅炉、正压超临界循环流化床蒸汽轮机循环、燃气-蒸汽联合循环以及 IGCC 列入规模性发展中。

1）清洁煤电技术的发展趋势

（1）通过燃煤烟气脱污的超低排放，发展高效燃煤发电装备，提高煤电能源转换效率。

(2) 借鉴高效燃气-蒸汽联合循环技术，发展整体煤气化燃气-蒸汽联合循环发电装备，深入研发二氧化碳捕集、利用和封存技术，发展低碳经济。

(3) 将煤炭分子碎化重整[3]（见图7-1），结合多种先进的能源转换装置或化学电能或清洁燃料，提供绿色能源。

图7-1给出了煤在气化过程中的组分演化情况。其方程式如下：

$$C_nH_mO_xN_yS_z = C + CO + CO_2 + H_2 + NH_3 + HCN + H_2S + COS + \cdots\cdots \tag{7-1}$$

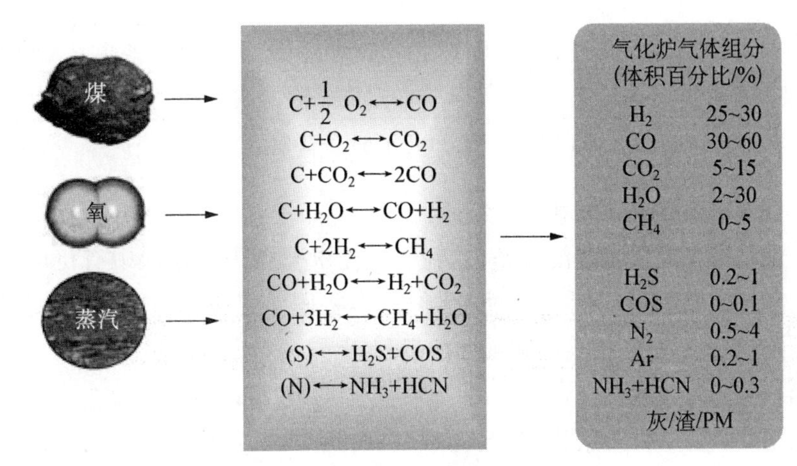

图7-1　煤气化工艺过程组分演化图

2) 几种清洁煤发电技术方案

从表7-1中可以看出，IGCC除了单位造价颇高外，技术性能指标都处于领先水平。

表7-1　几种不同发电方案的技术经济指标[4]

内容		火电站(PC)		PFBC	IGCC
		常规	带FGD		
电站规模/MW	20世纪90年代	300～1 300	300～1 300	80～350	200～600
供电效率/%	20世纪90年代	36～38（超临界机组：40～42）	34.5～36.5	36～39	40～46
	2010	—	～44	40～50(第二代)	50～54

(续表)

内容		火电站(PC)		PFBC	IGCC
		常规	带 FGD		
用水量比/%		100	100	70～80	50～70
环保性能/% (排放量比)	SO_x	100	6～12	5～10	1～5
	NO_x	100	18～90	17～48	17～32
	粉尘	100	2～5	2～4	2
	固态废料	100	120～200	98～600	50～95
	CO_2	100	107	98	95
单位造价/(kW)^{-1}$		1 160	1 400	1 300～1 400	1 400～1 700
* 发电成本/mills/(kW·h)		48～57	56～66	54～66	49～63

* 摘自美国吉尔帕特公司的经济分析报告(以 1991 年美元为计算基准)。

7.1.1.2 IGCC 的煤制气技术

煤气化是指煤炭在特定的设备内,在一定温度及压力下使煤中有机质与气化剂(如蒸汽、空气或氧气等)发生一系列化学反应,将固体煤转化为含有 CO、H_2、CH_4 等可燃气体和 CO_2、N_2 等不可燃气体的过程。

1) 煤炭气化三条件

煤气化的必要条件是气化炉、气化剂、供给热量,三者缺一不可。气化原料为各种煤或焦炭。煤气化包含一系列物理、化学变化,一般包括干燥、热解、气化和燃烧四个阶段。干燥属于物理变化,随着温度的升高,煤中的水分受热蒸发。其他属于化学变化,燃烧也可以认为是气化的一部分。煤在气化炉中干燥后,随着温度的进一步升高,煤结构发生热分解反应,生成大量挥发性物质(包括干馏煤气、焦油和热解水等);同时,煤形成半焦物,在更高的温度下与通入气化炉的气化剂发生化学反应,生成以 CO、H_2、CH_4 及 CO_2、N_2、H_2S、H_2O 等为主要成分的气态产物,即粗煤气。

2) 化学反应产业链

气化反应包括很多化学反应,主要是碳、水、氧、氢、一氧化碳、二氧化碳相互间的反应,其中碳与氧的反应又称燃烧反应,为气化过程提供热量。新型的煤化工技术以煤气化为龙头,应用现代先进的化工组合技术,生产可替代石油的洁净能源和各类化工产品,如成品油、甲醇、二甲醚、乙烯、丙烯等,进而发展为以煤气化技术为核心的多联产系统[5],并形成煤炭—能源—化工一体化的新兴产业(见图 7-2)。

3) 气化分类

按照煤和气化剂在气化炉内的相对运动划分,气化大体分成三类。

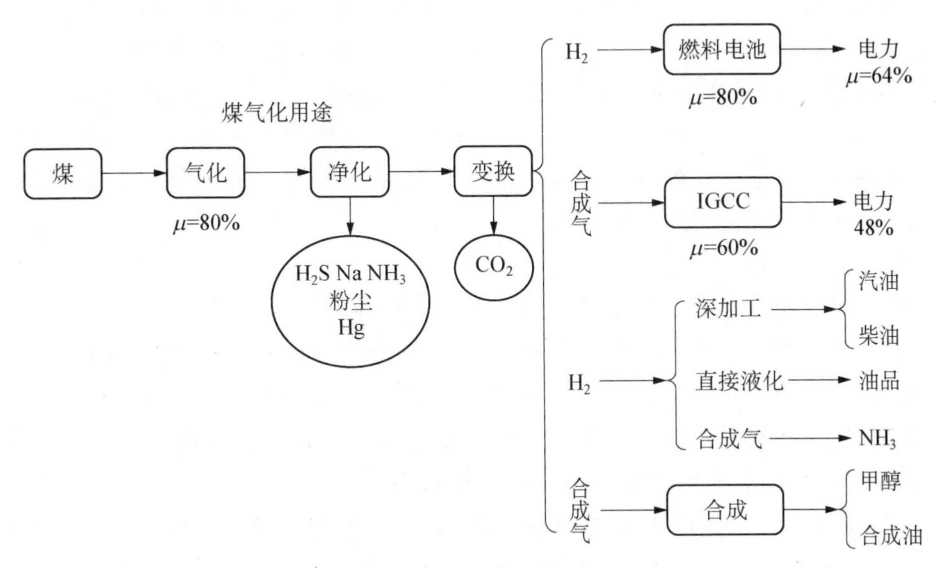

图 7-2　煤气化的用途

(1) 固定床、移动床气化　煤(焦)由气化炉顶部加入,自上而下经过干燥层、干馏层、还原层和氧化层,最后形成灰渣,排出炉外;气化剂自下而上,经过灰渣层预热后进入氧化层和还原层(两者合称气化层),煤与气化剂之间呈逆向流动接触。代表炉型为常压 UGI 炉和加压 Lurgi 炉,主要用于制取城市煤气。固定床气化的局限性是对床层均匀性和透气性要求较高,入炉煤要有一定的粒(块)度及均匀性,煤的机械强度、热稳定性、黏结性和结渣性等指标都与透气性有关。因此,固定床气化炉对燃料有许多限制。

(2) 流化床(沸腾床)气化　即气化剂由炉底部吹入,使细粒煤(<6 mm)在炉内呈并逆流反应,通常称为流态化或沸腾床气化。煤粒(粉煤)和气化剂在炉底锥形部分呈并流运动,在炉筒体部分呈并流和逆流运动。为了维持炉内的"沸腾"状态并保证不结渣,气化温度控制在灰软化温度(ST)以下。为了避免煤颗粒相聚而变大以致破坏流态化,显然不能使用黏结性高的煤。由于炉内反应温度低(与气流床相比),煤的停留时间短(与固定床相比),对煤的活性有很高要求,只有高活性褐煤才适应。然而,其炉温低、停留时间短带来的最大问题是碳转化率低、飞灰多、碳残存率高,且灰渣分离困难,其次是操作弹性小(控制炉温不易)。这种代表炉型有常压温克勒煤气化炉(Winkler)和加压 HTW 炉。此外 U-Gas、KRW 等流化床气化炉也逐步走向工业化。

(3) 气流床气化　煤粉由气化剂夹带,高速喷入气化炉,进行燃烧和气化,受反应空间的限制,气化反应必须在瞬间完成,为弥补停留时间短的缺陷,必须严格控制入炉煤的粒度(75%～85%煤粒度小于 0.1 mm)，以保证有足够的反应面积。气化反应中，煤和气化剂的相对速度很低，气化反应朝着反应物浓度降低的方向进行，碳的损失不可避免，为增强反应推动力，必须提高反应温度。通常，气化炉出口的煤气温度为 1 400～1 500℃，采用液态排渣是并气流床气化的必然结果。代表炉型为常压气流床粉煤气化 K－T 炉，水煤浆加压气化 Texaco 炉，处于工业示范阶段的加压粉煤气化炉 SCGP(壳牌)、Prenflo 等。

4) 几种气化技术

随着煤气化技术的发展，涌现出多种形式的气化炉技术和结构。

(1) GE－Texaco 气化炉的运行经验丰富，商业化运行的台数最多，用于 IGCC 发电、化工制氢，但它的喷嘴和耐火衬里的寿命较短，冷煤气效率和组成 IGCC 的效率目前还较低。在制氢系统中，GE－Texaco 水煤浆工艺比干法粉煤气化技术更有优势，在变换过程中不需另加蒸汽，且 CO 变换量小一些。

(2) E－gas 气化炉也是水煤浆进料，但它是两段气化，冷煤气效率比 GE－Texaco 高，而且可省去辐射废热锅炉，加之火管式的对流冷却器大幅度降低造价，由此组成的 IGCC 造价较低；与干法进料相比，其喷嘴和耐火砖寿命较短；水煤浆工艺与 GE－Texaco 一样，E－gas 气化工艺在制氢系统中比干法粉煤气化技术更有优势。

(3) 华东理工大学多喷嘴水煤浆气化工艺采用 4 个喷嘴，其容量大型化比 GE－Texaco 更有优势，特别是在投煤量超过 1 500 t/d 的气化炉上优势更明显。而且其为国产技术，可提高项目的国产化率，降低投资，但不足之处是废热锅炉余热回收流程还缺乏工程业绩。

(4) Shell 气化炉煤种适应性强，喷嘴和水冷壁的寿命都较长，冷煤气效率和 IGCC 效率较优于湿法进料的气化工艺，但其造价比 GE－Texaco、E－gas 和华东理工大学多喷嘴水煤浆气化都高，况且在国内投产的引进设备上还没有长周期稳定运行。

(5) GSP 气化炉能适应煤种的变化，其激冷流程相对于废热锅炉流程更适宜制氢，且由于其采用的是激冷流程，因此气化炉投资比 Shell 低。但 GSP 为干法气化，有效气($CO+H_2$)成分较湿法高，耗氧较湿法低。但其大型化运行经验不足，用于废热锅炉回收余热的流程缺少业绩。

(6) 华东理工大学的多喷嘴粉煤气化技术、航天炉(HT－L)和西安热工院的 TPRI 二段式粉煤气化技术均属于国内开发的粉煤气化技术。华东理工大学粉煤气化技术和 TPRI 气化技术已分别完成了 30 t/d 和 36 t/d 的水冷壁气化炉的中试。华东理工大学多喷嘴粉煤气化技术应用于某年产 50 万吨合成氨项目，已完成 1 000 t/d 气化设计；TPRI 气化技术在天津绿色煤电 IGCC 项目中建成 2 000 t/d 气化炉，并投入投运；HT－L 直接建设了两套 660 t/d 的工业化示范装置。从技术的成熟性和大型化角度来考虑，它们还有待进一步验证。

(7) Prenflo 气化技术在西班牙 Puertollano 示范电厂建成了 2 600 t/d 的气化炉，该气化炉在 2002 年进入商业运行，也是 Prenflo 气化技术唯一的商业化运行装置。

(8) MHI 气化炉为干粉进料空气气化两段气化炉，可靠性高、烧嘴寿命长(1 年以上)，在气化炉容量相同的情况下，投资较 Shell 低。

(9) KBR 的煤气化技术——提升管气化炉(TRIG)，由 KBR 公司和美国南方电力公司合作开发，1995 年示范装置建成并投产，2009 年 2 月正式开始允许转让。TRIG 为循环流化床，无高温煤烧嘴，操作温度为 900～1 000℃，合成气不含焦油和酚类，操作压力为 34～40 bar，可以用空气或者氧气气化。其适合低阶、高灰、高水分的煤种，对硫含量、灰分含量没有要求，固态排渣。

7.1.1.3　IGCC 技术的发展潜力

IGCC 有关各单元技术及其工作系统的开发和改进将会不断地提高 IGCC 的性能，充分发挥 IGCC 装置的潜在优势，促进 IGCC 技术发展[6]。典型的 IGCC 工艺流程如图 7－3 所示。

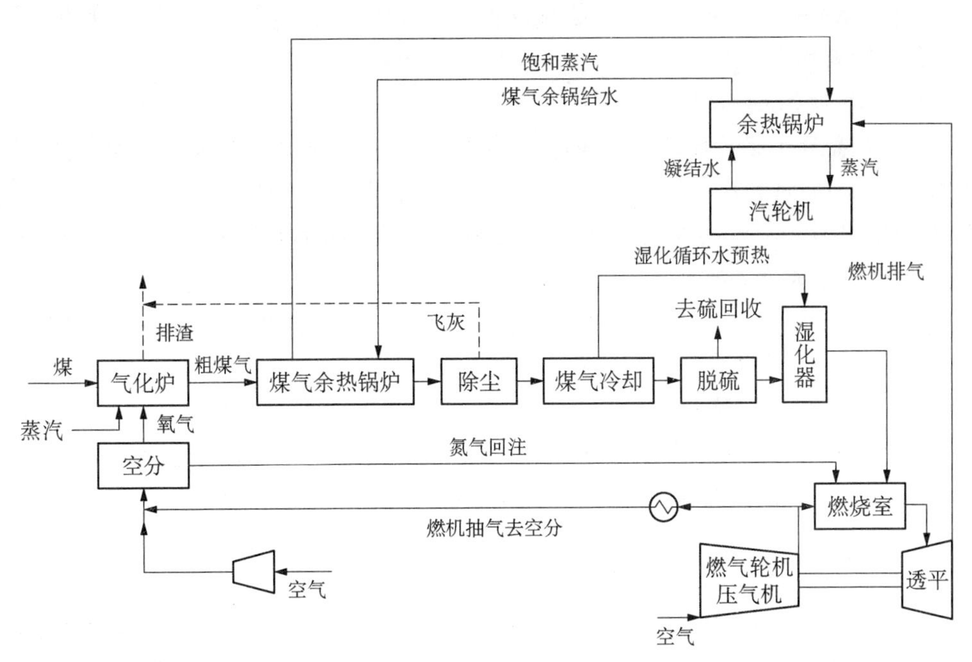

图 7－3　基于水煤浆、干煤粉及输运床纯氧气化 IGCC 基准电站流程

1) 先进的燃气轮机

集成先进的燃气轮机后，IGCC 系统的供电效率可大幅提升。如集成 GE9H 燃气轮机的 IGCC 系统效率相比 PG9351FA 机组的 IGCC 系统要高出 3.3%。随着透平叶片冷却技术的提高，若透平进口燃气温度达到 1 700℃，冷却空气量保持 J 级机组水平，其联合循环效率相比 PG9351 机组的联合循环效率高 5.7%；IGCC 系统效率可提升 5.5%。

2）气化技术

对于氧气气化与空气气化 IGCC 系统而言：

(1) 煤气化技术指标气化温度每提高 100℃，系统供电效率分别下降约 0.32%～0.49%和 0.67%～0.77%。

(2) 其蒸汽煤比每提高 0.1，系统供电效率分别下降 0.28%～0.36% 和 0.29%～0.52%。

(3) 碳转化率每提高 1%，系统供电效率分别提高 0.42%～0.45%和 0.41%～0.43%。

(4) 氧气气化与空气气化 IGCC 系统的气化压力对系统热力性能影响显著。其中，常压氧气气化的系统效率明显低于加压氧气气化 2.6%～3.2%；常压空气气化 IGCC 系统效率明显低于加压空气气化 3.9%～4.2%。空气气化的增压流程会影响 IGCC 供电效率约 1.7%。这主要是因为空分系统消耗的厂用电占比较大，所以加压的空分系统要比常压的节能。

3）高温离子膜分离技术

采用高温离子膜分离技术(ITM)的 IGCC，其供电效率随 ITM 空分与燃气轮机整体化程度的增加而上升，完全整体化的 ITM 空分与完全独立的 ITM 空分相比可提高 IGCC 供电效率 1.81%，与完全整体化深冷空分的 IGCC 相比，供电效率高 1.11%。

4）中温干法净化法

中温干法净化法中脱硫温度为 350℃。采用氧化锌干法脱硫，其温度、再生氧气浓度、脱硫效率对 IGCC 系统热力性能好于全湿法脱硫法。

7.1.1.4 IGCC 工程开发探索

众所周知，IGCC 系统设备越多，各种费用也越高。如何降低投资既是技术集成的问题，又是一门涉及行业协调、工程技术综合管理的大学问。IGCC 技术的性价比是商业化应用的关键。影响 IGCC 应用的因素大致有如下几点。

1）与能源市场的价格息息相关

研究者[7]对新型煤化工主要产品进行技术经济分析，得出了不同国际原油价格下的煤化工产品竞争力状况。当国际原油价格低于 50 美元/桶时，煤制油的项目几乎无经济性可言，其竞争力与国际原油价格正相关。

2）煤炭与水资源的不平衡分布

我国煤炭资源的分布很不平衡，煤化工的发展受制于煤炭和水资源的分布。西部及北部资源相对丰富，其发展相对滞后；东部及南部资源短缺，但市场需求量很大。煤炭资源总体上呈现“西煤东运、西气东送、北煤南调”的格局。我国的水资源虽然总量较多，但人均水资源量少，仅居世界第 121 位，属于水资源短缺的国家。这也成为煤化工发展的重要制约因素。

3）项目投资超概算

据近 10 年建设的煤化工项目统计，不同煤化工项目投资额超概算的原因略有不同。随着劳动成本的不断增加，超概算的现象十分普遍，现代煤化工项目超概算的比例达 70%，某些项目投资概算甚至超出 40%。从可行性评估、初步设计、预算编制、细节设计、实际施工到投料运转，各环节的费用都向上攀升，导致项目末期成本结算比可行性估算增加 2～4 倍[8]。

有专家分析，其超额的原因多为政府投资项目大手大脚；一些地方项目还被冠以振兴地方经济的名目，投资主体不明，责任界定不清；再则现行项目审批管理制度要求后一阶段的投资金额一般不应超过前一阶段的 10%，且结算不得超过预算，助长了抬高项目初期估算的现象。

对此，应制订缜密的评审制度，严格企业管理，加强政府监督，通过电力供需侧结构性改革，拆除传统电力行业的篱笆，适应煤化工和发电的客观规律，真正开放网上竞价的电力市场，实现效益最大化。

7.1.2　国外 IGCC 的发展

IGCC 技术具有清洁利用燃煤、绿色发电的先进性。一些国家率先研发 IGCC 技术的示范机组，证实了该技术发展的可行性。

7.1.2.1　简述

自 20 世纪 70 年代开始，在美国 IGCC 技术示范的基础上，IGCC 技术被证实了在清洁煤利用方面的优越性，并在其他国家逐步推行和发展。

1）美国

1971 年美国“清洁空气法规”对 SO_2 排放量提出了限制标准，1972 年开始研发 IGCC 技术，1978—1980 年建造了一套 IGCC 示范机组，配空气鼓风的 Texaco 喷流床气化炉和一台西屋公司 15 MW 的 W191 燃气轮机发电机组。

1984 年在 Daggett 建成并投运了 Cool water 电站，净功率为 93 MW，净效率为 31.2%(HHV)，被世界公认为成功的 IGCC 电站。

1992 年以后，美国分别在 Wabash River、Tampah 和 Pinon Pine 分别建立功率为 265 MW、260 MW 和 95 MW 的 IGCC 电站，对 Destec 气化炉、Texaco 气化炉和 KRW 气化炉以及与它们配套的 IGCC 各系统设备进行长期的示范性商业运行。

2017 年初据《华盛顿邮报》报道，首家 CCS 商业化运行的得克萨斯州 240 MW 的

Petra Nova 电厂使用胺类化学物质，碳捕集率达 90%，总投资超过 10 亿美元。

但是，据美国密西西比电力公司最近宣布，始建于 2010 年的首座清洁煤电厂 582 MW 的“肯帕项目(Kemper Project)”已经花掉 75 亿美元。该电厂在与一座 700 MW的天然气电站所需投资大约 7 亿美元的对照下，将全部使用天然气发电，不得不放弃整体煤气化的设计。

2017 年 7 月 G20 汉堡峰会上美国政府正式退出《巴黎协定》，给未来世界减排 CO_2 的潜力和成本比拼上带来巨大挑战。

据 IEA 估算，到 2050 年，碳捕集、封存和利用(CCUS)可以贡献累计温室气体减排量的 14%。目前，在项目的整个生命周期中，每发 1 度电，燃煤机组的碳排放峰值高达 820 g CO_2 当量。对于未商业化的清洁煤发电技术，碳排放最高的 CCS-燃煤-PC(煤粉)仅为 220 g CO_2 当量/千瓦·时(图 7-4)。如果采用 CCS 结合清洁煤技术，可减排 73.2%～80.5%，但每度电的减排能力仍远低于大部分可再生能源。

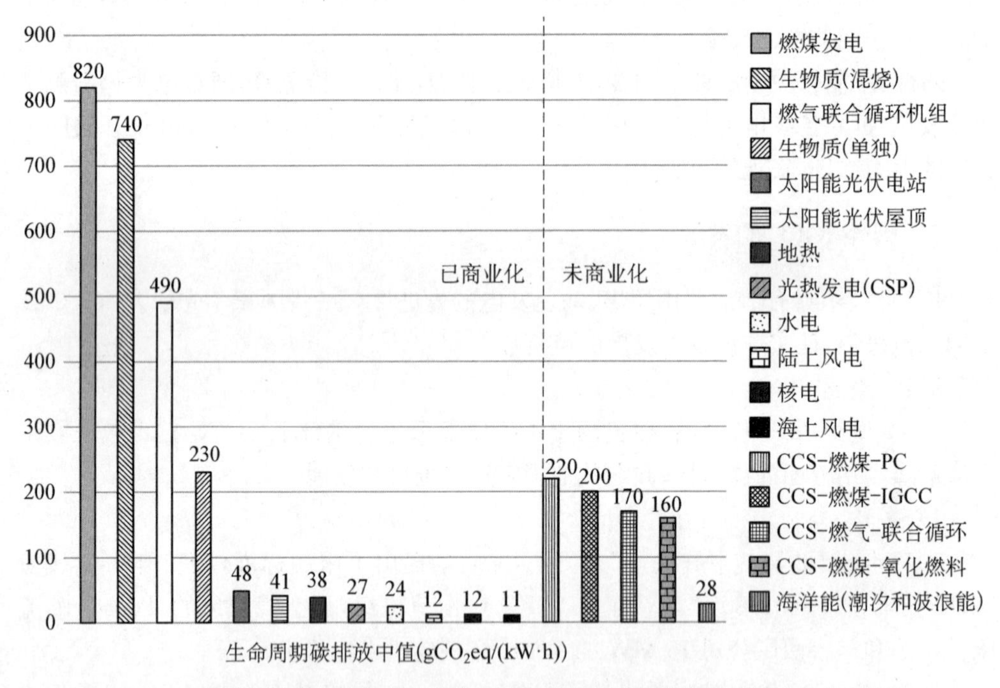

图 7-4 各种电能的碳排放比较(数据来源：政府间气候变化专门委员会(IPCC))

2) 欧洲

1972 年德国率先在 Lünen 斯蒂克电站建设并投运了世界上第一个 IGCC 的示范电站，但由于鲁奇炉的运行不正常，导致最终失败。后来 Siemens 公司在几个项目中首先解决了 V94.2 和 V94.3 型先进的燃气轮机中低热值合成煤气燃烧的问题。

1993年底和1996年，荷兰Buggenum和西班牙Puertollano先后建成并投运了两座净功率分别为253 MW和300 MW的以纯发电为目标的IGCC示范电站，经过多年的示范运行和大量调试，终获成功。

为顺应燃料市场的变化，英国采取灵活性IGCC的概念，使之适应单独燃用天然气、合成气和其他混合气；可选择单独用氮气或蒸汽喷注，或喷注氮气和水蒸气控制氮的排放量。

3）日本

20世纪90年代初，日本关注的洁净煤发电技术是增压流化床燃气-蒸汽联合循环(PFBC－CC)，以至日本是世界上拥有PFBC－CC电厂台数最多、单机容量最大的国家。直到世界上IGCC技术在石化行业的成功应用，日本才开展商业性的IGCC项目，联合循环机组在燃烧合成气时，其毛功率为433 MW，净功率为348 MW，厂用电耗率为19.63%，电站毛效率为46.9%，配置设备有Chevron Texaco公司的氧气鼓风、直接激冷式的喷流床气化炉，三菱公司改造的M701F单轴燃气轮机联合循环机组，其中配置一座垂直布置的余热锅炉和一台蒸汽轮机。机组可用沥青或低硫渣油为气化原料，合成气的低位发热量为11 177 kJ/Nm^3。

7.1.2.2 IGCC特点

1）优点

IGCC的优点包括：①效率高，借鉴现有净效率达58%的天然气-蒸汽联合循环经验，IGCC效率大于50%；②煤洁净转化与非直接燃煤为环境友好型技术，脱硫率达98%，脱硝率达90%，脱碳率近零；③耗水量少，比常规汽轮机电站少30%～50%；④容易大型化，单机功率可达到300～600 MW；⑤多种技术系统集成；⑥适用煤种广，可与煤化工结合成多联产系统，生产高附加值产品。

2）缺点

IGCC的缺点：①发电成本高，总投资一般大于1 500 $/kW，目前需要政府补贴。②现可用性与可靠性较低，一般在70%～85%。

7.1.2.3 机组情况

1）几座IGCC电站的参数与经济性见表7－2。

表7－2 几座IGCC电站简况[4]

国家	美国	美国	荷兰	美国	美国	美国	西班牙
电厂	Cool Water	LTGI	Buggenum	Wabash River	Tampa	Pinon Pine	Puertollano
投运时间	1984年	1987年	1994年	1995年11月	1996年	1997年	1997年

（续表）

净功率/MW	96	161	253	262	250	100	300
气化炉型	Texaco	Destec	Shell	Destec	Texaco	KRW	Prenflo
气化炉容量/(t/d)	1 000	2 200	2 000	2 500	2 000	800	2 640
气化炉台数	一开一备	1台	1台	2台一开一备	1台	1台	1台
燃机型号	GE-7E	WH-501D	Siemens-V94.2	GE-7FA	GE-7FA	GE-6FA	Siemens-V94.3
燃机功率/MW	65	110	156	198	192	61	190
燃机初温/℃	1 085	1 090	1 105	1 260	1 260	1 288	1 250
净化方式	湿式	湿式	湿式	干式除灰湿式脱硫	湿式+10%干式示范	干式	干湿式除灰湿式脱硫
汽机功率/MW	55	51	128	104	121	46	145
蒸汽参数/(MPa/℃)	8.6/510	—	12.9/511 2.9/511	10.3/3.1/510/510	10.3/538 2.2/538	6.363/510	12.7/3.7
总投资亿美元	2.63	—	4.62	3.58	5.06	2.32	6.91
单位造价/($/kW)	—	—	1 865	1 672	2 024	2 320	2 303

2）一些工程评价

1994年，荷兰Buggenum电站253 MW IGCC机组容量投运以来，花了5年时间使系统趋于稳定。

建于2007年的日本勿来(Nakoso)发电所#10机(见图7-5与图7-6)装机容量为250 MW，燃煤量为1 700 t/d，采用空气气化炉。三菱公司认为，空气气化的整体效率仍高过纯氧IGCC加上CO_2捕集系统的效率。

图7-5 日本IGCC电站全景

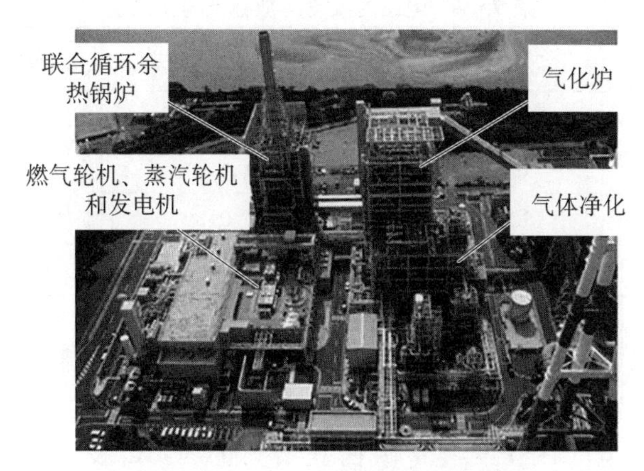

图 7-6　日本 IGCC 主设备布置鸟瞰图

美国印地安纳州的 Edwardsport 电厂采用两台通用电气 7FB IGCC 合成气燃气轮机，于 2013 年 6 月投入商业运行，可提供 618 MW 基本负载电力，原总造价 13～16 亿美元，完工时总造价约 35.5 亿美元(含 CCUS)，单位造价大约为 5 750 $/kW[9]。该电站是第一个采用 GE 标准化 IGCC 概念设计的商业电厂。组建的联盟为用户提供电厂成本、工期和性能担保的一站式服务，包括工艺和部件基础设计模块等，以保证 EPC 签约到商业投运工期可控制在 46 个月左右[10]。电厂以 Indiana＃5 煤为设计煤种，净供电效率为 38.5%(HHV)，最小稳定负荷达到 50%，定员 120 人，工程投资为 28.8 亿美元，造价约 4 660 $/kW。Edwardsport 电厂主要设备及其污染排放物见表 7-3 与表 7-4。

表 7-3　Edwardsport 电厂系统与技术类型特征

工艺系统	技术类型特点	数量
水煤浆制备系统	湿式棒磨机	2×60%
气化炉	带辐射式合成气体冷却器的 GE 水煤浆气化炉	2×50%
合成气净化	Selexol 脱硫技术	2×50%
空分装置	APCI 的升压型空分，氮气侧全集成，空气侧部分集成	2×50%
硫回收和尾气处理	Claus 硫回收＋尾气处理	1×100%
燃气轮机机组	PG7321(234 MW)	2
余热锅炉	无补燃	2
蒸汽汽轮机机组	ST207G-134F33(300 MW)	1

表 7-4 电站污染物排放标准与排放值

项目	单位	目前推荐值	Duke IGCC 排放数据
SO_2	Ib/mmBtu	0.16	0.014
NO_x	Ib/mmBtu	0.12	0.02
PM_{10}	Ib/mmBtu	0.015	0.007
重金属	Ib/mmBtu	2.3×10^{-6}	1.9×10^{-7}

2012 年美国出台新建电厂的碳减排放标准，要求碳排放控制在 453.6 kg CO_2/(MW·h)(相当于先进天然气联合循环电厂的水平)。

Edwardsport 电厂在开发具备碳捕获潜力的 IGCC 技术方面独自迈出了一大步[11]。

美国密西西比州的 Kemper 电站装机容量为 582 MW，完工期在 2016 年。电站原造价约 22 亿美元，建成后达 61 亿元，单位造价超过 11 600 $/kW。其单位投资与表 7-5 中引用的数据差距甚远。

表 7-5 三代 IGCC 的性能比较

	第一代	第二代	第三代
气化技术	水煤浆(1 000 吨/天)+激冷	水煤浆/干煤粉(2 000 吨/天)+全热回收	先进煤气化技术(输运床、流化床)
净化技术	常规湿法	常规湿法+部分高温净化	示范高温净化
联合循环	E 级燃机+蒸汽轮机	F 级热机，双压(三压)蒸汽系统	更高级别燃机(G/H 级)
系统集成	—	(部分)整体化空分+氮回注	—
功率/MW	100	250	400
效率/%	31.2	39～45	45～50
单位投资/$/kW	2 800	1 200～1 600	<1 000
代表电站	Cool Water(美国)	Tampa(美国)、Buggenum(荷兰)	Orlando IGCC(美国)

7.1.3 国内 IGCC 技术的发展

我国的 IGCC 发展起步较晚。基于以煤炭为主的电力能源，发展清洁煤利用技术成为绿色电力选项之一。

7.1.3.1　简述

我国能源结构以及资源的开发特点决定了经济发展中的消费构成。我国探明的天然气储量不到世界总量的1%，煤炭在消费结构中占70%左右，火电装机容量占全国总量的69%，在相当时期内煤电是主流能源。而我国政府对温室气体排放量的承诺是到2020年单位GDP二氧化碳排放比2005年下降40%～50%，任务艰巨。据2013年的报道，天然气对外依存度达到31.6%。于是我国绿色煤电的事业由此发生。

1）技术攻关准备

我国的IGCC发展起步于1978年。1978年3月召开的全国科学大会审议通过了《1978—1985年全国科学技术发展规划纲要（草案）》，同年10月，中共中央正式转发《1978—1985年全国科学技术发展规划纲要》（简称《八年规划纲要》），确定了8个重点发展领域和108个重点研究项目。其中第二十九项为研究煤的气化、液化技术，低热值燃料发电和综合利用技术。

国家科委根据其中第六子项目的要求，组织当时的电力、机械、煤炭和化工四个部门，于1979年初立项计划在苏州电厂内筹建一座10 MW级的IGCC试验电站（296工程），采用当时国内已有的固定床Lurgi气化炉、6 MW的燃气轮机和苏州电厂原有的蒸汽轮机开展煤气化联合循环发电技术的试验研究。后来该实验因故中止，转向IGCC关键技术研究。

2）启动阶段

1994年4月，我国成立了由三委（国家科委、国家计委、国家经贸委）、三部（电力部、机械部、煤炭部）为主要成员的IGCC示范项目领导小组；1994年6月成立了由国内十一个单位组成的课题研究组，集中国内众多著名专家和教授开展"整体煤气化联合循环（IGCC）发电示范项目技术可行性研究"的课题研究工作。九五期间，实施了"九五"国家科技攻关项目"整体煤气化联合循环（IGCC）关键技术"的研究，项目下设"煤的气化技术研究""燃气轮机技术研究"等四个课题，每个课题下再设若干专题，开展有关关键技术研究工作。《国家中长期科学和技术发展规划纲要（2006—2020年）》中将研发IGCC技术与装备列为优先项目之一，并列入2006年政府通过的"十一五"规划纲要。2007年6月《中国应对气候变化科技专项行动》中提出将CO_2捕集、利用和封存技术纳入重点任务。2008年10月政府发表《中国应对气候变化的政策与行动》白皮书。2009年7月我国正式建设IGCC示范机组。2010年8月神华集团CCS项目在内蒙古鄂尔多斯开工建设，成为亚洲规模最大的CCS工程。

3）燃气轮机引进与攻关阶段

IGCC由两大部分组成，即空分、煤粉或煤浆制备、气化与净化部分；燃气-蒸汽联合循环发电部分。主流的气化炉有喷流床（entrained flow bed）、固定床（fixed bed)和流化床(fluidized bed)三种。在整个 IGCC 的设备和系统中,燃气轮机、蒸汽轮机和余热锅炉的设备和系统均是商业化多年且十分成熟的产品。但是,几种技术集成的 IGCC 在国内还处在示范阶段,尤其是中低热值燃气轮机的设计与制造更是短板。

(1) 新型水煤浆气化初步成果　“十五”期间,列为国家高新技术研究发展计划(863 计划)重大课题的“新型水煤浆气化技术”进入商业化示范阶段。该技术与 Texaco 工艺相比,取得了 4 项成果:负荷调节范围大,烧嘴寿命长;粗煤气激冷用破泡床结构,解决了粗煤气带水的问题;粗煤气洗涤除尘方式可以有效地除尘,并解决了洗涤后粗煤气带水的问题;灰黑水的处理采用闪蒸汽与灰水直接混合换热的方式,解决了换热器的结垢问题。

(2) 干煤粉气化中试　2004 年末,我国又开展干煤粉气化中试装置的研发,率先在国内展示了气流床粉煤加压气化技术的优越性能。中试装置气化温度为 1 300～1 400℃,气化压力为 2.0～3.0 MPa,根据 1 对喷嘴或 4 个喷嘴运行情况不同,装置操作负荷可调范围较大,处理煤量为 15～45 t/d。氧煤比主要操作范围为 0.5～0.6 m^3/kg(标态),汽煤比的操作范围为 0～0.3 kg/kg。结果表明,该技术各项工艺指标与 Shell 和 GSP 煤气化技术基本处于同一水平,与多喷嘴对置式气化炉的水煤浆相比,节煤 2%～4%,节约氧气 16%～21%,表现出明显的低消耗优势。

(3) 两段干煤粉加压气化装置　2004 年西安热工研究院等单位建成了我国第一套带水冷壁和煤气冷却器的两段式干煤粉加压气化中试装置,该装置处理煤量为 36～40 t/d,操作压力为 3.0～4.0 MPa,操作温度为 1 300～1 600℃。先后进行了褐煤、烟煤、贫煤、无烟煤等十多种煤的气化试验,完成了 168 小时连续运行考核试验,包括干煤粉加压浓相输送系统、气化炉性能、喷嘴、水冷壁和煤气冷却器、气化工艺控制策略、控制系统的试验研究,为“绿色煤电”计划第一阶段 250 MW IGCC 示范工程提供设计依据。

(4) 关键问题　2016 年,中国燃气轮机大会讨论了 2001 年以市场换技术的燃气轮机之路,这条道路并不顺畅。在与外方的合作中,中方企业始终被隔绝在核心研发技术之外,关键部件依靠进口,从新机市场到服务市场,外企主机制造商几乎占据了中国燃机市场所有份额。

虽然一些公司在 2011 年几乎实现了重型燃机 100%的国产化,但仍没有完全掌握核心技术,包括应用基础研究、关键技术验证、设计研发、产品生产、产品应用等,国内公司仅成为外资企业的组装工厂和销售代表。尤其在 F 级燃气轮机初温 1 320～1 350℃、H 级、J 级初温 1 550～1 600℃的环境下,新的耐高温材料及热障涂层、先进的冷却结构应用基础研究以及关键技术验证都是短板。不久前,上海电气公司收购了意大利安萨尔多能源公司 40%亚洲销售、60%研发股份的股权,将促进我国燃气轮机设计制造技术的发展。

7.1.3.2　IGCC 发展规划

2016 年 4 月 7 日，国家发改委印发《能源技术革命创新行动计划（2016—2030 年）》的通知（发改能源〔2016〕513 号），附件中将大型 IGCC、CO_2 封存工程示范纳入规划。

IGCC 具有发电效率高、空气污染物排放低等特点，但是新建 IGCC 电站的“高成本”一直是市场化的障碍。其原因如下：缺乏自主研发技术，装备造价不降反升；IGCC 技术的应用投资与能源市场价格走低的变化关联；多联产的 IGCC 发展模式与现有单一产业体制结构的矛盾等。

清华大学、中科院工程热物理研究所等研究者以广义总能系统新概念突破了原有狭义的能源利用思维，这一概念重在不同循环、不同技术、不同产品的有机结合和多目标优化[12]。

1）创新技术路线

热力循环方面的创新技术归纳为以下几点：①整体煤气化湿空气透平循环（inter-grated gasification humid air turbine，IGHAT）。②整体煤气化燃料电池联合循环（IGFC－CC）。③磁流体发电联合循环（MHD－CC），即把利用等离子体直接发电的磁流体发电装置（MHD）与常规的燃气或蒸汽热力循环相结合的另一种多重联合循环。④多联产和综合利用 IGCC 系统。⑤开发新型化学链反应的动力系统（CLSA），其新颖点在于：一是回收 CO_2 不需要消耗额外的能量；二是从根本上去除了 NO_x；三是高的热效率，同比 1 200℃级分离 CO_2 的燃气-蒸汽联合循环电站，热效率提高 17%。⑥研究带 CO_2 分离回收的 IGCC 半封闭式循环系统，采用富氧为气化剂，容易回收、储存 CO_2。

2）IGCC 发展目标[13-15]

近期，采用更先进的燃气轮机，IGCC 净效率达到 50%或更高，降低比投资，发电成本小于 0.05 $/(kW・h)，污染物排放是美国环境保护署（EPA）颁发的污染控制标准（NSPS 标准）的 1/10。IGCC 机组的经济性、可靠性将进一步提高。

远期，以气化为基础的高效清洁的能量综合转换系统发电效率将达到 60%，降低比投资和发电成本，污染物和温室气体达到近“零”排放。

3）发展步骤

IGCC 的发展步骤：第一步，在 250 MW 级 IGCC 示范工程基础上提高整体经济性；第二步，总结 IGCC 电站运营经验教训，完成绿色煤电关键技术的实验和验证；第三步，建设具有 CO_2 捕集、封存与利用（CCUS）的示范电站；第四步，完成大规模煤制氢、燃料电池发电、氢气燃气轮机联合循环发电和二氧化碳分离等技术工程化的研发，建设 400 MW 级“绿色煤电”工程。

4）关键技术

IGCC发展的关键技术包括两方面：其一，掌握自主的水煤浆气化、干煤粉加压气化设备与系统的整体设计，包括中低热值合成气的燃气轮机、燃烧室、低能耗空分系统和机组操控系统，建立IGCC机组性能标准体系。其二，开发大型IGCC多联产技术，攻克低成本、低能耗制氧氢分离技术和CCUS应用技术，降低IGCC多联产投资成本，提高能量转换利用效率和联产系统的运行可靠性。

7.2 气化炉的研发与实践

我国煤气化应用技术是在化工行业引进煤气炉基础上发展起来的，目前我国在煤气化方面已经积累了丰富的实践经验，形成了完整的水煤浆气化理论体系，并且开发了拥有自主知识产权的水煤浆气化技术和干煤粉气化技术。至今，我国已成为世界上应用煤气化技术种类最多的国家。我国煤气化市场的需求量大，估计到2020年煤气化炉的需求量将达到2 250套。

7.2.1 煤气化炉的一般特性

商业化的煤气化炉有气流床气化炉（GE－Texaco，Shell，GSP，E－Gas等）、流化床气化炉（HTW、Winkler、AFB等）和固定床气化炉（Lurgi），它们各有特色。其中气流床熔渣气化炉最为流行。

7.2.1.1 简述

煤气化炉设计与燃煤特性关联度高。在不同煤种的气化反应中，压力与煤热解影响机制、该阶段的热解产物及煤的热物理性质密切相关。

实验表明，气化中存在最佳热解压力使煤焦表面结构的发展最为有利。如神府煤的最佳压力为0.8 MPa，在该压力下，含氧官能团的减少以及骨架结构的生长对煤焦的化学结构产生显著影响。气化反应动力学参数的变化与煤焦表面结构特性的变化呈现一致性。

研究者采用分形理论对气化过程中煤焦表面结构特性进行分析，发现不同孔径的孔隙结构具有不同的分形维数和演变特征，主要表现为微观孔隙的生长和宏观孔隙的塌缩；还发现灰分在煤焦表面结构发展中具有双重作用，特别是低变质程度煤。考虑到高阶煤气化反应性较差，通过添加催化剂研究高阶煤的气化反应动力学发现不同的催化剂具有不同的适用温度范围，且催化作用与添加量并不存在明显的线性关系。从金属盐催化剂的综合比较分析，钙盐比较适合用作高阶煤气化反应的催化剂。

以不同煤种气化反应过程中的不同转化率分析煤焦表面结构特征，发现高变质煤倾向于表面挥发,而低变质煤则更趋于立体挥发。

7.2.1.2　工艺指标与特点

1）性能指标

煤气炉工艺性能指标如下:气化炉的容量,该指标可用单台气化炉气化用煤的日耗量(t/d)或在标准状况下单位时间所产生的煤气量(m^3/h)表示;煤气的容积成分;煤气的热值(低位或高位发热量);粗煤气中有效气(CO 和 H_2)成分所占的百分数(%);产气率,即 1 kg 标煤产生的煤气(m^3/kg 煤,标准状况下);冷煤气效率,冷煤气效率=煤气热值×产气率/煤的热值;耗氧率,即标准状态下产生 1 m^3 煤气所需要的氧气(或空气)(m^3/m^3 煤气,标况下);耗汽率,即标准状态下产生 1 m^3 煤气所需要的水蒸气质量(kg/m^3 煤气,标况下);碳转化率,即 1 kg 煤气化后,产生的合成气中的含碳量与 1 kg 煤的含碳量之比;热煤气效率,即 1 kg 煤气化生成煤气的发热量及其显热被系统回收部分之和与煤的热值之比。

煤气炉运行性能指标如下:煤种适应性,即适宜气化炉的煤种数量及元素分析或工业分析的成分;负荷变化的适应性,包括维持煤气的压力和成分保持基本不变的单位时间内煤气流量允许的变化(突增或突减)范围(以%/min 表示),以及气化炉能够稳定工作的最低工况(%)下气化炉的炉渣和废水中有害物的成分和含量;气化炉中的耐火砖、耐火炉衬、燃烧喷嘴等的使用寿命及气化炉的持续运行时数。

2）各煤气化工艺的特点

目前,煤气化技术趋于成熟,应根据煤的性质,从降成本的经济角度及工程的规模来选择气化工艺[16-17]。固定床工艺可制得中热值煤气,适于城市和工业燃料气的利用,但需要块煤,产生大量难于净化的焦油甲烷,不宜做化工合成气,耗蒸汽量大且容量规模小。流化床工艺可使用碎煤,无焦油酚类,系统简单,耗氧低,加压流化床可规模化。灰熔聚流化床(agglomerating fluidized bed, AFB)适于多煤种,对灰分含量不敏感,但是转换率较低,排渣量大,需再燃处理。气流床气化工艺的单炉容量大,大容量运行经验较丰富,有较好的煤种适应性,变负荷能力强,碳转化率较高,适宜较大容量的 IGCC 发电工程。

7.2.2　几种气化装置的应用

我国在引进煤气化技术的基础上,经过多年的实践,改进了气化装置的结构,使之适应国内燃料的气化特性。

7.2.2.1　多喷嘴对置式水煤浆气化技术

1）水煤浆煤气化技术应用

山东兖化集团是我国最早运行水煤浆气化技术的企业之一。研究者开发多喷嘴对置式水煤浆煤气化技术,采用两套进料系统,大大提高了气化炉稳定性和可靠性。

究化的单炉每年运行 7 561 h，气化炉拱顶耐火砖寿命超过 8 000 h，连续运行超过 100 d，达到了业内水煤浆气化炉单炉运行的领先水平。在同比条件下，华东理工大学多喷嘴水煤浆气化技术与其他水煤浆气化技术相比，碳转化率不低于 99%。

2）案例

某项目投运的 3 台气化炉采用自主研发的新型水煤浆加压气化技术，激冷流程，壳体内径为 3 600 mm，单台投煤量为 2 500 t/d，最大投煤量为 3 000 t/d，设计压力为 6.35 MPa，正常生产期间为两开一备；粗煤气洗涤采用混合器增湿、旋风分离和水洗系统；3 台棒磨机、2 台煤浆储槽；3 台黑水泵，2 开 1 备；灰水处理为 3 级闪蒸和真空过滤。

该项目存在的问题与改进措施如下所述。

(1) 运行中用板式塔替代水洗塔和蒸发热水塔，与填料塔相比，板式塔改善了传热和传质的效果，减轻了结垢后灰渣堵塞现象。

(2) 气化炉渣口耐火砖对激冷环管的保护不完善。被选用的奥氏体钢（Incoloy 825）属于特级超耐热合金锻件，但在气化炉严酷的气氛中，腐蚀速度仍很快。改进措施：将在气化炉渣口与激冷环结合处的耐火砖改成 L 形砖，从上部和内部覆盖激冷环，既增加了该砖在径向的冲刷裕量，又使托砖板法兰和激冷环管隐藏在其后面，使温度降低，寿命延长。

(3) 磨煤系统使用的磨煤水来自渣水处理系统的滤液、沉渣池黑水、变换汽提塔汽提气冷凝液、甲醇精馏废水和低温甲醇洗的甲醇精馏废水。多路废水进入磨机进口的落煤管，由于其流量不稳定，计量不准确，对操作和煤浆浓度影响很大，易造成堵煤或一级滚筒筛带浆，严重影响磨煤系统的稳定运行。改进措施：系统管线改成单独从称重给料机落煤口进入，并及时调节供水量。

(4) 澄清槽底污水泵堵塞问题，通过优化操作工艺和改进泵管线予以解决。

(5) 闪蒸系统黑水管线易磨损部位集中在减压角阀阀芯、阀座，黑水缓冲罐内壁及其直管段耐磨垫板，黑水进减压罐的折流挡板，包括高、低、真空闪蒸系统减压角阀、黑水缓冲罐、进减压管的折流挡板。改进措施：加长减压阀后的直管段，减压角阀阀芯、阀座采用碳化钨镀层保护，黑水缓冲罐内壁采用合金钢耐磨衬里，黑水进减压罐的折流挡板采用锰钢材料。

(6) 高温热电偶受气化炉高温气体和熔融灰渣的冲刷、腐蚀，使用寿命短，甚至十几天内就全部烧坏。改进措施：操作上减少开停车次数，避免过氧和长时间高温操作；适当增大热电偶在向火面内的缩进尺寸，提高热电偶保护套管的耐高温、耐高压、耐腐蚀、耐冲刷等性能，开发先进的测温方法。

(7) 气化炉激冷环黑水过滤器选型不合适，篮式过滤器的进水口朝上，滤筒内积存的滤渣无法排出，须通过优化检修操作规程，确保过滤器安全可靠运行。

该项目的三台气化炉两开一备，运行负荷在 80%以上，自投运以来均能达到三个月以上的运行周期。

7.2.2.2　清华水煤浆气化炉

1）工业性试验和示范

清华水煤浆气化炉先后进行了工业性试验和机组示范[18]。试验结果：500 t/d 气化炉上部炉温比 GE 水煤浆煤气化炉温下降 50℃，喷嘴试验寿命延长 1 倍；有效气成分提高 1%～2%，碳转化率、比氧耗、比煤耗均有所改善，达到国际先进水平，于 2007 年 12 月通过科技成果鉴定。示范机组结论：气化炉在 2011 年 8 月 22 日一次投料成功，并连续运行 140 天；水冷壁循环安全，机组启动快，煤种适应性好，可采用高灰熔点为 1 500℃的煤种。

2）关键技术

清华水煤浆气化炉采用氧气分级送入气化床的煤气化技术，通过分级送风解决了炉内气流动力场和炉温分布的难题。

（1）结构特点　气化炉采用垂直悬挂膜式水冷壁结构（见图 7－7），自然循环方式，中压饱和蒸汽。水冷壁、烧嘴冷却水合用一套水循环系统。

（2）燃烧器结构与布置　燃烧器采用组合式工艺喷嘴（见图 7－8），自带点火功能，燃料气点火升温，水煤浆投入，并与预混合燃料气一起在气化炉内雾化着火，结构简洁可控。

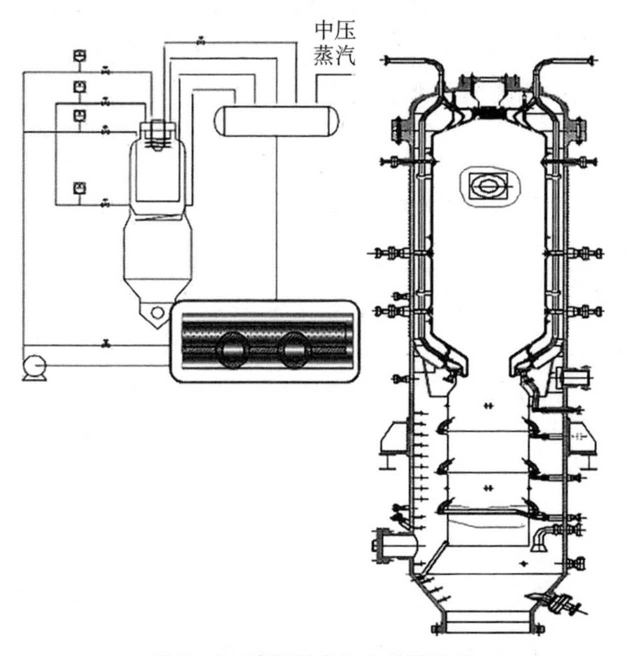

图 7－7　清华气化炉水冷壁结构

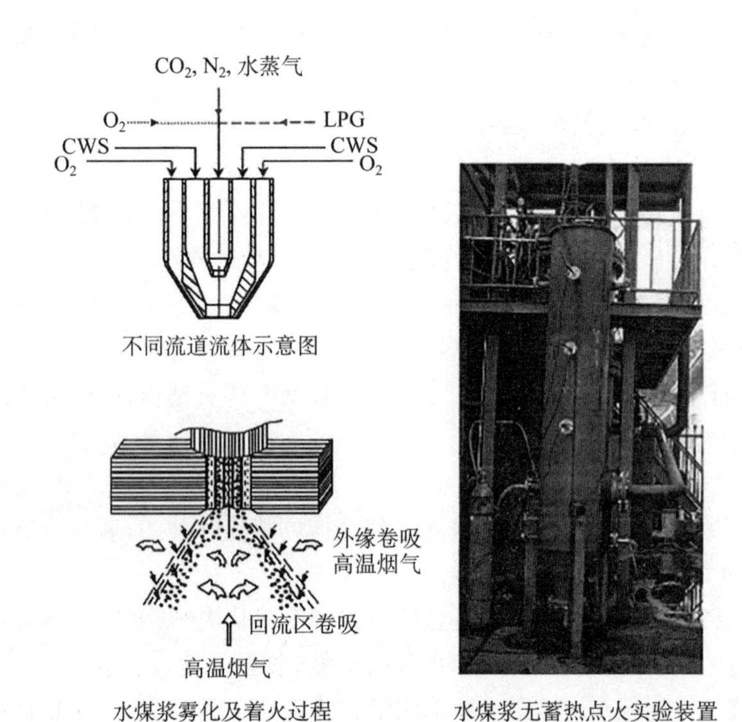

图 7-8　水煤浆喷燃器及其实验装置

(3) 水动力特性分析　在气化炉水冷壁管试验中,比较了几种不同口径管的水动力特性。水冷壁管子 $\phi 38\ \mathrm{mm} \times 6\ \mathrm{mm}$ 的水动力结果表明(见图 7-9):系统阻力低,冷却水分布均匀,没有出现汽水分层现象。

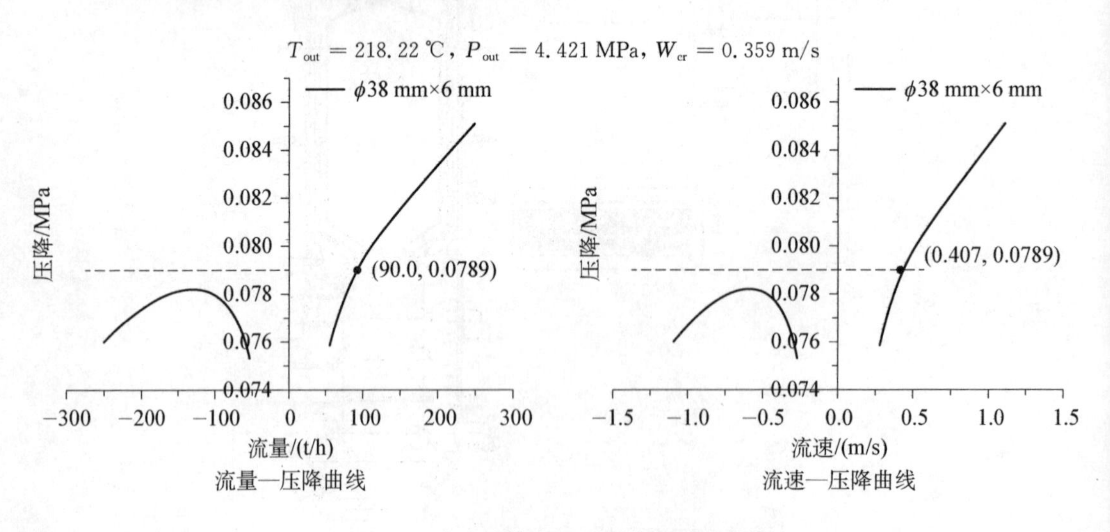

图 7-9　水冷壁管流量、流速与压降的特性

(4) 综合性能　气化炉的水冷壁结构不受耐火材料温度的限制,水冷壁结构吸收热量仅占入炉总热量的千分之几,有利于扩大使用煤种。气化炉启动快捷安全,一支组合烧嘴,实现点火、升温、投料的全过程,从冷态到满负荷仅需 3 h。采用水冷壁、水冷烧嘴,省去备用炉,运行周期长达 8 000 h,烧嘴寿命长达 180 d。运行一定时间后,黏附在水冷壁上的渣膜趋向稳定。水冷壁炉渣层的动态响应速度比耐火砖炉快,水冷壁炉响应时间为 1 h,耐火砖炉响应时间为 5 h。两者渣层厚度的动态变化不同,耐火砖炉的渣层厚度仅与温度成反比,而水冷壁炉受温度和渣层相变两方面的影响。炉壁结构与黏附渣膜厚度的关系如图 7 - 10 所示。系统蒸汽压力可提高 50%~100%,粗合成气中 H_2 高出 50%,运行成本降低。

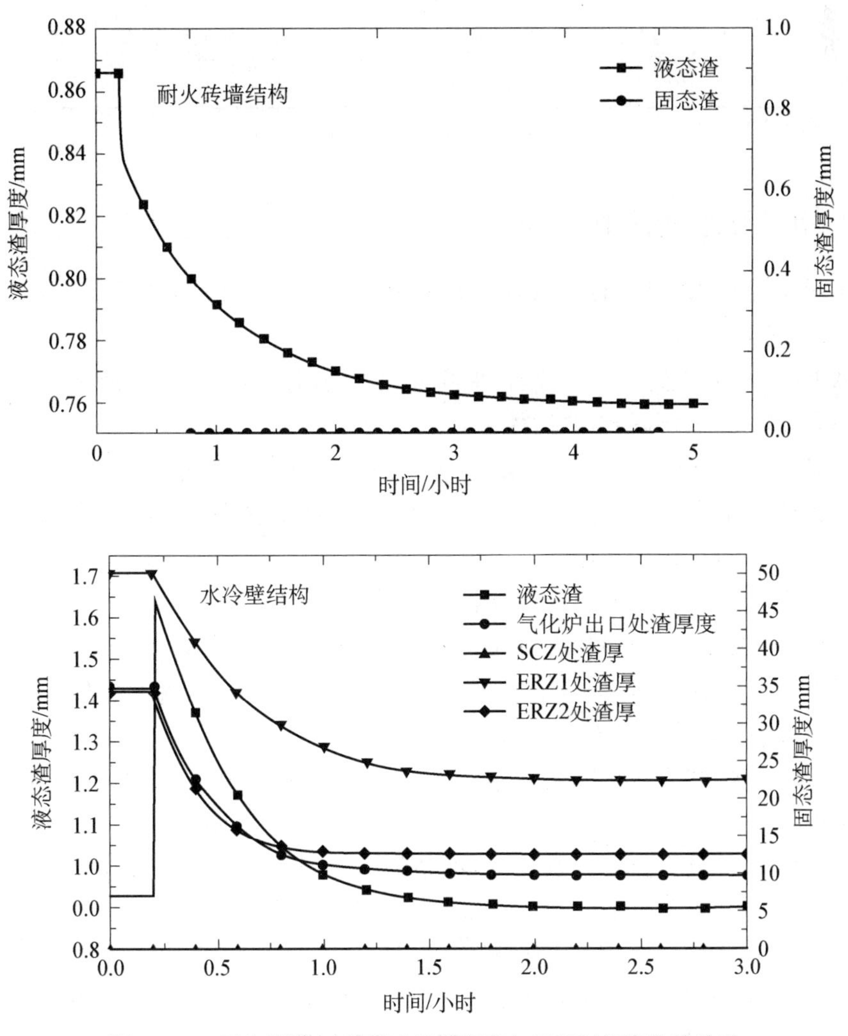

图 7 - 10　耐火砖墙、水冷壁上渣膜厚度与运行时间变化的关系

7.2.2.3 热工院两段式干法煤粉气化炉

TPRI 2 000 t/d 二段式干煤粉加压(31 barg)气化炉是西安热工院为我国天津IGCC示范项目自行设计的气化炉,燃用神华煤,废热锅流程,冷煤气效率为83%左右。表7-6给出了粗煤气净化后的合成气摩尔组分。详情参见7.4.2案例——天津华能IGCC电厂。

该系统除烟气脱硫、脱硝、除尘外,还将为发展低碳清洁能源提供重要的燃烧前捕集 CO_2 技术。

表7-6 合成气摩尔组分

单位:%

成分	CO	CO_2	H_2	N_2	AR	H_2O	H_2S	HCN	COS	NH_3	CH_4
数值	55.49	0.86	26.40	8.82	0.11	7.74	0.134	9.04×10^{-3}	0.012	0.005 8	0.43
饱和后①	33.92	1.197	15.34	9.147	0.068	39.8	7 ppm				0.51

① 减注蒸汽工况下(饱和后压力为26 bar、温度为180℃、流量为249 t/h)。

7.2.3 几种气化炉的特性

不同煤气化炉的结构有不同的气化特性、气体组分以及相应的技术要求。

7.2.3.1 简况

从IGCC的热电转换角度分析,提高合成气的温度、增加压力、强化混合是实现大规模高效煤气化过程的重要途径。

目前国内外IGCC及多联产项目气化技术从选型上看,气流床煤气化技术以其气化压力高,碳转化率高,合成气无焦油和酚类等难处理物质,容易大型化、规模化的优势,成为新一代清洁煤气化生产技术的首选。

在气流床中,按加料方式又分为干粉加料(如Shell、TPRI、GSP、MHI、华东理工大学的多喷嘴粉煤等)和湿法加料(如GE-Texaco、E-Gas、华东理工大学的多喷嘴水煤浆等)。干法加料一般要求入炉烟煤含水在2%以下,褐煤含水在8%以下;湿法加料要求水煤浆浓度在60%左右。

一般固定床单炉加煤量小于2 000 t/d,在生产过程中还会产生焦油和含酚废水,这些缺点限制了固定床工艺的推广应用。气流床和流化床拓展了对煤种的适应性,气流床气化温度和压力高,适用于高灰、高硫、高熔点煤种,不产生焦油和废水,气化规模大,气流床单炉加煤量达3 200 t/d,单台流化床炉加煤量达4 000 t/d。

美国壳牌石油集团有限公司(Shell)的煤气化技术代表了美国的干粉气流床气化技术,这个技术的特点是气化温度压力高,单台炉加煤量达3 200 t/d。中国的干粉气流床气化技术生产规模相对较小,气化温度也较低,在碳转化率、冷煤气效率和有效气含量等方面与美国先进的干粉煤气化技术存在着较为明显的差距。

中国研制的多喷嘴对置水煤浆气化技术单台炉加煤量可达 3 000 t/d，已达到当前国际水煤浆气化技术的先进水平，同时其碳转化率、冷煤气效率和有效气含量等指标与美国通用汽车公司技术相当。中美现阶段气化炉的技术对比见表 7-7[19]。

表 7-7 中美现阶段气流床与流化床气化炉的技术对比

技术名称	气流床					流化床	
	壳牌集团煤气化	两段干粉加压气化	英国通用汽车集团水煤浆	多喷嘴对置水煤浆	熔渣非熔渣分级气化	输送床气化	灰熔聚气化
知识产权	美国	中国	美国	中国	中国	美国	中国
成熟度	工业化						
排渣方式	液态排渣					固态排渣	
单炉最大煤量/(t/d)	3 200	2 000	2 000	3 000	1 000	4 000	500
气化压力/MPa	2.0～4.0	3.0～3.5	4.0～6.5	3.0～6.5	4.0～6.5	～4.0	0.03～1.0
气化温度/℃	1 400～1 700	1 400～1 600	1 300～1 400	1 300～1 400	1 300～1 400	900～1 050	1 000～1 100
冷煤气效率/%	78～83	83	71～76	—	71～76	78～83	～71.3
有效气成分/%	90～94	91	78～81	83	83	～80	72～78
碳转化率/%	99	>98	>98	>98	>98	>98	>90
气化煤种	褐煤、烟煤、石油焦	褐煤、烟煤、贫煤、无烟煤	煤、石油焦	多数烟煤、部分褐煤	高灰分、高熔点、高硫煤	褐煤、次烟煤等低阶煤	褐煤、次烟煤、烟煤、无烟煤

7.2.3.2 几种气化炉技术

国内外开发的气流床技术较多，包括水煤浆和粉煤气流床技术，它们各有优缺点。工程应用时应根据设计条件，从商业运行的基础上考察气化炉的运维业绩、评估气化炉的企业综合效益，使各种气化炉的性能比较具有客观性和公平性。

1）水煤浆气化

水煤浆气流床技术有 GE 公司气化技术、华东理工大学对置式多喷嘴水煤浆气化技术、清华大学的水冷壁水煤浆气化技术和美国 DOW 化学公司的 E-Gas 气化技术等。水煤浆气流床的结构参数见表 7-8。

常规水煤浆气化温度比粉煤气化温度低，合成气中有效成分($CO+H_2$)体积分数低 10%，氧耗高 20%左右，虽然可以提高气化压力以及由于具有较高的氢含量使需要的变换能耗少，但炉体为水冷壁，对燃煤的黏温性有要求。总体上，其能效利用率低于粉煤气化。

表 7－8　几种典型水煤浆气流床的结构参数

项目	GE公司水煤浆技术	对置式多喷嘴技术	水冷壁水煤浆技术
烧嘴	单喷嘴	四喷嘴对置	单喷嘴
炉体	保温砖	保温砖	水冷壁
合成气冷却热回收	水激冷/废锅/半废锅	水激冷	水激冷
运行规模/(t/d)	3 000	2 000	700
允许最大规模/(t/d)	3 000	3 000	1 500～2 000
实际运行压力/MPa	4.0/6.5/8.7	4.0/6.5	4.0/6.5
工业化起步	美国(1983 年)/兖矿鲁南公司(1993 年)	鲁能恒升公司(2004 年)	山西丰喜公司(2008 年)
国内运行业绩	非常多	多	一套
发展方向	高压、半废锅	较好	看好操作周期长
改进方向	煤化工的稳定运行	进一步大型化	大型化、半废锅流程

2）粉煤气化技术

（1）粉煤气流床　粉煤气流床技术有壳牌公司的SCGP技术、中国航天科工集团的HT技术、同源于前德国燃料研究所的西门子公司的GSP技术和科林公司的CCG技术、中国石化SE东方炉气化技术。实际工业运行的几种粉煤气流床气化技术的特点比较见表7－9。

表 7－9　几种典型粉煤气流床的结构与规模[20]

项目	GSP技术	SCGP技术	CCG技术	HT技术
烧嘴	顶部下喷、单烧嘴、旋流式	下部切圆布置，多烧嘴(4～6)，旋流式	顶部下喷，多烧嘴，旋流式	顶部、单烧嘴，旋流式
炉体	上部燃烧室、下部急冷、盘管式水冷壁	中部燃烧室、上部合成气出口、膜式水冷壁	上部燃烧室、下部急冷室、盘管式水冷壁	上部燃烧室、下部急冷室、盘管水冷壁
合成气及渣冷却	炉底同向排出、水激冷	上行气体激冷＋废锅下行灰渣水激冷	炉底同向排出，水激冷	炉底同向排放水激冷

（续表）

项目	GSP技术	SCGP技术	CCG技术	HT技术
运行规模/(t/d)	1 500	2 000～3 000	1 200	750～1 500
合成气与灰渣流向	同向	异向	同向	同向
国内运行业绩	5台1 800 t/d	多	2台1 200 t/d	5台1 500 t/d
大型化难度	难(单烧嘴)	易(多喷嘴)	易(多喷嘴)	难(单烧嘴)
改进方向	稳定给煤，降低灰渣比，大型化	开发激冷技术，降低单位投资	大型化	大型化，改善火焰分布，提高转化率，降低灰渣比

煤粉气化炉通过煤的混配比可适当放宽燃煤的灰熔点范围。

粉煤气化温度高，碳转化率高；产品中气体甲烷含量极少，不含焦油和酚，有效气组分($CO+H_2$)体积分数达到90%；与水煤浆气化工艺相比，氧耗低(15%～25%)，可降低配套的空气分离装置投资和运行费用；热效率高，煤气化的冷煤气效率可以达到80%～83%，其余约15%副产高压或中压蒸汽，总热效率高达98%。

几种煤气化炉型的技术对比及气流床熔渣气化炉的基本特性分别见表7-10与表7-11。

表7-10　几种煤气化炉型的技术对比

项目	壳牌	GE(德士古)	GSP	恩德	一段	二段
气化工艺	气流床、液态排渣，渣碳低	气流床	气流床	流化床，固态排渣，渣碳含量小于10%	固定床，固态排渣，渣碳含量不小于20%	固定床，固态排渣，渣碳含量小于20%
适用煤种	褐煤，烟煤，石油焦	烟煤(配比)，石油焦	烟煤(配比)，石油焦	褐煤，长烟煤，不粘煤	弱粘煤	弱粘煤
进料颗粒	<80目	<200目	<80目	<10目	>20 mm	>20 mm
气化压力/MPa	2.0～4.0	2.7～6.5	3.0	常压	常压	常压
温度/℃	1 400～1 600	1 300～1 400	1 400～1 600	1 050	—	—
气化剂	氧	氧	氧	空气、富氧，纯氧	空气	空气
单炉投料/(t/d)	2 000	1 000	2 000	500～800	180	
氧量/1 000 m^3 ($CO+H_2$)	330～360	380～430	300～360	180～297		
煤气($CO+H_2$)/%	90	80	86	46～78	34	34～44

（续表）

项目	壳牌	GE(德士古)	GSP	恩德	一段	二段
对环境影响	较低	较低	较低	较低	焦油、硫化物、粉尘	
气化效率/%	80～83	76	80	69～76	<65	<70
碳利用率/%	99	96～97	98	91	80	86
工业造气适应性	量太大，不宜			较适合	逐渐淘汰，厂内用	
投资对比	高			较低	低	较低

（2）壳牌炉的特点　壳牌炉的最大特点是设有4～6个烧嘴，在气化炉体上呈切圆式分布，火焰分布性好。此外，其气化温度很高，煤的转化率可达99.8%；多烧嘴使负荷调节灵活，负荷调节范围为40%～100%；煤烧嘴设计寿命为8 000 h，保证气化装置能够长周期稳定运行；其大型化的可能性比单喷嘴要高。其不足之处在于废锅流程系统复杂，气流系统易堵，且单炉系统投资大。

表7-11　几种气流床熔渣气化炉的基本特性

名称	Texaco	Shell	E-Gas	TPRI
简图	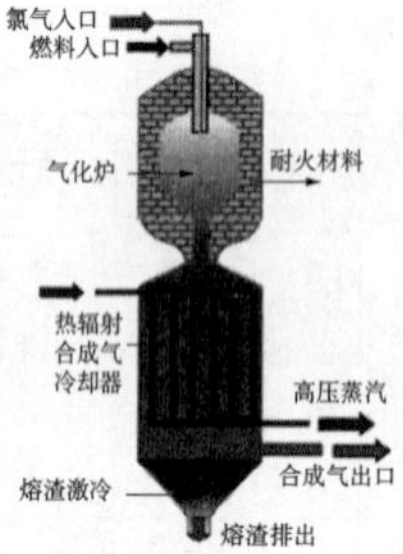	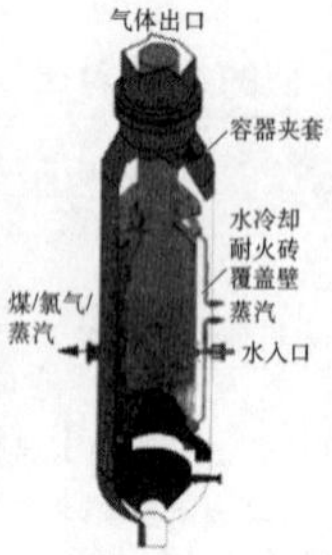	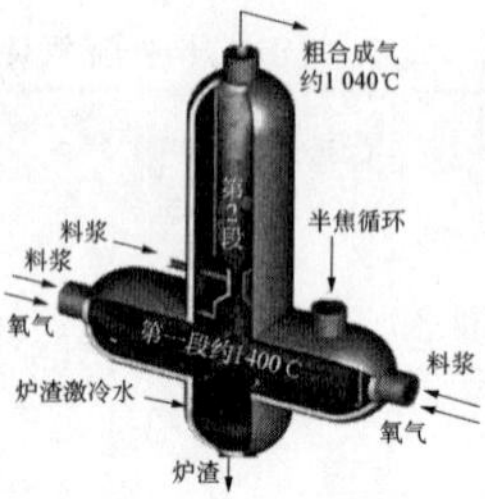	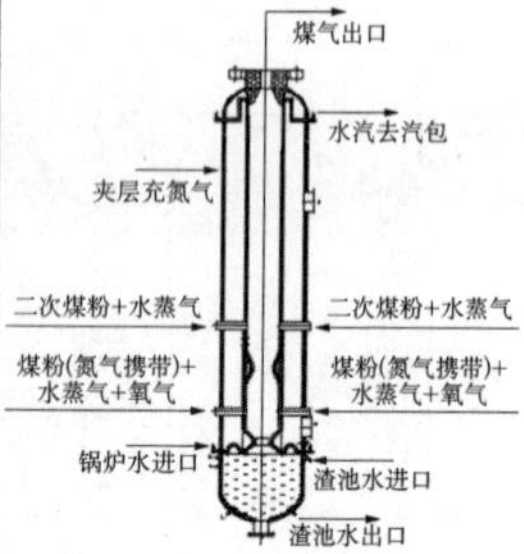
燃料供给	水煤浆（～65%），$dp<0.1$ mm	干煤粉（$dp<0.1$ mm）$W<2\%$，N_2输送气体	水煤浆（浓度60%～65%），两段进料，无需循环气	2 000 t/d级干煤粉加压气化炉
参数	2.8～6.5 MPa，1 350～1 400℃	3.0 MPa，1 500～1 600℃	1 300～1 450℃；2.8～2.9 MPa	31 bar，1 300～1 600℃
效率	冷煤气76.8%，过程效率67.2%	冷煤气80.7%，过程效率71%	碳转化率高达99%	冷煤气效率为83%左右

7.3 IGCC与系统

IGCC电站的动力岛是一套燃烧中低热值煤气且与IGCC的工艺流程密切结合的燃气-蒸汽联合循环发电装置。三大主要设备有燃气轮机、余热锅炉和蒸汽轮机，燃气轮机是其中的关键设备。IGCC还配置许多辅助系统，包括气化炉、空分、合成气净化以及CO_2捕集存储等系统。

7.3.1 简述

自2002年起，我国通过“打捆”招标，三个联合体分别与国外三家著名燃气轮机制造商共同引进F级燃气轮机制造技术，合作生产F级燃气轮机(见表7-12)。三大企业均分别与各自的合作伙伴成立了合资公司，为燃气轮机提供维修和现场服务，或生产燃气轮机高温热部件(外方持有51%的股份)。合资公司的建立和运营对我国大功率燃气轮机的国产化进程起到一定的推动作用。

通常，IGCC动力岛装备中燃烧中、低热值的燃气轮机都是由以天然气或轻柴油为燃料的常规燃气轮机改造而成。表7-13给出了一些燃气轮机及其联合循环的性能参数可供参考。

表7-12　三种型式燃气轮机及其联合循环机组的主要性能参数[①](ISO条件)

合资伙伴	哈电-美国GE	东电-日本三菱	上电-德国西门子
燃气轮机型号	PG9351FA型	M701F	V94.3A
功率/MW	255.6	270.3	265
热耗率/(kJ/(kW·h))	9 759	9 421	9 348
联合循环机组型号	S109FA	MPCP 1(M701F)	1S.V94.3A
功率/MW	390.8	397.7	385.5
热耗率/(kJ/(kW·h))	6 349	6 318	6 305
净热效率/%	56.7	57.0	57.1

① 三种型式联合循环机组均为1台燃气轮机+1台蒸汽轮机配置。

表7-13　一些典型的燃气轮机及其联合循环发电机组的技术参数

公司名称	机组型号	ISO基本功率/MW	压比	燃气初温/℃	供电效率/%	余热锅炉机组型号	ISO基本功率/MW	供电效率/%	所配的燃气轮机
GE Power System	PG9231(EC) PG9351(FA)	169.2 255.6	14.2 15.4	1 288	34.93 36.90	S-109EC S-109FA S 109H	259.3 390.8 480.0	54.0 56.7 60.0	1台MS9001EC 1台MS9001EA 1台MS9001H

（续表）

公司名称	机组型号	ISO基本功率/MW	压比	燃气初温/℃	供电效率/%	余热锅炉机组型号	ISO基本功率/MW	供电效率/%	所配的燃气轮机
ABB Alstom	GT13E2 GT26	165.1 265.0	14.6 30.0	1 260 1 235	35.74 38.37	KA13E2－2 KA13E2－3 KA26－1	485.7 727.5 393.0	53.2 53.2 58.5	2台13E2，双压余热锅炉 3台13E2，双压余热锅炉 1台GT26，三压余热锅炉
Siemens Siemens Westinghouse	V64.3A W501G V94.3A	68.0 253.0 258.0	16.2 19.2 17.0	1 310 1 427 1 310	34.72 36.54 38.39	1.V94.2 1S.V94.3A 1.W501F	232.5 385.5 273.5	51.5 57.1 55.5	1台V94.2 1台V94.3A 1台W501F
Mitsubishi Heavy Industries	M501G M701G	254.0 334.0	20.0 21.0		38.74 39.55	MPCP1 (M701) MPCP1 (M701F) MPCP1 (M701G)	212.5 397.7 484.4	51.4 57.0 58.0	1台M701 1台M701F 1台M701G

7.3.2 合成气燃气轮机

中低热值燃气轮机区别于常规的燃用天然气燃气轮机的设计。IGCC中的燃气轮机要直接燃烧由煤气化生成并经过净化的合成气，合成气主要成分为H_2、CO、CO_2以及N_2等，热值低，约为天然气热值的1/4～1/3；机组还要与IGCC的工艺流程（如空分系统）有机地组合为一个整体，这给燃气轮机的燃烧系统及通流部分设计带来一系列问题。

7.3.2.1 合成煤气的特性

合成煤气的特性受气化炉的形式，供煤方式（水煤浆、干粉），气化剂（纯氧、富氧或空气）等因素的影响，所产生的合成煤气特性也不同（见表7－14）。因此，IGCC电站的燃气轮机结构性能必须适应燃料变化，包括启动燃料切换的要求。

表7－14 十种煤气化技术特性比较

气化炉类型	固定床	流化床			气流床					
气化技术	BGL	HTW	KRW	U－Gas	Texaco	Destec	Shell	Prenflo	GSP	ABB－CE
给煤形式	块煤	干粉			水煤浆		干粉			

（续表）

气化剂		O_2	O_2/空气			(95%)O_2			(85%)O_2	(95%)O_2	空气
粗煤气成分(干) V_0/%	CO	58.93		42.5	24.3	54	38.19	65.1	63.98	53.24	
	H_2	27.94		17.9	13.2	34	40.43	25.6	24.43	31.8	
	CO_2	3.03		36.4	5.2	11	21.10	0.8	4.4	9.70	
	CH_4	6.13		1.9	1.9	0.01	~0	0.01	0.01	~	
	H_2S			0.9	5.3 (H_2O)	+COS 0.3		+COS 0.07	+COS 0.58	+COS 0.04	
	N_2	3.35		0.4	49.9	0	0.28	8.03	6.57	5.20	
热值/(MJ/m^3)		13		7.58	4.69	10.2	9.19	11	10.8	10.5	4.47

7.3.2.2　燃烧系统改进

煤气热值可分为三类：高热值煤气，热值高于 15.07 MJ/Nm^3(3 600 $kcal/Nm^3$)；中热值煤气，热值为 6.28～15.07 MJ/Nm^3(1 500～3 600 $kcal/Nm^3$)之间；低热值煤气，热值低于 6.28 MJ/Nm^3。

高热值煤气有天然气等，中热值煤气有以氧气为气化剂的合成煤气和转炉煤气，低热值煤气有以空气为气化剂的合成煤气和高炉煤气。由于中低热值煤气和天然气的燃烧特性有很大的差别，以致 IGCC 系统中使用的燃气轮机燃烧室及系统与常规燃气轮机间也存在很大的差别。

1) 燃烧低热值煤气的难题

燃烧室中燃烧低热值煤气时将会遇到以下难题：①低热值燃气的燃烧稳定性差，在机组低负荷工况下容易熄火；②理论燃烧温升低，且火焰传播速度较小，在低负荷工况下容易发生 CO 和碳氢化合物燃烧不完全的问题，致使燃烧效率明显下降，CO 的排放量大大超过环保标准；③兼烧柴油时排气冒黑烟，NO_x 的排放量超过环境标准，这是因为机组启动、煤气化炉供气不足或发生故障时，需要燃用备用燃料柴油来维持整台机组运行；④火焰管壁局部地段温度甚至会比燃烧柴油时更高；⑤燃气轮机的燃烧室再改烧低热值煤气时，必须通过燃烧室的结构改造和大量的实验调整妥善解决上述问题。

目前，已发展的低热值煤气燃烧室的总体结构方案大致有单个（或双个）大管径的圆筒型燃烧室（如 Siemens 公司的 V94.2 和 V94.3）和多个小管径的分管型或环管型燃烧室（如三菱公司的 MW701D 等）两大类。

另外，考虑到空分系统的整体化程度、氮气回注、饱和器煤气加湿、中低热值煤气特性，以及主燃料与备用燃料和启动燃料的切换等因素，必须对燃料系统进行相应的改造,包括增大煤气系统的尺寸,彻底改造调节系统。

2) 燃气轮机通流部分改造

由于中、低煤气的热值低,常规的燃气轮机改烧中、低热值煤气,在维持透平前燃气温度不变的情况下,燃料的质量流量将要增大,以致流经透平的燃气质量流量会有相当程度的增加。为此,必须对燃气轮机的通流部分进行改造,解决机组各元件间的流量平衡问题,以免因透平质量流量的增大,通流能力不够而造成压气机喘振。

另外,空分系统与燃气轮机间的配合方式、氮气是否回注、煤气是否加湿等因素都会使通过燃气轮机各元件的流量发生变化。为此,必须根据具体情况改造燃气轮机的通流部分,制订合理的运行参数,解决上述各种原因所引起的流量不平衡问题。

改变燃气透平通流能力与压气机空气流量的主要方法有如下几种:①改变静叶片安装角,即增加透平叶片安装角,提高透平的通流能力,关小压气机进口可转动导叶和可转静叶,减小空气流量;②改变叶片高度,即增加透平各级叶片高度,可以有效地增大透平通流能力,同时保持透平内效率基本不变,用切顶的办法来减小压气机通流面积,降低压气机的空气流量;③压气机加级,增加压比,即压气机的末级之后或中间加级之后,流量基本不变,压比提高,燃气透平进口压力提高,流量提高;④适当降低透平进口燃气温度,即根据弗留格尔公式在透平膨胀比和通流面积不变时,降低透平前燃气温度可以提高燃气透平流量。

3) IGCC 燃气轮机的选型

IGCC 中燃气轮机的选型应该考虑以下几个主要问题:①燃气轮机的容量应与 IGCC 电站的容量相适应。在独立空分系统的 IGCC 电站中,燃气轮机的功率一般占电站功率的 60%～65%;整体空分系统的 IGCC 电站中燃气轮机的功率占 55%～57%。②应用热力性能较先进的燃气轮机。③机组要具有改烧中低热值煤气和回注 N_2 的业绩。④燃气轮机要具有其他有关部件改造经验和业绩——通流部分改造,压气机出口空气抽取口的开设等。⑤选用的燃气轮机和设计单位应具备改造 IGCC 电站调节控制系统的业绩或经验。

4) IGCC 燃气轮机技术的发展趋势和关键技术

通过对各国发展燃气轮机计划的目标、内容、技术措施和实施情况以及各大公司的燃气轮机产品发展情况的分析,可以把 IGCC 燃气轮机技术的发展趋势概括如下:不断向高参数、高性能、大型化发展;积极研究和应用新技术、新材料和新工艺;提高燃气轮机对各种燃料的适应性,并研究燃气轮机燃烧中低热值煤气的技术。

燃气轮机的关键技术如下:从总能概念进行系统设计,包括机组性能、高参数、高性能及大型化;新材料及隔热涂层、新工艺的开发,尤其是新的冷却技术的研究和应用;气动热力学设计技术,使合成气燃料适应IGCC系统对燃气轮机的特殊要求;全工况下的低污染燃烧技术。

7.3.3　余热锅炉——蒸汽轮机循环系统

IGCC系统内有许多热量可以利用,一般设置利用燃气轮机排烟余热的余热锅炉——蒸汽轮机循环系统。不同的IGCC系统在余热利用方面有较大差异,有的还设置冷却合成煤气的废热锅炉以及气化炉内的水冷却热力系统。

废热锅炉流程投资高,但从运行成本、能效指标分析,废热锅炉流程要比激冷流程好。特别在节能方面,废热锅炉流程的节能优势明显。

1) 余热发电

余热锅炉是IGCC系统热能能级利用不可或缺的设备。设计性能良好的余热锅炉是提高系统效率的重要环节。例如宝钢150 MW高炉煤气燃气轮机联合循环热电机组余热锅炉(HRSG)采用川崎VOGT型、三压无补燃自然循环卧式布置余热锅炉。水循环系统由高压、中压、低压级水循环系统组成,炉管错列布置,不设置旁通烟道,回收大量热能。

2) 余热锅炉参数

单压余热锅炉不能将排烟温度降到较低的水平,一般烟温仅能控制为160~200℃。采用双压或三压蒸汽系统,即在余热锅炉中除了产生高压过热蒸汽外,还产生中压或低压过热蒸汽,补入汽轮机的中、低压缸中做功。由于增加了产生低压蒸汽的系统,回收了更多的热量,同时也把烟囱的排烟温度降低到110~130℃。

研究表明,双压蒸汽系统的联合循环效率可比单压系统提高20%。采用三压蒸汽系统可使排烟温度降到80~90℃,联合循环的效率还将进一步提高(见图7-11)。

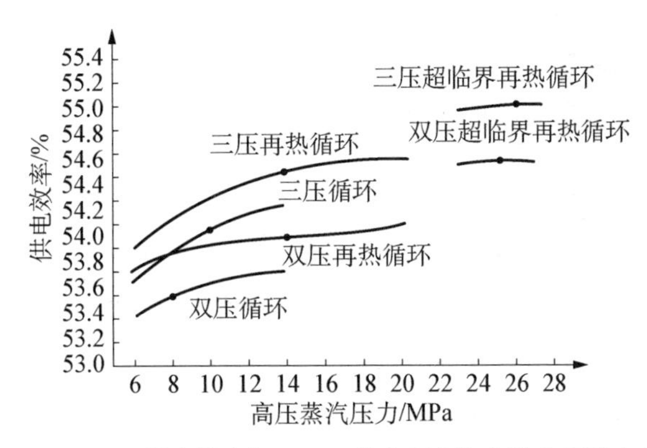

图7-11　V94.3供电效率与HRSG的高压蒸汽参数之间的变化关系

HRSG 蒸汽侧的参数应直接与蒸汽轮机的参数相匹配，GE 公司主要是根据燃气轮机的排气温度 T_4 来选择蒸汽轮机中的蒸汽参数。当 $T_4 < 538$℃ 时，不宜采用再热循环方案，但可以采用单压、双压或三压循环方式。当 $T_4 > 538$℃ 时，则应考虑采用三压再热循环方案。当 T_4 接近 593℃，且蒸汽轮机功率较大时，才可考虑把汽轮机的主蒸汽参数提高到 16.5 MPa/565℃的亚临界参数水平。

随着蒸汽循环由单压变为双压和三压，从无再热向再热发展，联合循环的效率都会有一定程度的提高。研究表明，三压级联合循环的效率比双压联合循环的效率大约提高 1%；双压和三压采用再热后，联合循环效率均能再提高 1.8%～1.9%[21]。

3) 气化炉中压水冷系统水动力

研究者[22]以某 IGCC 气化炉（见图 7-12）为例，通过数模进行计算与分析，可解决结构复杂的 IGCC 气化炉系统（见图 7-13 与图 7-14）水流量、热量分配和阻力均衡的难题。结果表明，高循环倍率使足够的循环水量流过受热面，能确保受热面传热安全，并提出降低气化炉上段三组水冷壁管组在目标流量下的阻力的建议。

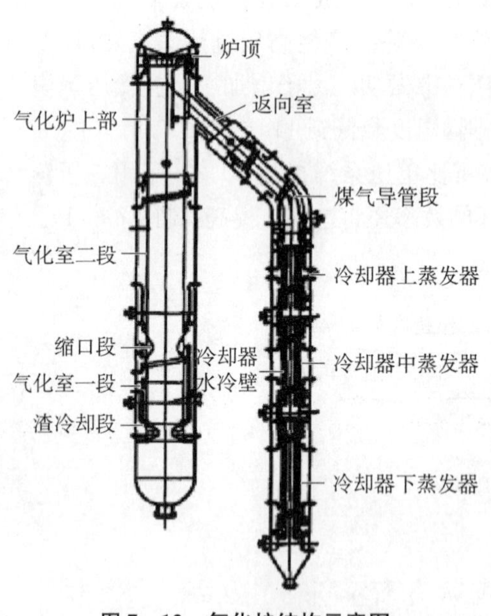

图 7-12　气化炉结构示意图

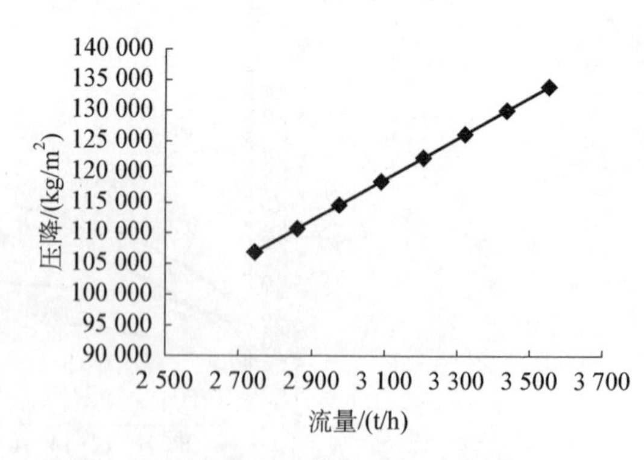

图 7-13　气化炉总体水循环系统特性曲线

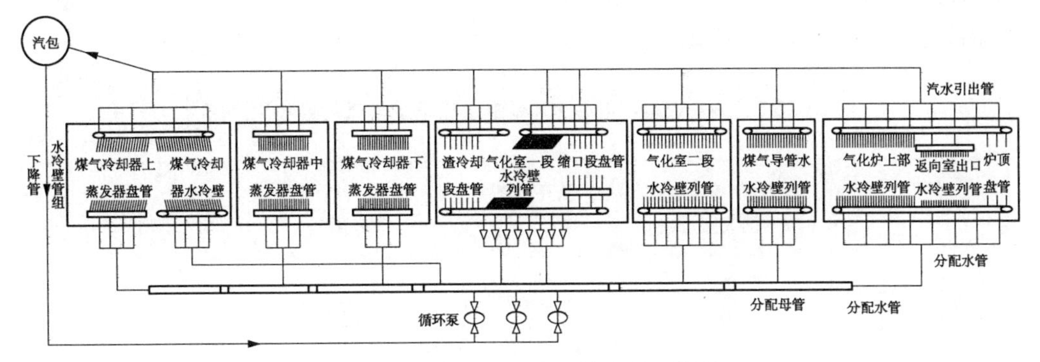

图7-14 气化炉汽水系统流程示意图

4）合成气显热回收

目前国内外运行的IGCC电站项目回收热量主要采用废热锅流程（全热回收型）、激冷流程（激冷型）回收和利用粗煤气显热。精心设计粗煤气显热的回收利用系统可回收相当于原料煤低位发热量中14%～18%的能量，可以使整体发电净效率提高4%～5%。

当然，辐射和对流废热锅炉设备比较复杂，对初始投资影响比较大[23]。

激冷流程（可分“低压激冷型”“高效高压激冷型”）与废热锅流程相比，激冷流程热煤气效率下降5%～8%（绝对值），联合循环发电的净效率降低4%～5%（绝对值）。Tampa IGCC电站配置一台与气化炉一体的辐射废热锅，外壳直径为5.18 m、高39 m，气化炉生成的高温煤气向下流动，进入辐射废热锅和对流废热锅，回收热量。由于对流废热锅的热交换管径偏小，气流速度慢，易发生积灰堵塞、腐蚀，导致多次停机。

Shell气化炉集成煤气化炉、粗煤气辐射废热锅为一体。它区别于Texaco气化炉（气化炉与辐射废锅各为独立单元）。显然Shell气化炉的结构要复杂，制造工艺要求严格。

IGCC系统中的废热锅炉是煤加压气化岛中的一个关键设备，它的运行操作直接影响整机的可用率及可靠性，既要满足其前置气化工艺和后续工艺的要求，又要承受高温、高压、高尘和高腐蚀性的环境。

因此，需要开展对废热锅炉内灰渣的积灰和熔融特性研究，确保IGCC系统中废热锅炉的连续稳定运行。

5）环保性

余热锅炉出口烟气排放的污染物中，NO_x、CO主要反映燃气轮机燃烧室的环保特性，而SO_2则表征煤气净化处理的效率。IGCC是目前最清洁的燃煤发电方式，其各项污染物的排放量远低于环保标准的限量。表7-15给出了“Cool Water”电站余热锅炉排气污染物的实测值。

表7-15 “Cool Water”电站IGCC中余热锅炉排气污染物实测值[4]

单位:mg/MJ

排放物种类	美国燃煤电站的污染排放物限量	烧SUFCO煤的实测量	烧Illinois#煤的实测量	烧Pittsburg煤的实测量
SO_2 高S燃料 SO_2 低S燃料	258 103	7.03	29.24	52.46
NO_x	258	30.1	40.42	28.38
CO		1.72	1.72	<0.86
固体质点	13	0.43	3.9	3.9

6）蒸汽轮机

余热蒸汽的蒸汽轮机与常规的汽机有较大差别，系统要求机组全周进汽、静动部件差胀小、汽缸热应力小；具有滑压运行、快速启动和多压力级补汽等特性。

在IGCC系统设计中存在专用燃气轮机联合循环的蒸汽轮机的选型问题。

7.3.4 空气分离系统

空气分离是碳质固体原料连续气化或重质烃类部分氧化制合成气必要的生产工段。例如，在粉煤气化制气工艺中，煤粉输送需要氮气，粉煤气化制取原料气需要氧气等。此外，氮气在生产过程中还用于工艺管道及设备的吹扫与置换以及其他安全措施。因此，空气分离技术在合成氨工业中占有重要的位置。

空分系统单元的运行对IGCC电站的稳定运行、输出功率、热效率等均有重要影响。空气分离技术从制氧原理分类，主要分为传统的低温深冷分离技术，变压吸附(分子筛)技术和膜分离技术。后两者工艺简单、成本低等，但受工艺的限制，单套产量低。

7.3.4.1 空分系统工作原理

常见的空分系统有液化精馏法、分子筛吸附法以及膜法等几种。目前工业上成熟使用的空气分离方法为前两种类型。

液化精馏法采用深度冷冻的方法使空气液化，根据空气各组分沸点的不同，在精馏塔内精馏得到氧气、氮气等产品。早在1895年，德国人林德(Linde)就建成了利用焦耳-汤姆孙效应制冷的空气液化装置。不久，法国人克劳德(Claude)按另一种原理(等熵膨胀)建成了使用膨胀机的液化装置。

世界上第一套将空气中氧、氮分离的空气分离装置是由林德根据精馏理论于

1902年建成的。此后经历了100多年的不断发展与改进，空气的液化技术与精馏技术得到了极大的提高，现在不但可以获得高纯度的氧气、氮气，而且对空气中所含的氩、氖、氪、氙、氦等稀有气体也均可分离，单套空气分离装置的产氧能力已达每小时100 t以上，特纯气体（例如电子工业用气）的纯度都在99.999 9%以上。液化精馏法分离空气较经济，而且又可以获得高纯度的产品，适用于大规模的空气分离。

分子筛吸附法是让空气通过分子筛（多孔性物质），利用其选择性吸附的特性，允许氧分子或氮分子通过，从而获得氧或氮浓度增高的产品。根据再生工艺的不同，分子筛吸附法又分为变压吸附（PSA）和变温吸附（TSA）。分子筛吸附法工艺流程短，使用的设备较为简单，对操作水平及设备制造与用材都无特殊要求，但这种方法的能耗较高，使用的分子筛价格昂贵，仅适用于小气量的独立用户。相关内容可参阅第4章——空气分离与富氧燃烧技术。

IGCC所用氧气、氮气量较大，纯度要求高，且空分系统单元的运行对IGCC电站的稳定运行、输出功率、热效率等均有重要影响，故大多数用户采用液化精馏法分离空气。

7.3.4.2　低温深冷分离设备

低温深冷分离设备的国内制造企业主要有杭州制氧机集团有限公司、开封空分集团有限公司、四川空分设备集团有限公司以及外资的合作、合资企业。杭氧80 000 m^3/h等级空分设备出口的低温高压多级液体泵（适合液氮、液氧介质）各项指标都符合API（美国石油学会）标准。该液体泵设计流量为65 m^3/h，扬程为552 m（对应液氧出口压力可达5.5 MPa）。

7.3.4.3　空分流程参数与系统设计性能的配合

IGCC整体化系统对高压空分工艺流程的选择需要综合考虑空分内部流程和IGCC系统中物质和能量的集成。

在IGCC中采用水煤浆进料的喷流床气化炉时，要求氧气的纯度为95%；采用干煤粉进料的喷流床气化炉时，氧气纯度可为85%。空分工艺流程的选择以及空分系统与燃气轮机系统的配合方式对燃气轮机的结构、性能及改造的内容均有直接的影响。显然，空分系统对供电效率、比投资费用乃至整个电站系统的运行灵活性和可靠性都有很大的影响。

IGCC中可采用的空分系统大致可分为以下几类。

（1）整体空气气化。

（2）整体空分、氮气回注系统。

以上两种系统方案是从燃气轮机压气机后抽出空气，进入气化炉或空分装置，再返回燃气轮机燃烧室。与常规燃气轮机相比，通过燃气透平的燃气量仅增加2%～4%，燃气透平通流部分基本上可不做特殊改造。

（3）整体空分、氮气不回注系统。

从压气机后抽出的空气经过空分后分离去除大量的氮，使透平燃气流量大为减少(12%～15%)。这时普通型燃气轮机可以运行，但机组效率有所降低。

(4) 独立式空吹气化系统。

(5) 独立式空分、氮气回注系统。

以上两种方案是直接由大气吸取空气作为气化剂或空分原料，气化或燃烧过程将大量环境中的空气经过气化装置或经过空分装置引入燃气轮机，使透平燃气流量大量增加(17%～18%)，大多数常规燃气轮机均需要进行通流部分改造，增大透平通流面积或减小压气机通流面积。

(6) 部分整体空分系统。

空分系统产生中热值合成气，部分稀释(部分氮气回注、加湿)后供燃气轮机燃烧室。它介于上述五类之间，即透平燃气流量可能有不同程度的增加或减少，对常规燃气轮机通流部分可能不需要进行改造或进行不同程度的改造。

IGCC 系统中燃气轮机的空气、燃料、燃气流量关系如表 7-16 所示。

表 7-16　IGCC 用燃气轮机的空气、燃料、燃气流量关系

单位：%

燃料		压气机入口流量	压气机出口抽气量	燃料流量	透平燃气流量
天然气		100	0	2	102
合成气	IGCC 系统(1)(2)	100	14～16	～20	合成气
	IGCC 系统(3)	100	14～16	～6	
	IGCC 系统(4)(5)	100	0	～20	
	IGCC 系统(6)	100	0～16	6～20	90～120

7.3.4.4　系统配置与研究

1) 系统配置

根据空分装置所需压缩空气的来源，IGCC 电站的空分系统配置可分为三类。

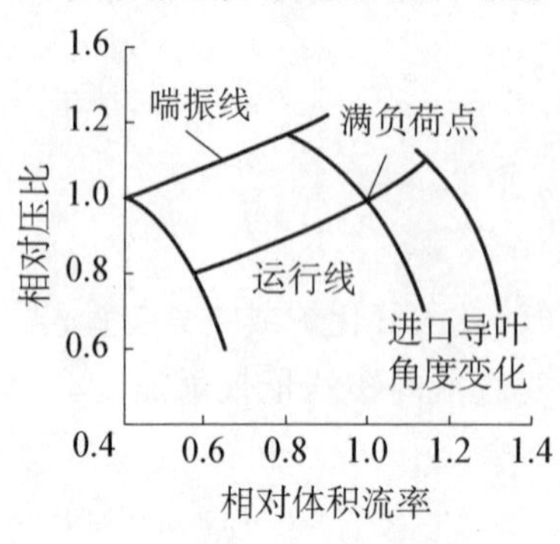

图 7-15　空气压缩机工作特性曲线

(1) 独立的空分系统，即空分所需的压缩空气全部由空分离心式压缩机提供，通过入口可调导叶的角度来调节进气流量。压缩机工作特性曲线如图 7-15 所示。

(2) 部分整体化的空分系统，即空分所需的压缩空气一部分(30%～50%)由空分压缩机供给，另一部分从燃气轮机(简称燃机)压气机出口抽取。

(3) 完全整体的空分系统，即空分系统所需的全部压缩空气由燃机的压气机供给。空分所产生的部分氮气回注到燃烧室。该方式适用于中压空分装置。

美国的 Tampa 电站空分系统氮气回注方式有利于控制燃机 NO_x 的排放，还可以增加燃机的输出功率。其有利之处在于压气机的效率比离心机高，省去独立的空压机；不足之处在于运行调控性能较差，启动时间长，使一些电厂不得不增加 50%容量的辅助独立压缩机（见表 7－17）。

表 7－17　空分流程设备配置比较[4]

流程种类	气氧压缩	液氧蒸发	液氧泵内压缩	部分液氧泵
压缩机	氧气压缩机； 氮气压缩机	氧气压缩机； 氮气压缩机	氧气压缩机＋液氧泵； 氮气压缩机＋液氮泵	氧气压缩机＋液氧泵； 氮气压缩机＋液氮泵； 氧气压缩机＋氮气压缩机
氧气出口压力	低	较低	高	较高

2）厂用电

目前 IGCC 的空分设备主要采用低温深冷制氧法。不同的空分系统配置对 IGCC 电站厂用电率的差别很大。

3）降低空分电耗的氧离子传输膜研究

研究者[24]就降低 IGCC 系统中捕集 CO_2 的能耗问题，利用 Aspen Plus 软件模拟了一个集成氧离子传输膜（oxygenion transport membrane，OTM）的富氧燃烧法捕集 CO_2 的 IGCC 系统。研究结果表明，与 IGCC 深冷空分系统相比，集成 OTM 的新系统效率高出 1.88%，比传统不回收 CO_2 的 IGCC 系统效率下降了 6.67%。

OTM 膜两侧压力的变化对整个系统性能的影响呈现不同的变化规律。在渗透侧氧气压力不变的情况下，通过原料侧空气压力改变氧气分离率时，IGCC 系统供电效率随氧气分离率的上升而下降；在原料侧空气压力不变的情况下，改变渗透侧氧气压力可改变氧气分离率，IGCC 系统供电效率随氧气分离率的上升，先上升而后下降，效率存在最大点，即最佳的渗透侧压力。

在操作温度不变的情况下，可以改变 OTM 原料侧空气的压力或者改变渗透侧氧气的压力来改变氧气分离率（见图 7－16）。OTM 工作在适当的温度范围内，其温度上升有利于机组的供电效率提高（见图 7－17）。

4）经济性

目前大型 IGCC 机组中普遍采用富氧气化的气流床气化工艺，空分系统的投资费用约占 IGCC 电站总投资费用的 10%，所耗能量达电站毛出力的 10%～15%。

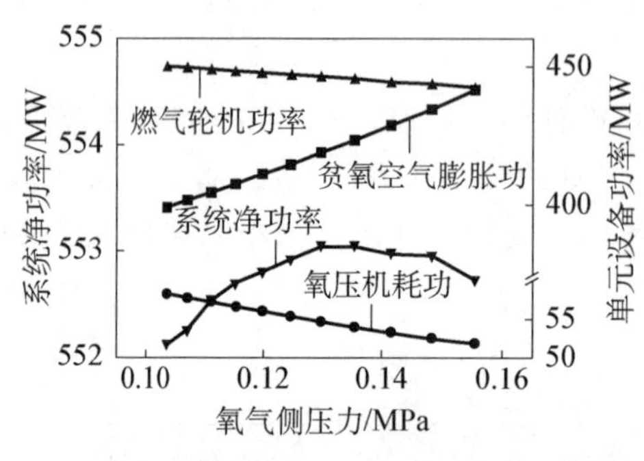

图 7-16　渗透侧压力变化对系统功率的影响

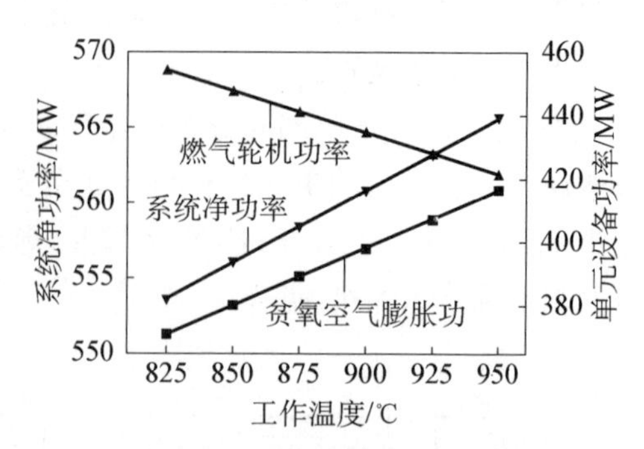

图 7-17　OTM 工作温度变化对系统功率的影响

低温空分装置由空气净化、空气液化循环和精馏三个环节组成。富氧低温分离技术占主导地位。先进的膜分离技术有望将 IGCC 全厂投资成本减少 75～100＄/kW，机组效率比常规的 IGCC 电厂提高 1%～2%。

5）一些常见问题及处理措施

(1) 空压机喘振现象，导致机组剧烈振动，甚至损坏设备。应检查空气过滤器，根据压缩机特性曲线，把最小流量控制在工作区内。

(2) 主空压机和氮气循环压缩机漏油。应控制油压，及时排除油箱内的蒸汽或其他气体，使之呈微负压状态。

(3) 液氧泵跳车时，备用液氧泵惰转下无法自启动。开大排气阀，液氧温度小于－80℃。

(4) 2 台纯化器在切换过程中，空冷却塔的进气量减少，压力波动较大。可全开导叶，补充进气量。

(5) 分子筛吸附后期，CO_2 含量超标。应保证分子筛质量和活化。

(6) 液氧泵损坏，液氧泵内部件发生擦碰或有裂纹。启动前液氧泵预冷，防止摩擦、汽蚀。

(7) 空压机自力式油压调节阀调节速度慢，导致空压机开车阶段主辅油泵切换时，油压波动大。可拆除阀门中的阻尼元件。

7.3.5　合成气净化与二氧化碳的捕集、存储

IGCC 具有烟气净化优势。煤气化合成气的净化处理相对简单，而常规燃煤电站的烟气处理在锅炉末端，尾气治理难度大。加压煤气的流量较小，处理难度和耗功都较小，容易达到较高的净化效率。而高浓度二氧化碳的捕集与存储的研究正在进行。

7.3.5.1　煤气净化设备

常温煤气净化工艺成熟，多样的湿法除尘装备运行可靠，其研究重点在于协同去

除污染物，提高其净化效果和经济性。

常温湿法煤气净化的工艺流程如下：气化炉生成的含尘煤气首先进入旋风除尘器进行初次除灰，然后进入合成气洗涤系统，通过文丘里洗涤器、湿洗塔使循环水与合成气充分接触，一方面除去合成气中的细灰，使灰含量降低到 1 mg/Nm^3 以下，另一方面除去合成气中一些酸性气体，如 CO_2、H_2S、HCN、HCL、NH_3 等，并降低了合成气的温度，使其降低到 146℃左右。合成气采用湿法脱硫，其原理是先用液体将粗合成气中的硫化物吸收分离、解析富集，再转化为单质硫或硫酸。气化系统生成的合成气经过净化及脱硫后温度降至约 100℃，与气化炉中产生的中压饱和蒸汽换热以提高温度，并掺混一部分蒸汽调节合成气的华白指数，最终进入燃气轮机中燃烧。高温煤气净化工艺能够提高 IGCC 电站的效率，并简化系统、降低造价，已成为国际能源领域研究开发的热点。

1) 粗煤气粉尘处理

粗煤气中存在不同尺寸的粉尘(0.001～500 μm)、H_2S、COS、卤化物、NH_3＋HCN、碱金属、焦油蒸气以及 HCl＋HF 等。

IGCC 系统中常用的煤气低温除尘工艺包括一级干式除尘器(旋风分离器)和一级湿式水洗除尘器。干式除尘器的作用是除尘，以及收集飞灰，以便再循环至气化炉，提高气化炉的碳转换率；湿法水洗除尘器的作用是精除尘，冷却煤气和除去焦油、NH_3、HCl 及碱金属等杂质。由此，可满足燃气轮机对煤气中尘粒及碱金属限值的要求。除尘工艺已由常温湿法工艺向中温干法工艺过渡。

业内普遍认为，高温陶瓷过滤器是最有前途的高温除尘设备。20 世纪 70 年代后德国、英国、美国等国家先后投入试验研究，推出中温(250～350℃)除尘的示范装置。

2) 脱硫处理

煤气的脱硫主要是脱除硫化氢和有机硫。脱硫装备可分为干湿两大类。

(1) 干法脱硫有氧化铁法(＋锯末等疏松料)、氧化锌(ZnO)法，一般在 25℃下进行。但是，常温干法脱硫的脱硫剂容易结块，硫纯度低，脱硫剂废料难处理。从节能角度讲，干法脱硫已向中温(150℃)和高温(＞500℃)脱硫方向发展。

(2) 湿法脱硫工艺的脱硫剂，如常温甲醇、低温甲醇(Rectisol)、聚乙二醇二甲醚(Selexol)、甲基二甲醇胺(MDEA)和环乙砜(Sulfinol)，是可再生循环的液体，不受煤气含硫量限制，脱硫能力大，设备简单，副产品硫纯度高。在 IGCC 电站中已应用的脱硫剂有美国联合化学公司开发的 Selexol 和我国南京化学公司开发的 MDEA 两种。

图 7－18 为天津 IGCC 示范机组设计的脱硫系统。

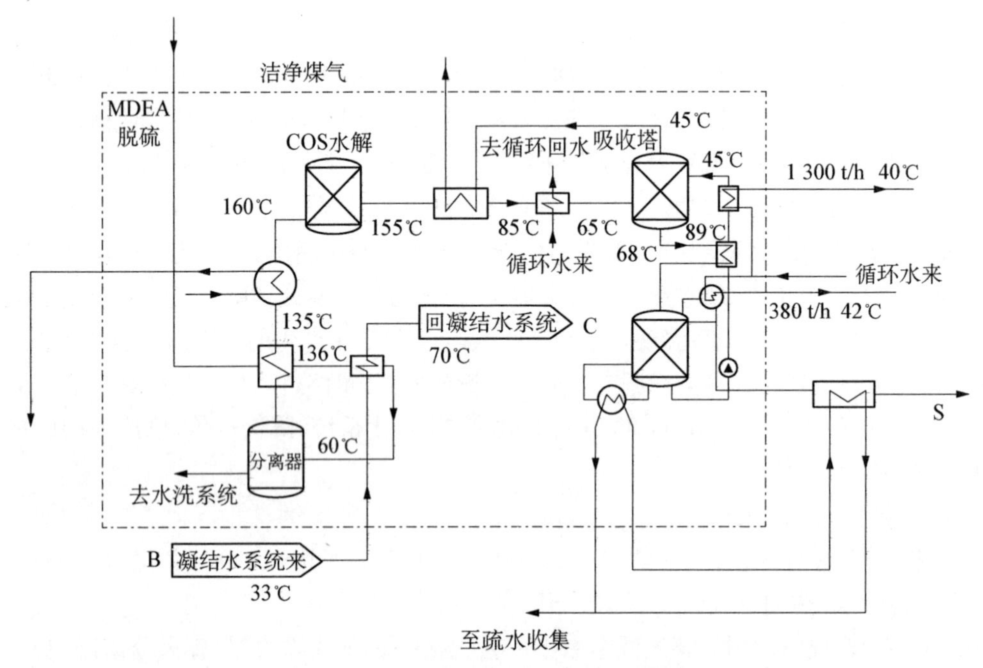

图 7－18　250 MW 机组 MDEA 脱硫系统

(3) 高温脱硫处理：硫及其他杂质的脱除仍以常温湿法工艺为主，只有个别 IGCC 电厂进行了高温脱除的工业示范或旁路试验。硫和其他杂质的高温脱除尚处于研究开发阶段。

高温脱硫装置的形式有固定床、移动床和流化床三种，最高运行温度能达到 300℃。

脱硫剂的种类有很多，其中看好的有 Fe－Zn 系和 Ti－Zn 系脱硫剂，借助粒状金属氧化物脱硫剂与煤气中的 H_2S 发生脱硫反应，对收集的废物进行氧化再生反应，生成元素硫和水，再生的脱硫剂继续使用。

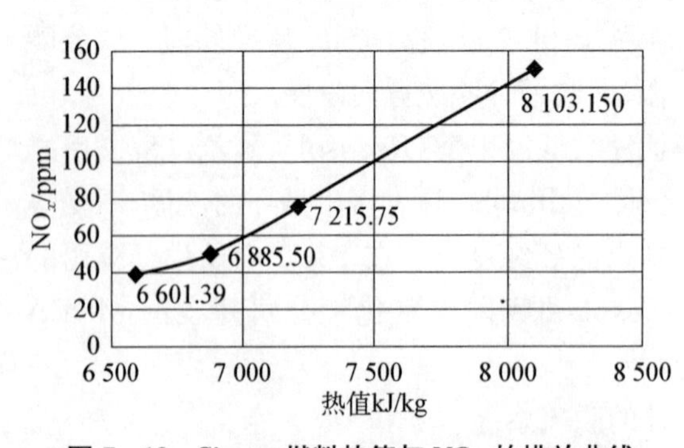

图 7－19　Simens 燃料热值与 NO_x 的排放曲线

高温脱硫工艺还难以掌控，煤气脱硫法，高温煤气中氨、碱金属的脱除还处于研发及工业试验阶段。

3) 合成气脱硝处理

脱硝措施主要通过向煤气注入氮气和蒸汽，以控制燃料热值和燃烧温度，降低燃烧过程产生的 NO_x。图 7－19 为燃料热值与 NO_x 的排放曲线。

7.3.5.2　二氧化碳捕集与存储

燃煤电厂烟气脱碳技术主要有燃烧前脱碳、化学链循环、纯氧燃烧和燃烧后捕集四类。目前，循环流化床 O_2/CO_2 燃烧技术、钙基吸收 CO_2 近零排放增压流化床燃气/蒸汽联合循环发电工艺、碱金属基固体吸收剂低温脱除烟气中 CO_2 工艺最具有应用价值[25]。

1）碱金属基固体吸收剂脱碳

碱金属基固体吸收剂脱碳具有原料成本低、能耗低、循环利用率高、对设备无腐蚀、无二次污染以及无须改动电厂原设备等优点。碱金属基固体吸收剂脱碳原理如图 7－20 所示。

脱碳反应化学式

碳酸化反应：

$$M_2CO_3(s) + CO_2(g) + H_2O(g) \longrightarrow 2MHCO_3(s) \tag{7-2}$$

再生反应：

$$2MHCO_3(s) \longrightarrow M_2CO_3(s) + CO_2(g) + H_2O(g) \tag{7-3}$$

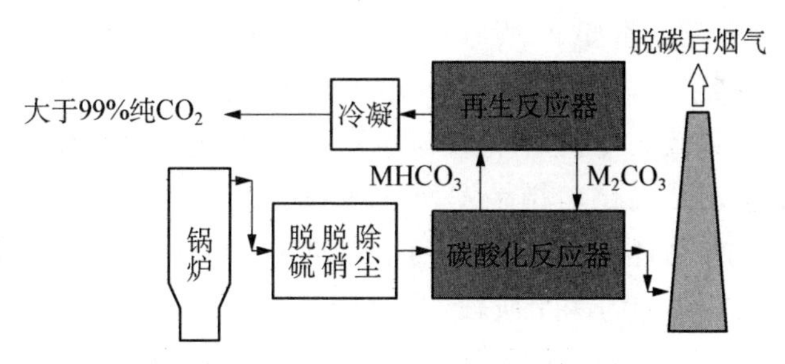

图 7－20　碱金属基固体吸收剂脱碳原理图

国外一些研究机构对钠基吸收剂的脱碳试验表明，Na_2CO_3 的碳酸化反应存在速率缓慢、试验工况局限性大、各因素考察欠详、固定床试验温度不易控制和样品易结块等问题。

东南大学研究者利用热重分析(TGA)，通过正交试验法观察了碳酸化反应条件(主要有碳酸化温度、压力、H_2O 浓度和 CO_2 浓度)对六方晶系 K_2CO_3 碳酸化反应转化率和反应速率的影响，并在钾基固体吸收剂(平均粒径为 600 μm)脱碳试验中取得了重要成果。

碳酸化反应特性影响因素

六方晶系 K_2CO_3 的碳酸化转化试验结果如表 7－18 所示。

表 7-18　六方晶系 K_2CO_3 的碳酸化转化率

温度/℃	CO_2 浓度/%	H_2O 浓度/%	压力/MPa
60	10	10	0.1
60	14	14	0.3
60	18	18	0.5
65	10	18	0.3
65	14	10	0.5
65	18	14	0.1
70	10	14	0.5
70	14	18	0.1
70	18	10	0.3

最佳碳酸化反应条件如下：温度为 60℃，H_2O 浓度为 18%，CO_2 浓度为 18%，压力为 0.1 MPa，其碳酸化反应转化率在 20 min 内达到了 90%，最大反应速率为 7.2%/min。

再生反应特性影响因素如下：吸收剂再生反应分解终温的最佳值为 200℃，能耗较低又不影响试验结果。在 50% CO_2 + 50% H_2O 气氛、升温速率为 1 ~ 10 K/min 时，分解速率的变化量较大；随着升温度率增高，其分解速率的变化量减小。

载体材料的选取如下：试验结果发现，K_2CO_3/Al_2O_3 具有优越的碳酸化和耐磨特性，以此作为流化床载体，碳酸化反应迅速，经 3.5 min 后反应已基本结束。在再生反应阶段 CO_2 的析出分为两个阶段：当温度升至 65~80℃时，有少量 CO_2 析出，推测其主要是吸附于 K_2CO_3/Al_2O_3 颗粒的 CO_2；当温度高于 150℃后，CO_2 的析出量较多，这与 $KHCO_3$ 的分解温度一致。再生反应耗时 20 min 左右。碳酸化和再生反应的最终转化率分别达到 99%和 96.7%。

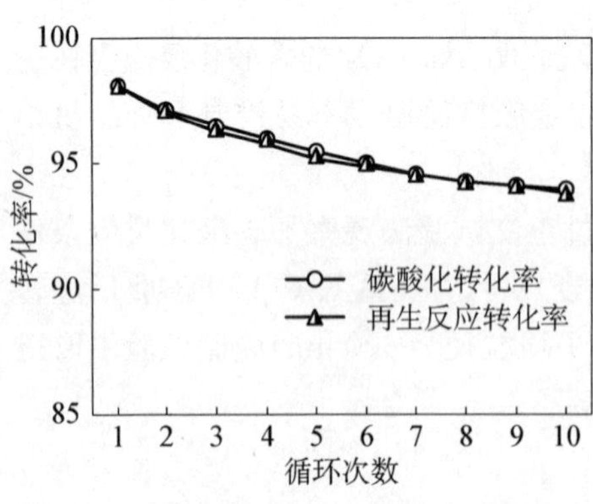

图 7-21　K_2CO_3/Al_2O_3 颗粒的碳酸化/再生循环反应特性

由图 7-21 可见，负载型吸收剂的碳酸化转化率和再生反应转化率均随着循环次数的增加有所降低，载体脱碳率一直维持在 85%以上。

通常，燃烧前脱碳处理法用于 IGCC，而富氧燃烧中 CO_2 的浓度达到 90%以上，可直接进行分离。无论是纯氧还是空气气化，均宜采用物理吸附法 Selexol、NHD

(聚乙二醇二甲醚)法捕集 CO_2,耗能大大减少。但是,IGCC 仅碳捕集项目就会降低供电效率 6%～11%,发电成本增加 20%～50%,折算脱碳成本为 13～42 \$/t CO_2。

2) 载氧体燃烧近零排放系统(参见第 5 章——化学链燃烧技术)

载氧体燃烧原理(见图 7-22)及 CO_2 接受体气化技术受到业界关注。

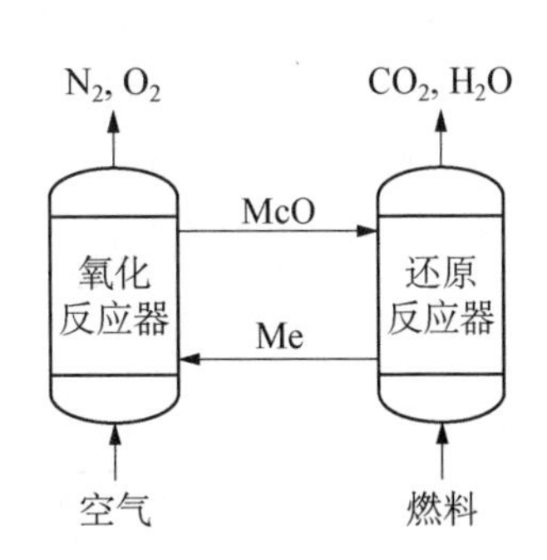

图 7-22 载氧体燃烧原理示意图

载氧体燃烧技术基于两步化学反应,实现化学能梯级利用,具有更高的能量利用效率,燃料在载氧剂的推动下,反应温度低,不产生氮氧化物,只需简单的冷凝即可分离出高纯度 CO_2。

氧载体的研究集中于 Ni 基、Cu 基、Fe 基等材料。在实际应用中会有少量的金属氧化物进入大气,造成新的污染。为此一些研究者寻找无污染氧载体,如 $CaSO_4$ 等,在串行流化床上开展实验。在系统集成方面,主要是以天然气或煤气为燃料,采用载氧体燃烧与燃气轮机循环相结合的动力系统,包括以氢、甲醇等多种燃料载氧体燃烧为核心的热力系统。

化学链气化技术面临着保持载氧体活性和提高强度的挑战,化学链气化技术有待工业规模的示范运行装置检验。其研究内容如下:①不同载氧体材料的微结构对化学链燃烧反应的影响;②基于液体、固体燃料的载氧体燃烧整体反应动力学特征;③各种串并行化学链燃烧循环流化床的通用设计理论及方法等。

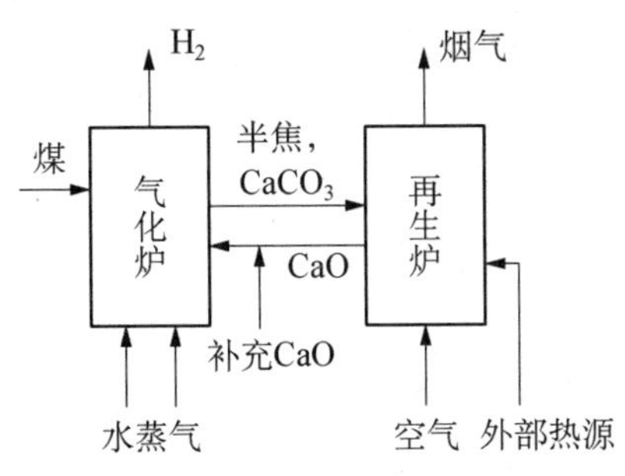

图 7-23 CO_2 接受体法气化技术原理

3) CO_2 接受体气化技术

这是 Conoco 煤炭发展公司于 1977 年针对褐煤和亚烟煤开发的气化方式,其原理如图 7-23 所示。

该法采用水蒸气作为气化剂,通过 CO_2 接受体的引入,实现在气化过程中捕集 CO_2 的目的。煤中的硫最终以 $CaSO_4$ 形态固化,由此引发 H_2 生产或 CO_2 捕集的工艺演化。

日本的 HyPr-RING 系统依据 CO_2 接受体气化的原理,以制氢为目的,采用 CaO 作为 CO_2 的吸收体。流化床实验表明,此系统可以产生浓度大于 80%的 H_2 且 CH_4 的产量很小,此过程的制氢系统效率可达到 77%。

浙江大学研究者提出近零排放煤气化燃烧集成利用系统。气化炉和燃烧炉采用循环流化床形式,其原理与 HyPr-RING 技术的不同之处是不追求碳化反应器出口

气体很低的 CO_2 含量，选用的操作压力为 20～30 bar，降低了对系统的要求。

中科院工程热物理研究所提出基于载氧体循环的内在碳捕集气化系统（见图 7-24），通过载氧体传输的方式，为 CO_2 释放反应器中半焦的燃烧供氧，并建成煤炭直接制氢和 CO_2 捕集的加压连续实验系统。

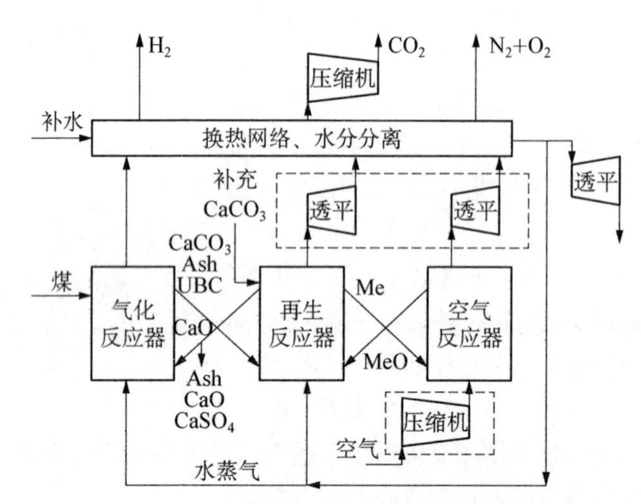

图 7-24　基于载氧体循环的内在碳捕集气化系统

当再生反应器和空气反应器处于常压操作时，取消空气压缩机和两个高温气体透平。

杜克能源公司选择使用整体煤气化联合循环（IGCC）技术，为客户提供 618 MW 的基本负载电力。杜克能源公司宣布这座 IGCC 电厂在 2013 年 6 月投入商业运行。

7.3.5.3　脱碳法的经济性

现在带 CO_2 捕集的 IGCC 系统（见图 7-25）常用的化学脱碳法有 NHD 法和 MDEA 法等。

NHD 法为南京化学工业（集团）公司研究院开发的，是一种能耗低、净化度高的脱硫脱碳气体净化技术。

MDEA（甲基二乙醇胺）脱碳法由德国 BASF 公司开发，其毒性小、沸点为 247℃，易溶于水和醇，在一定条件下，对 CO_2 等酸性气体有很强的吸收能力，且具有反应稳定，消耗量小等优点。但纯 MDEA 水溶液一般需加 1%～3%的活化剂以加快反应速率。

1) NHD 法分离 CO_2 模拟结果（见图 7-26）

在同比吸收 CO_2 过程的条件下，NHD 法能耗远小于 MDEA（N-甲基二乙醇胺）

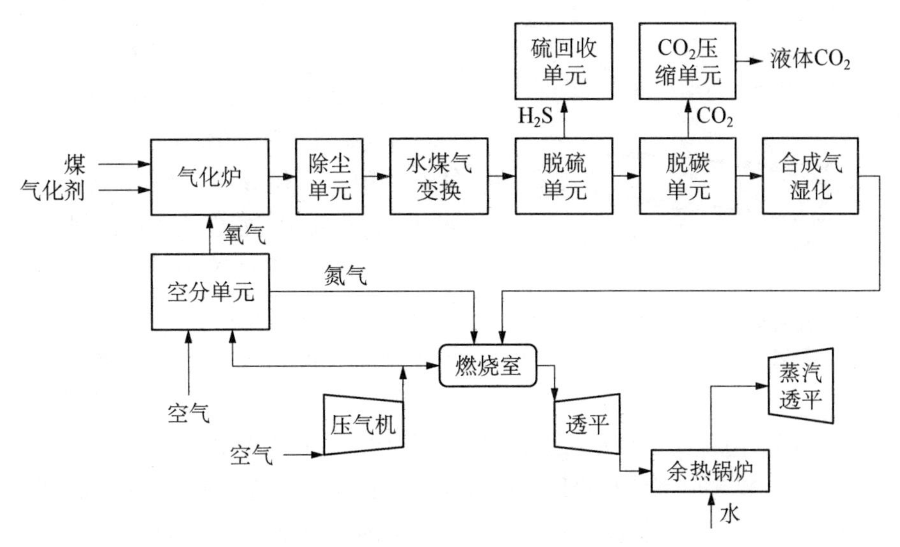

图7-25　带CO_2捕集的IGCC系统流程图

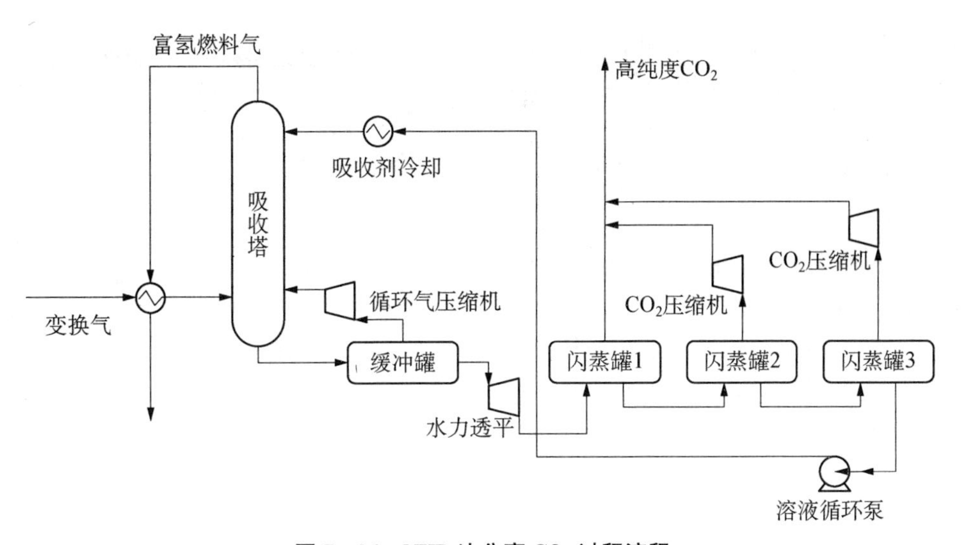

图7-26　NHD法分离CO_2过程流程

法；两法的吸收剂流量及捕集单位CO_2的能耗均随CO_2吸收率的增加而增加，NHD法更敏感，尤其在吸收率高于90%时；两法在相同的吸收率下，吸收剂流量及单位CO_2的捕集能耗均随入口气体中CO_2浓度的降低而升高，NHD法尤为明显。

目前常用的CO_2捕集方法有溶剂吸收法、吸附法、膜分离法、O_2/CO_2燃烧法、低温分离法以及这些方法的组合应用。图7-27为几种常用吸收剂对CO_2的捕集效果，对

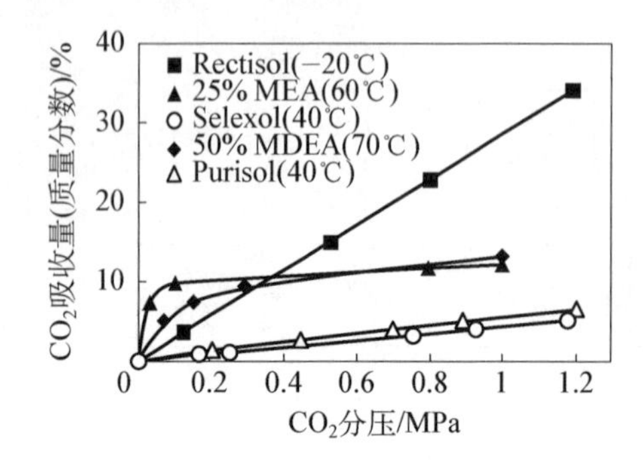

图 7-27　几种常用吸收剂对 CO_2 的捕集效果

于常压操作条件下的 CO_2 气体分离，化学溶剂(MDEA，MEA(一乙醇胺))的捕集效果要明显优于物理溶剂(rectisol，purisol，selexol)；而对于中高压(20～80 atm)操作条件下的 CO_2 气体分离，物理溶剂(rectisol)的捕集效果要远优于化学溶剂(MDEA，MEA)。较为经典的物理吸收工艺主要有低温甲醇洗(Rectisol 法)、碳酸丙烯酯法(Propylene carbonate method)、聚乙二醇二甲醚法(Selexol)、N-甲基吡咯烷酮工艺(Purisol)等，以及南化公司研究院于 20 世纪 80 年代初开发成功的 NHD 脱碳工艺。

以某 600 MW 超临界燃煤机组为例，采用不同抽汽热解吸热源，计算吸收剂的再生能耗，结果表明，在第八段抽汽+其他蒸汽作为再沸器的热源(0.28 MPa、132℃)，效率比不进行碳捕集机组热效率降低了 4.76%，发电成本增加了 0.154 元/千瓦时[26]。

2) 不同煤基 CO_2 捕集电站经济性评价

CO_2 捕集率与成本及减排成本的变化如图 7-28 所示。比较对象为 600 MW 超临界燃煤电站机组，其蒸汽参数为 24.2 MPa/566℃/566℃，烟气采用 SNCR 脱硝、FGD 脱硫的方式。

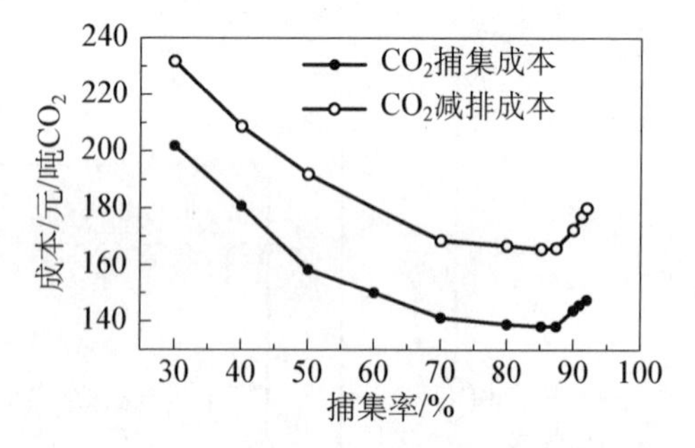

图 7-28　CO_2 捕集率与成本及减排成本的变化

CO_2 捕集后，PC 电站的供电效率降低了 11.77%，单位供电煤耗增加了 40%。

NETL(National Energy Technology Library)2010 年报告显示超临界燃煤电站 CO_2 捕集前后的比投资增加了 76%，发电成本增加了 71%；得到的 PC 捕集电站 CO_2 捕集成本及减排成本分别为 194 元/吨 CO_2 及 284 元/吨 CO_2[7]。

3) CCUS 的探索

CO_2 捕集成本为 13～15 $/t，年处理 20 亿吨需要 100 亿美元。对火电厂脱碳而言，采用 CCS 技术使发电成本增加 2～3 倍。于是国内外研究者在探索二氧化碳捕集、利用和储存(CCUS)技术时，如美国的 CO_2-EOR(CO_2 enhanced oil recovery)驱油技术，既能做到 CO_2 的地质封存，也能提高石油采收率，在研究开发碳化工产品方面，国内一些高等院校等研究者在为之产业化而努力。相关内容可参阅《绿色火电技术》第 4 章——二氧化碳减排与利用技术。

有专家称，我国1/3石油可利用二氧化碳开采，目前大庆、华北等油田已在试验，使用二氧化碳注入油田，把岩石孔隙中的油"挤"出来，二氧化碳存埋在地下。虽然该技术在各国多有探索，但需要解决的问题不少，关键在于CO_2封存的密封性，研究地质结构、地下水的相互影响。目前捕集的碳源少，且东海油田不适用CO_2挤油，再则存储地要求圈闭结构完整。此外，捕集一吨二氧化碳，耗资50＄，输运灌注耗资20＄/t CO_2。若采用这种办法，则会加大发展中国家对温室气体的治理难度。

据2012年资料报道，日本三菱重工在美国加州氢能源(HECA)项目中获得一套IGCC＋化肥的合同，建成后可能成为首批CCS不低于90％的商业电站之一，并将其用于化肥生产和提高原油采收率。

所以，近来国内为降低治理温室气体的成本，全力探索矿化产品的途径成为热点。

7.3.5.4　工艺废水处理

采用合成气激冷流程的干煤粉气化装置会产生大量含固体废水。如何选择多级黑水闪蒸工艺，需从水耗、能耗、运行经验和设备投资等方面考核。

合成气激冷废液处理工艺一般有直接换热(见图7-29)和间接换热两种。设计参数如下：气化炉压力为4.5 MPa，反应温度为1 470℃；总灰渣量分布为渣50％、灰50％(其中激冷洗涤33％)等。研究者[27]对此工艺条件做了详细分析比较，其结果各有利弊，如表7-19所示。

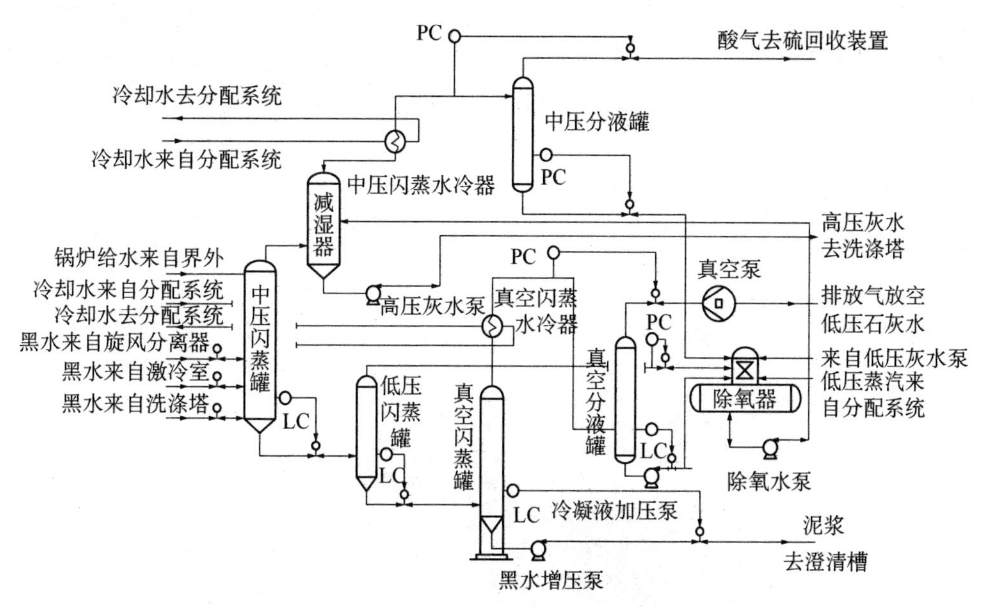

图7-29　黑水处理方案(直接换热工艺流程)

表 7-19 合成气激冷废液处理工艺方案比较

冷却方式	原理	水耗/(t/h)	总热损/%	投资/万元	运行周期	问题
间接换热	闪蒸汽与循环灰水间接换热;加热高压循环水	6.744	21.47	1 897	—	设备易结垢、磨损
直接换热	闪蒸汽与循环灰水直接换热;配减湿器、除氧器	7.296	24.26	1 358	较长	—

7.4 案例

在《1978—1985 年全国科学技术发展规划纲要(草案)》的鼓舞下,我国启动了 IGCC 技术的研发,借助引进化工煤气化装备的实践,拉开了 IGCC 产业的序幕。

7.4.1 兖化集团多联产工程

我国化工行业多联产的 IGCC 技术已经形成了良好的产业开端,揭示出 IGCC 装备良好的发展前景,为后续的 IGCC 技术的研发起到示范作用。

7.4.1.1 工程概况

工程前期,在与外方技术合作、引进消化的学习过程后,于 2002 年,兖矿集团与中科院工程热物理研究所共同开展多联产 IGCC 联合循环发电关键技术研究,建立我国第一套年产 24 万吨甲醇、发电 80 MW 的多联产示范装置。

2004 年 12 月,兖化集团利用华东理工大学自主开发的新型多喷嘴对置式水煤浆气化技术,建成了 1 150 t/d 水煤浆气化炉+多联产示范装置,图 7-30 为示范项目全貌,其工艺流程如图 7-31 所示,表 7-20 给出了装置满负荷运行的技术指标。

图 7-30 国家"十五""863"攻关课题——兖矿国泰煤气化发电与甲醇联产项目(杨忠阳摄)

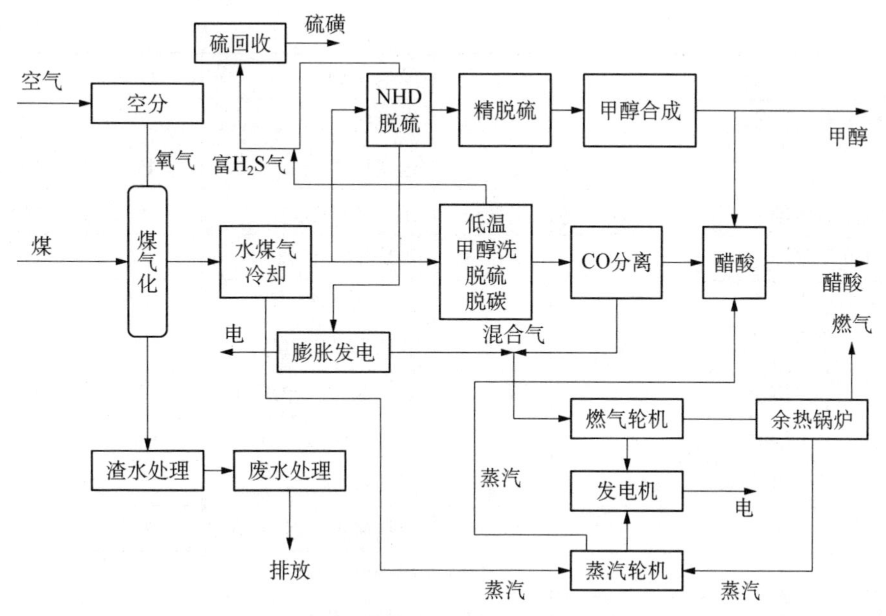

图 7-31　兖化集团的电力、甲醇与醋酸联产工艺流程

表 7-20　装置满负荷运行的技术指标

指标	比氧耗	比煤耗	合成气有效成分	碳转化率	产气率
单位	$Nm^3\ O_2/1\ 000\ Nm^3$ $(CO+H_2)$	$kg/1\ 000\ Nm^3$ $(CO+H_2)$	$(CO+H_2)\%$	%	Nm^3 干气/kg 煤
数值	309	535	84.9	98.8	2.20

7.4.1.2　机炉配置

配置设备如下：1 150 t/d 多喷嘴对置水煤浆加压气化炉；合成气燃气轮机(PG6581B-M 型)。

1）设备主要性能参数

在 ISO 条件(压气机进口空气温度为 15℃，相对湿度为 60%，大气压力为 1.013 bar)下的设备主要性能参数见表 7-21。

表 7-21　PG6581B 燃气轮机及余热锅炉的主要性能参数

机型	—	PG6581B	燃气初温	℃	1 140
燃料	—	天然气	排气温度	℃	548
输出功率	MW	42.22	压气机入口流量	kg/s	144.037
热耗率(LHV)	kcal/(kW・h)	2 681.7	排气流量	kg/s	146.67
发电效率	%	32.06	转速	r/min	5 100

（续表）

压比		—	12.2	发电机频率	Hz	50
燃烧室压力损失系数		—	0.035	发动机效率	%	98.5
压气机效率		%	89.52	进气压力损失	Pa	622.1
燃烧室燃烧效率		%	99.55	排气压力损失	Pa	1 368.6
燃机排气流量		t/h	552.8	锅炉排污率	%	2
燃机排气温度		℃	545	低压锅炉额定压力	MPa	0.5
燃机排气成分	N_2	%V	73.601	低压锅炉蒸汽量	t/h	9
	CO_2	%V	6.596	除氧锅炉工作压力	MPa	0.2
	H_2O	%V	4.777	除氧锅炉蒸汽量	t/h	2.5
	SO_2	%V	0	锅炉排烟温度	℃	137
	O_2	%V	15.025	余热锅炉烟露点温度	℃	65
锅炉额定蒸汽	压力	MPa	3.82	锅炉给水温度	℃	105
	温度	℃	445±10	余热利用率	%	76.87
	流量	t/h	74	锅炉内烟气阻力	Pa	<2 700

2）电单产系统主要输入条件与流程

电单产系统的主要输入条件如表 7－22 所示，其运行流程见图 7－32。

表 7－22　电单产系统主要输入条件

给煤量(干基)/(kg/h)	煤浆浓度	氧煤比	气化炉温度/℃	气化压力/MPa
20 394.389	0.61	0.838	1 231	3.83

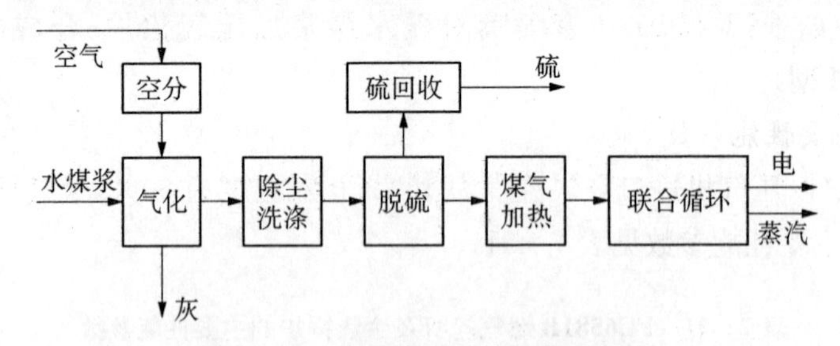

图 7－32　电单产系统的运行流程图

3）燃烧器喷嘴特点

四喷嘴对置式气化炉＋新颖预膜式喷嘴的气化技术与兖化集团的水煤浆气技术的运行结果比较，其特点和优势如下：

(1) 有效气成分提高 2%～3%，CO_2 含量降低 2%～3%，碳转化率提高 2%～

3%，比氧耗降低 7.9%，比煤耗降低 2.2%；

(2) 气化炉负荷可调节范围大(50%～110%)，调节速度快，适应能力强；

(3) 复合床洗涤冷却技术的热传递效果好，液位平稳，避免了引进技术的带水带灰问题；

(4) 分级式合成气初步净化工艺节能效果好，标准状态下合成气中细灰含量低(<1 mg/Nm^3)；

(5) 渣水处理系统采用直接换热技术，热回收效率高，克服设备易结垢和堵塞的缺陷。

7.4.1.3　多联产运行评价

我国首座煤气化电力-甲醇联产示范工程的运行试验对示范系统的各种运行模式进行数据采集、分析、比较和评价，验证了所建立的关键单元及子流程的模型，得出联产系统比分产系统总能利用效率高 3.14%，验证了联产系统的优越性[28]。

以 2007 年 4 月为例，联产系统的甲醇产量 26 449.90 吨，醋酸产量 16 861.84 吨，发电 38 839.68 MW・h，双炉双机运行稳定、时间较长，生产负荷较高，实现销售收入 18 445.37 万元，利润 2 355.81 万元。

7.4.2　天津华能 IGCC 电厂

天津华能 IGCC 电厂(见图 7－33)是国内第一座 IGCC 电站，配置 1 台 E 级燃气轮机，总装机容量为 265 MW，电厂总投资约为 36 亿元，单位造价为 13 800 元/千瓦左右。

图 7－33　天津 IGCC 全景

1) 工艺流程

250 MW IGCC 系统工艺流程如图 7－34 所示。其工艺由 3 部分组成：①煤气化系统，包括气化炉、空分、除渣、除灰、水洗系统和初步水处理等；②煤气净化系统，主要有水气分离、羰基硫(COS)水解、脱硫系统和硫回收系统；③动力岛系统，即双轴联合循环发电机组，包括 1 台 SIMENS－STG5－2000E(LC)型燃气轮机发电机组，功率为 175 MW，1 台三压再热式余热锅炉和汽轮发电机组(9.0 MPa/520℃、4.0 MPa/530℃、0.58 MPa/208℃)，功率为 94.457 MW。

2) 配套设备

整套机组除进口燃气轮机外，其余主要设备采用国产。西安热工研究院(TPRI)

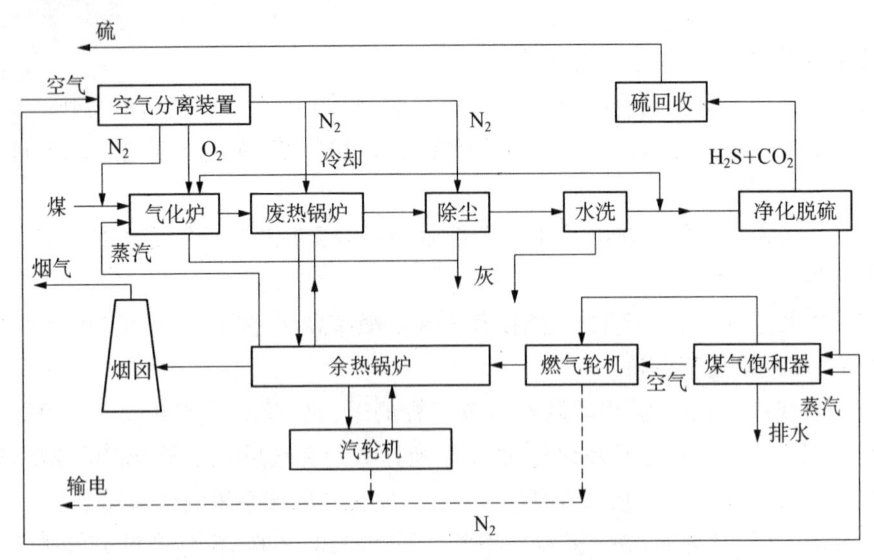

图 7-34　250 MW　IGCC 工艺流程

2 000 t/d 二段式干煤粉加压气化炉（压力为 31 bar）配置废热锅炉，冷煤气效率为 83%左右。

全低压独立式空分系统[29]（见图 7-35）为开封空分集团公司的低压独立式空分装置，输出 O_2 量为 42 000 Nm^3/h，氧气纯度为 99.6%。

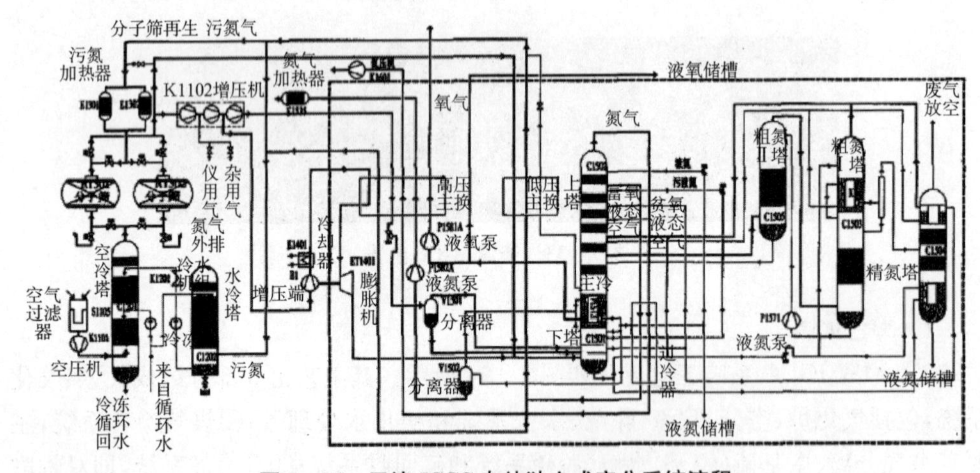

图 7-35　天津 IGCC 电站独立式空分系统流程

煤气除尘整体配置旋风分离器、干法及水洗涤塔；煤气脱硫技术采用 MDEA 方法去除 H_2S 和部分 CO_2，硫回收采用高效湿法 Lo-cat 催化剂（铁系）技术；煤气饱和系统将净化合成气注入中压饱和蒸汽调整合成气组分，调整合成气热值，控制 NO_x 排放。

3）节能措施与技术指标

（1）节能措施　采用低压废热锅炉回收除尘水的显热；用凝结水冷却脱硫系统合成气，被加热到60℃的凝结水进入余热锅炉省煤器；系统所需的蒸汽量由动力岛提供；空分多余的氮气回注到合成气，降低 NO_x 排放；气化炉中压废热锅炉的部分蒸汽注入合成气，调整燃料发热值，其余回到余热锅炉的中压汽包。

（2）技术指标　设计煤种（神华煤）的低位热值为 22 760 kJ/kg；耗煤量为 2 097 t/d；全厂总功率为 267.3 MW；厂用电为 15.11%；全厂净效率为 41.08%。合成气参数如下：水洗压力/温度为 29 bar/140℃，流量为 173.2 t/h，体积流量为 182 767 Nm^3/h；烟气污染物排放指标如下：NO_x 为 40 ppm（15% O_2）、SO_2 为 25 mg/Nm^3、粉尘为 7.5 mg/Nm^3（6% O_2）。

4）运行情况

天津 IGCC 电站 2009 年开建，2012 年底调试投运，但运行不稳定。据报道，该机组综合发电效率为 43%，发电煤耗为 290 g/(kW·h)，运行周期逐年递增。电价成本近 0.90 元/千瓦时，而上网电价约 0.50 元/千瓦时，导致严重亏损。据 2018 年 9 月报道，IGCC 机组连续运行时间为 3 917 小时(163.2 天)，运行良好，为市场提供 58 亿千瓦时电力。

电厂燃气排放指标如下：采用高温陶瓷过滤器干法除尘技术，粉尘小于 0.6 mg/m^3；燃烧前脱硫效率达 99.9%以上，二氧化硫小于 0.9 mg/m^3；采用低硝控制技术，氮氧化物小于 50 mg/m^3，好于或接近燃气发电的国家排放标准[30]。

5）存在问题

天津 IGCC 的配套设备管线相当复杂，经统计，需转动设备 606 台，敷设电缆 1 688 千米，全厂有 I/O 测点 15 000 多个、自动控制系统 292 套、顺序控制系统 56 套、主保护加辅机保护 755 套、各类阀门共计 11 341 个……如此庞大数量的设备管线，已远超 2 台常规 30 万千瓦机组。

目前示范机组 IGCC 面临着共同的发展困境，系统部分技术和工艺还需要进一步优化和完善。从实际运行情况看，2013 年电厂全年运行 1 400 h，经系统优化与设备调试，整机机组连续运行有了明显提高。IGCC 技术推广的瓶颈主要在造价高、运行成本高，难以盈利以及机组运行稳定性，宜采用干煤粉加压气化技术。干煤粉两段式加压气化炉的燃料气（合成气）中，CO 含量约 60%、H_2 含量约 25%，合成气成本约 3 元/立方米。由于廉价的页岩气和常规天然气被大量发现，影响了 IGCC 技术和示范项目资本的投入。

7.4.3　宝钢高炉煤气燃气轮机联合循环机组

高炉煤气是低热值的煤气。宝钢高炉煤气燃气轮机联合循环热电机组的成功应用对 IGCC 燃气轮机的设计和运行有着借鉴作用。

1）简况

宝钢 150 MW 高炉煤气燃气轮机联合循环热电机组（见图 7－36）是一个常规燃

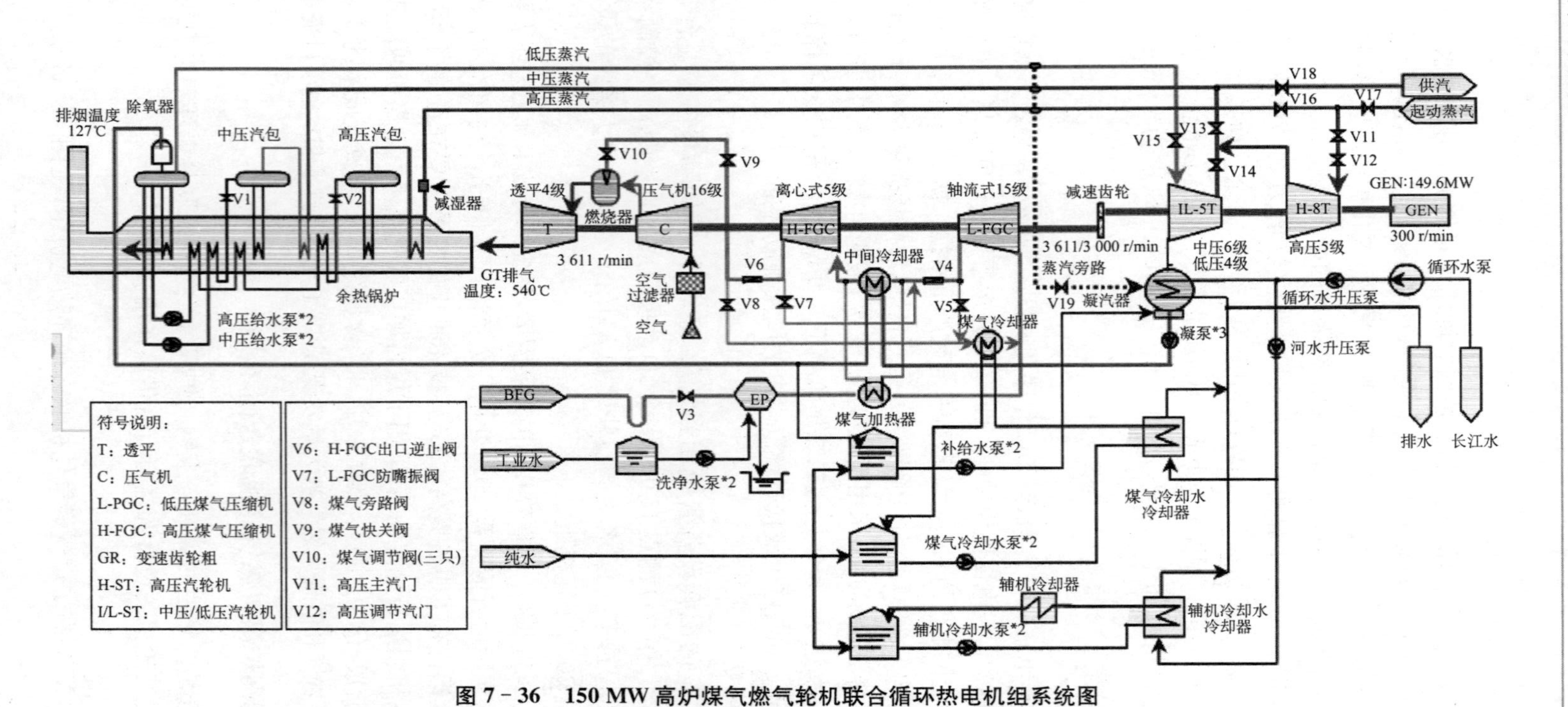

图 7－36　150 MW 高炉煤气燃气轮机联合循环热电机组系统图

气轮机改烧低热值煤气的好范例；通过它可以了解燃用低热值煤气燃气轮机联合循环的一般特点，它对 IGCC 动力岛的设计和运行有着极大的参考价值[31]。

机组专烧高炉煤气(BFG)，燃气轮机出力为 144 MW；联合循环机组(送汽量为 0 时)最大出力为 149.6 MW，热效率为 45.52%；单列轴系布置，可直接用蒸汽轮机做起动机，煤气压缩机直接由机组驱动，系统简单，自控水平高。

以微机为基础的分布式控制系统(DCS)控制站实现整套机组的分散自动控制和联锁保护，主控制室取消常规仪表；以 CRT(一种使用阴极射线管的显示器)工作站实现整套机组的集中监视和信息管理。机组的启动和满负荷控制，机组的停机控制以及正常运行的控制均实现遥控操作。

2) 高炉煤气数据(设计值)

机组燃用的高炉煤气是目前世界上大功率燃气轮机燃用的热值最低的气体燃料。其组成(vol)为 CO_2 20%，CO 23.2%，H_2 3.2%，N_2 53.6%，H_2O 饱和(25℃)；压力为 7 061 Pa(720 mmH_2O)；温度为 25℃；低热值为 3 265 kJ/Nm^3(780 $kcal/Nm^3$ 干煤气)；含尘量不大于 10 mg/Nm^3；密度为 1.355 5 kg/Nm^3。

3) 设备配置

表 7-23 给出了高低压煤气压缩机、齿轮箱、三压蒸汽轮机、三压余热锅炉、发电机和励磁机等设备的参数，采用单轴系列布置，轴系长度为 51.7 m。GT11N2-LBTU 燃气轮机是由常规的 GT11N2 机组改造而成。

表 7-23　机组主设备参数

设备		性能参数	设备		性能参数
燃气轮机	型式	GT11N2-LBTU，开式简单循环，单轴	发动机	型式	卧式旋转无刷励磁空气冷却发动机
	额定出力	144 MW(毛功率)		额定容量	176 MVA
	转速	3 611 r/min		转速	3 000 r/min
蒸汽轮机	型式	抽凝汽式	余热锅炉	型式	三压卧式自然循环
	额定出力	60.5 MW		高压蒸汽	6.28 MPa/513℃/169 t/h
	转速	3 000 r/min		中压蒸汽	1.86 MPa/265℃/22 t/h
煤气压缩机	高压	离心式 5 级		低压蒸汽	0.13 MPa/107℃/19 t/h
	低压	静叶可调轮流式 15 级	主变压器	型式	强制冷却，屋外型，2 绕组
	转速	3 611 r/min		额定容量	180 MVA
减速齿轮箱	型式	双螺旋式		额定电压	15 kV/110 kV
	最大传递功率	100 MW	控制系统	型式	PROCONTROL-P 集散控制系统
	转速	3 611～3 000 r/min			

4）燃烧室改造

由于BFG热值低，燃烧速度低，可燃范围窄，所以要求能够很好地控制燃烧室内的一次空气过量系数及其变化范围，并加大燃烧室断面尺寸，延长燃料在燃烧室中的逗留时间。

GT12N2－LBTU燃烧室与常规的GT12N的燃烧室相比，除了保留单燃烧器、双燃料单筒燃烧室的总体结构和放大燃烧室的尺寸外，为了燃烧高炉煤气，解决高炉煤气燃烧稳定性问题，对燃烧室头部做了精心的改型设计。旋流器的直径尺寸增加1.5 m；保留燃油喷嘴（点火燃料）；以原来双燃料喷嘴中的天然气燃烧器作燃用BFG的值班喷嘴；包角旋流器的十二个通道分成上下两层，分别通空气和煤气，两层通道又都分成内外两部分，煤气由上下两个管道，通过各自的控制阀分别供向煤气通道的内外部分；机组运行过程中可通过控制阀调节煤气量。机组运行情况表明，燃烧室中BFG的燃烧稳定性很好，燃烧室的改造是成功的。

5）燃气轮机通流部分的改造

由于BFG的热值低，在压气机不变，透平及其燃气初温不变的条件下，所需的燃料体积流量是天然气流量的20倍，燃气流量将增大，透平的通流能力不够。如果不加大透平的尺寸，透平前的压力憋高后会引起压气机喘振；如果不改透平，就要改压气机，将压气机的流量减小，以使压气机与燃机的流量匹配。本机组采用了改造压气机将空气流量减少的方法，将压气机进口的空气流量从350 kg/s左右减小到257 kg/s，与常规机组GT11N2相比，减少约27%。压气机获得足够的喘振裕度（>15%），解决了燃烧BFG时的流量匹配问题。表7－24给出了GT11N2－LBTU和常规机组GT11N2的基本参数。

表7－24　GT11N2－LBTU和GT11N2的基本参数（100%工况）

参数	单位	GT11N2 CH4 不喷水	GT11N2 CH4 最大喷水量	GT11N2－LBTU BFG湿 （757 kcal/Nm^3）
机组轴端出力	MW	107.3	130.7	144.0
轴端效率	%	33.9	31.7	38.7
空气流量	kg/s	345.5	354.5	257
燃料流量	kg/s	6.33	8.26	138.5
排气流量	kg/s	361	395	398
排气温度	℃	531	515	540
压气机压比	—	14.96	16.0	14.2
透平进口温度	℃	1 085	1 061	1 060
压气机喘振裕度	%	19	10	>15

说明：ISO条件为进口压损10 mbar，排气压损30 mbar。

6) 燃气轮机的主要特点

燃气轮机可燃烧高炉煤气，对燃烧系统进行改造，不仅解决了燃烧稳定性问题，又解决了压气机和透平流量的匹配问题，确保机组能够燃用低位热值仅为 3 265 kJ/Nm^3(干)(780 kcal/Nm^3)的 BFG。燃气轮机与其他转动机械同轴布置，燃气轮机与高、低压煤气压缩机联成一根轴(转速 3 600 r/min)，蒸汽轮机、发电机及励磁机也联成一根轴(3 000 r/min)，二轴通过中间减速箱串在一起(见图 7-36)。

(1) 蒸汽轮机作为起动机启动整套组机，简化装置的配套设备。

(2) 高、低压煤气压缩机与燃气轮机同轴布置，可避免燃气轮机在低负荷工况下运行，避开了烧低热值煤气在低负荷工况下燃烧不稳定问题。

(3) 焊接转子、双支点结构合理，燃气轮机采用的焊接转子刚性好，将不同材质的轮盘拼焊在一起，既满足工作条件的要求，又合理用材；设计和材料选择合理，再加上制造工艺的保证，转子轴在整个使用寿命期间内不需要任何维修；转子由前后两只径向轴承支撑。

(4) 燃气轮机的压气机为三排静叶可调的轴流压气机，进口导叶、第一级静叶和第二级静叶的安装角均可调，用以满足机组启动和运行调节的需要。

(5) 燃气透平为空气冷却，第一、二级动静叶均为空冷叶片并涂有防腐蚀涂层，转子表面与动叶的叶根均用空气冷却，静叶叶根及静叶持环也都为空气冷却；透平第一级静叶在不开缸的情况下便可更换。

(6) 单管单燃烧器燃烧室设有内旋流器，有利于消除黑烟，也是值班燃料的配气机构；外旋流器的煤气、空气通道相间布置利于煤气与空气的混合；挂片式的火焰管冷却效果好，更换方便。

(7) 机组的光学检查、窥镜检查方便，停机后不用开缸便可检查压气机和透平的相应部分。

7) 机组运行效果

机组除了发电以外，还向热网供蒸汽，其额定出力为 149.6 MW 净功率(当供气时，最大供汽量为 180 t/h)，燃用 BFG 量为 362 kNm^3/h，煤气热值为 3 098～3 150 kJ/Nm^3，联合循环效率为 45.52%。截至 2001 年 2 月，累计发电 22 亿千瓦时，累计供热量为 38.28 万吨，具有显著的经济效益。据统计，宝钢的煤气放散率从 1997 年的 12.68% 下降至 2000 年的 0.13%，机组排放的烟气中 NO_x 含量小于 10 mg/kg。

7.5　几点建议

综上所述，我国的 IGCC 技术与装备还处在初级阶段，不少技术经济问题还有待解决和完善。为了使 IGCC 产业脱颖而出，提出如下建议。

(1) 稳步推进低碳发电的技术路线。我国目前的煤电占全部发电的比例约65%。根据我国的燃料特点,洁净煤的发电途径可按两条腿走路的办法开展洁净煤发电:其一,在已建火电厂采用超低排放+CCUS的技术路线;其二,加快开发低廉制氧的大容量IGCC技术路线,调整煤电技术构成,降低常规火电厂的发电比例。

(2) 化解单位发电造价高的问题。煤气化的副产品处理成本非常高,直接导致IGCC的成本难以下降。IGCC电厂设计和运行的关键应加强各行业的合作,将原来分属于煤炭、化工和电力行业的设备进行集成优化,形成统一的、高效可靠的IGCC系统。

(3) 发展多联产。以煤气化为基础,向多联产方向发展是IGCC发展的必然。除了发电,IGCC可以多联产化工行业所需要的化学产品,包括水蒸气、氧气、氢气、化肥和费托燃料等。例如,IGCC多联产系统生产的液体乙醇和二甲醚可以作为汽车燃料的替代品,缓解石油短缺。

(4) 首台25万千瓦级IGCC示范机组的运行喜忧参半,需进一步探索。通过示范机组,从技术设计、运行等多角度总结我国第一套纯发电IGCC示范机组的经验教训,提升示范工程的性能水平。

IGCC的投资费用居高不下,经济上仍然无法与常规火电站相竞争,这是目前制约IGCC快速发展的最重要原因。加强空气富氧技术、化学链燃烧技术的应用研究是一条值得探索的充实现有IGCC技术路线的途径。

参考文献

[1] 蒋洪德. 世界重型燃气轮机产品系列发展史及其启示[N]. 科技日报,2016-5-30.

[2] 桂霞,王陈魏,云志,等. 燃烧前 CO_2 捕集技术研究进展[J]. 化工进展,2014,33(7):1895-1901.

[3] 张永奇,王洋. 国内外煤气化技术介绍[G/OL]. (2006-5-28)[2011-06-07]. https://wenku.baidu.com/view/17bb9b7b16888486876 2d6a0.html.

[4] 段立强,林汝谋,金红光,等. 整体煤气化联合循环(IGCC)技术进展[J]. 燃气轮机技术,2000,13(1):9-17.

[5] 梁桂玲. 关于我国煤化工产业技术路线的思考[J]. 现代经济信息,2009,20:215-216.

[6] 李振. IGCC热力性能的发展潜力分析[D]. 北京:中国科学院研究生院(工程热物理研究所),2013.

[7] 陈乐. 新型煤化工产业发展规划研究[D]. 北京:中国矿业大学,2015.

[8] 张磊. 中国大多数煤化工项目投资超概算[EB/OL]. [2015-07-27]. http://www.china5e.com/news/news-912737.

[9] 杨启仁. 看煤炭清洁利用IGCC技术全球发展史破高成本之谜![EB/OL]. [2015-2-13]. http://www.huanjingchanye.com/html/industry/2015/0213/2710.html.

[10] 李现勇. 首座基于GE技术的标准化IGCC电厂浅析[J]. 电力勘测设计,2013,3:49-52.

[11] 高明，井然. IGCC引领绿色煤电发展新潮流[J]. 中国电力企业管理，2014，2：38－41.

[12] 焦树建. 整体煤气化燃气—蒸汽联合循环（IGCC）[M]. 北京：中国电力出版社，2014.

[13] 白慧峰，徐越. 危师让，等. IGCC 及多联产系统的发展和关键技术[J]. 燃气轮机技术，2009，22（4）：1－3.

[14] 艾凯咨询. 2016—2022 年中国 IGCC 产业发展现状及市场监测报告[R]. 北京艾凯德特咨询有限公司，2016.

[15] 钱伯章. 国外煤气化设备技术及在中国的应用[J]. 化工装备技术，2016，37（1）：57－66.

[16] 樊克莉. 国产煤气化技术达国际领先水平[J]. 气体分离，2013，6：42－43.

[17] 吴波. 投煤量 2 500 t/d 四喷嘴水煤浆气化装置试运行总结[J]. 煤炭加工与综合利用，2015，6：73－75.

[18] 张建胜. 清华炉煤气化技术研究开发和应用基煤气化技术选择[R]. 清华大学热能工程系，2013.

[19] 吴彦丽，李文英，易群，等. 中美洁净煤转化（煤化工）技术现状及发展趋势[J]. 中国工程科学，2015，17（9）：133－139.

[20] 戴厚良，何祚云. 煤气化技术发展的现状和进展[J]. 石油炼制与化工，2014，45（4）：1－7.

[21] 朱志劼. 整体煤气化联合循环热力系统的优化研究[D]. 上海：上海发电设备成套设计研究院，2008.

[22] 吴努斌，刘建斌，任烯青，等. IGCC 气化炉水循环计算与分析[J]. 动力工程学报，2012，32（9）：718－722.

[23] 王迪. IGCC 发电显热回收技术简介[J]. 中国特种设备安全，2012，2：68－70.

[24] 段立强，孙思宇，卞境，等. 集成氧离子传输膜的 CO_2 零排放 IGCC 系统研究[J]. 中国电机工程学报，2014，34（23）：3874－3882.

[25] 迟金玲. IGCC 电站二氧化碳捕集研究[D]. 北京：中国科学院研究生院（生物热物理研究所），2011.

[26] 陈少卿，赵长遂，赵传文. 钾基固体吸收剂脱除烟气中 CO_2 技术的研究进展[J]. 动力工程学报，2010，30（7）：542－549.

[27] 郭伟，井云环，李芳斌，等. 干煤粉气化工艺黑水闪蒸方案对比研究[J]. 煤炭科学技术，2013，41（S2）：403－405.

[28] 徐样. IGCC 和联产的系统研究[D]. 北京：中国科学院研究生院（生物热物理研究所），2007.

[29] 张建府. 整体煤气化联合循环电站空分系统配置及常见故障分析[J]. 发电设备，2012，26（1）：43－46.

[30] 彭源长，马建胜. 华能天津 IGCC 电厂技术创新调查[EB/OL]. [2014－7－17]. http://news.bjx.com.cn/html/20140717/528808.shtml.

[31] 朱基木，李守玉，赵林风，等. 宝钢 150 MW 高炉煤气燃气-蒸汽联合循环热电机组[C]. 亚太区燃气轮机发电应用及气体燃料技术研讨会，深圳：2001.

附录　从制造大国跨入制造强国的新时代

2008年爆发的全球金融危机使各国经济萧条、民生凋敝，制造工业受到严重打击。一种身临悬崖的危机感首先在工业发达国家蔓延开来。国内经济也深受其害，尤其是我国经历了体制深化改革、国民经济高速发展，正处在结构转型时期。制造业面临严峻的国际挑战，既受到欧美发达国家打压，又受到发展中国家“前后挤压”，高端和低端制造业同时受夹击[1]。

2014年，我国工业经历了严峻的考验，经济下行的压力比较大，规模以上的工业增加值增幅继续呈现下行趋势，生产者产品出厂价格指数(PPI)连续33个月负增长[2]。

然而，新一轮的工业革命正在全球兴起，互联网信息通信和智能化技术的迅速发展使制造业产生了深刻的变革，迎来了制造业蓬勃向上发展的生机。其一，制造商日益关注小批量、个性化生产，以“多样微量”为特征的产品快速增长；其二，新技术(如传感技术、云计算、大数据、移动网络等)的飞速发展以及在各个领域的快速渗透成为制造业传统模式的变革以及新型业务模式的创新基础。

Ⅰ. 他山之石——“工业4.0”之精髓

2010年7月，德国联邦政府正式通过了《思想·创新·增长——德国2020高技术战略》；随后，美国出台“再工业化”“先进制造业伙伴计划”；日本开始实施“再兴战略”；韩国抛出“新增动力战略”；法国提出“新工业法国”[3]。恰逢其时，“中国制造2025”也及时登台亮相。表1为各国制造业发展计划简况。

表1　各国制造业发展计划简况

国家	计划名称	主要内容	备注
德国	高技术战略2020	继2006年第一个高技术战略国家总体规划之后，目标明确地去激发德国在科学和经济上的巨大潜力	2010年7月正式通过

（续表）

国家	计划名称	主要内容	备注
美国	先进制造业伙伴计划（AMP）	提高美国国家安全相关行业的制造业水平；缩短先进材料的开发和应用周期；投资下一代机器人技术；开发创新的、能源高效利用的制造工艺	2011年6月24日，奥巴马宣布AMP计划，投资超过5亿美元
日本	再兴战略	主要政策内容包括增长战略、货币宽松和财政政策三大支柱，即"安倍经济学"	2013年6月由日本政府出台，后来又推出修订版
韩国	新增动力战略 机器人未来战略2022	两大目标：2018年韩国机器人国内生产总值为20万亿韩元，出口70亿美元，占据全球20%的市场份额，挺进"世界机器人三大强国行列"	韩国知识经济部在2012年10月17日发布
法国	新工业法国	振新34项未来工业，计划涵盖能源、交通运输、数字技术、智能电网、纳米科技、医疗健康和生物科技等	投资35亿欧元，注重科技自主创新，关注消费者需求
中国	中国制造2025	它是工业2.0补课、工业3.0普及和工业4.0示范的并联式发展战略规划；由制造大国转变为制造强国	2015年5月8日国务院正式公布

Ⅰ.1　德国工业4.0背景

2011年在德国汉诺威工业博览会上相关协会提出了工业4.0的初步概念，在机械设备制造联合会等牵头下，由各界专家成立"工业4.0工作组"，深入研究并报告政府。2013年德国公布工业4.0标准化路线图，建立由协会和企业参与的工业4.0平台(Platform-i4.0)。德国政府将工业4.0纳入《高技术战略2020》中，正式成为一项国家战略，制定相应法律，使制造产业政策上升为国家法律[4]。

德国工业4.0的称谓是基于学界认为前三次工业革命源于机械化、电气化和信息化。机械制造为工业1.0，电气化为工业2.0，生产工艺自动化为工业3.0，以物联网和制造业服务化为主导的智能制造定义为工业4.0。

德国如此迅速地将"工业4.0"列为国家的经济基石，主要是因为信息通信技术对工业的革命性影响。在新一轮科技革命冲击下，德国产生了对工业强国地位的危机、机遇和领先意识（见表2）。

表 2　工业 4.0 战略的产生背景

内容	应对方面	智能化制造业的发展状况
危机意识	新兴产业创新	美国垄断互联网市场，重新定义制造业的未来，并在技术、标准和产业化方面做了前瞻性布局；而德国企业的数据被硅谷控制，处于被动
	传统产业竞争	新的信息技术融合工业，加快产品、装备、工艺和服务智能化；德国制造业能否与信息和通信实现对接，构成竞争威胁
	国家产业战略	一些工业强国纷纷为第三次工业革命制订规划，实施制造业的回归战略；德国如何迎头赶上被各界广泛关注
机遇意识	市场	信息通信技术与制造业的融合造就智能制造时代，云计算、大数据、人工智能、机器自学习等推动生产工具的智能化和现代化；德国探讨以何种方法抓住市场
	技术	智能制造综合集成各种技术；德国具有工业软件（企业资源管理 ERP、制造执行系统 MES、产品生命周期管理 PLM 等）、工业电子和制造技术（机械出口占全球 16%）的优势
	产业	装备制造业是德国强项；虽然失去了互联网领先地位，不能失去物联网，确保德国在全球智能制造产业“领先供应商”的地位
领先意识	理念	集数字化制造、智能化、能源和工业互联网技术的新理念，继往开来，抢占发展理念的制高点，引领德国工业继续保持领先地位
	技术	在创新技术快速发展、重新构建制造业技术体系的时期，政府支持工业领域（虚拟化技术、3D 打印、云计算、大数据、互联网等）创新，应对新一轮科技革命的挑战
	产业	全球新的产业分工体系与格局形成，德国希望在信息物理系统（CPS）的智能工厂和智能制造模式的变革中扮演主要角色
	标准	产品、装备、生产、管理和服务的智能化迫切需要步调一致，高度协同对智能制造提出新的标准（包括技术、服务、管理、安全等）；德国在智能制造方面抢先一步
	市场	德国目标是巩固并不断扩大全球市场的优势，采用领先供应商战略和市场战略

Ⅰ.2　主要内容

德国工业 4.0 的战略旨在通过信息通信技术和信息物理系统（CPS-Cyber-Physical Systems）相结合的手段，推动制造业向智能化转型（见表 3）。

表 3 工业 4.0 体现的主要内容

内容	应对方面	内容
互联	生产设备之间	将单机智能设备、不同类型和功能的智能设备互联的生产线、车间乃至工厂构建成无所不能的智能制造系统；它们通过互联网可以自由、动态的组合
	设备与产品	智能工厂能自行运转，使零件与机器、产品与加工母机之间的通信连接达到彼此信息交流，协助完成生产过程
	虚拟与现实	信息物理系统(CPS)通过具有计算、通信、控制、远程协调和自治功能的物理设备连接到互联网，实现虚拟网络与现实世界的融合，使资源、信息、物体和人紧密联系在一起，创造物联网及相关服务的智能制造环境
	万物之间	人、物、数据和程序的一体化重构了整个社会的生产工具、生产方式和生活场景，成为从互联网上获得彼此间的感知、传输和处理信息的响应模式
集成	纵向	纵向集成是指企业内部各层次各环节上的信息流、资金流和物流的集成；通过传感器、嵌入式终端系统、智能控制、通信设施的物理信息系统形成一个智能网络
	横向	指企业之间通过价值链以及信息网络所实现的一种资源集成，提供实时服务
	端到端	以产品生命周期的价值链为中心，整合资源，实现全程管理和服务，集成供应商、制造商以及客户的信息流、物流、资金流的反馈，重构价值链各环节的价值体系
数据	产品	数据可以表征工业体系的本质特性；产品在制造过程的各个工序环节的数据由内嵌式传感器实时获取，贯穿需求、设计、生产、销售、售后到淘汰的全部生命历程
	运营	包括组织结构、业务管理、生产设备、质量控制、市场营销、生产采购库存、计划与商务等数据
	价值链	应用大数据技术，深入分析和挖掘价值链上各环节的数据和信息，成为全新视角
	外部	分析经济运行、行业、市场、竞争对手等数据成为应对外部环境变化的重要手段
创新	技术	技术基础类，如新型传感器、集成电路、智能、互联网、大数据等；环境类，如创新流程优化、创新模式等；融合类，将传统工业与信息技术融合一体的智能制造
	产品	信息通信技术融入工业装备，向数字化、智能化发展，如智能设备、智能生产线等

（续表）

内容	应对方面	内　　容
	模式	全新的生产模式，即机器分析判断＋制造；商业模式，即自适应物流、集成客户制造工程，率先满足动态的商业网络、异地协同设计、规模个性化定制、精准供应链管理
	业态	指新的产业领域中衍生叠加出新环节，演化成新的业态，引发产业体系重大变革，如全生命周期管理、总集成总承包、互联网金融、电子商务等加速重构价值产业链
	组织	为适应智能制造要求和组织规模，进行业务流程重组、企业组织再造
转型	大规模生产转向个性化	制造各环节植入用户参与界面，在盈利的前提下实现个性化制造；建立极多品种的极少量的生产模式是未来的发展方向
	生产型转向服务型制造	4 种模式：①增强产品效能，拓展在线维护、个性化设计；②提高产品交易便捷性，拓展融资租赁、现代物流和电子商务等；③提高产品在线效能，提高专业化集成；④依据客户全方位需求，实现对产品服务转向对需求的服务
	要素驱动型向创新驱动	廉价劳力、规模资本投入的要素驱动生产难以为继；新一代技术的集成应用带来产业链协同开放创新、用户参与式的创新和全方位创新，激励整个社会创业的激情
目标	提升企业、行业、国家的竞争优势	“工业 4.0”是一个发展的概念、是一面未来信息技术与工业融合的多棱镜，是新颖工业发展的模式；它增强企业核心竞争力；提高全行业的资源配置和运行效率；为了抢占新一轮竞争的制高点，巩固德国制造业优势

Ⅰ.3　面向世界合作的未来

在改革开放过程中，我国引进国外的先进技术，并在此基础上进行自主研发，取得了丰硕成果。大众汽车是德国与我国汽车制造业技术、生产合作模式的典范。西门子的电站燃机制造业在我国也实现了相当成功的嫁接。

图 1　土木建筑固定结合器——鲁班锁之一

2014 年 10 月李克强总理向德国默克尔总理赠送了一把“鲁班锁”（见图 1）作为“礼物”。这是由天津中德职业技术学院学生用德国机床制造的，象征着中国工匠鼻祖鲁班与现代制造业的标杆——“德国制造”在中德制造业中的深度融合、和谐共赢。

Ⅱ. "中国制造 2025"——民族复兴之光

工业化是现代化的核心，制造业做大做强是中国完成工业化进程的必由之路。《中国制造 2025》的发布，全面开启了中国制造由大变强之路[5]。

Ⅱ.1 制造业是最强大的发动机

《中国制造 2025》指出，世界强国的兴衰史和中华民族的奋斗史一再证明，没有强大的制造业，就没有国家和民族的强盛。我国国民经济的快速崛起，中国制造是重要的推动力。据统计，1990—2010 年，中国制造业的 GDP 贡献率保持在 30%以上[1]。

1)《中国制造 2025》的发展

2015 年 5 月 8 日国务院正式公布《中国制造 2025》，制定过程历时近 3 年。

2013 年 1 月，由中国工程院会同工信部、国家质检总局开展制造强国战略研究重大咨询项目。

2014 年 3 月，中国工程院课题组报告了编制的规划，着重强调四方面工作[6]。①该研究结合现实制造业基础和条件、未来产业和科技发展新趋势，高度重视新能源、互联网、3D 打印等新技术和新领域。②实事求是地评估我国工业结构，分析各行业的变化，有针对性地提出发展方式和规划。③进一步强化创新能力，在机制建立、目标设定、政策研究等方面加大创新的权重。④课题研究向"中国制造 2025"规划编制工作聚焦。

"中国制造 2025"具体涉及机械、能源装备、航天、航空、冶金、化工、纺织、电子信息、制造服务业等 18 个专题，极大地充实、丰富了"中国制造 2025"的内容。

2) 中国"工业 2.0"特点

中国工业 2.0 以德国工业 4.0 的分类为参照，它以开放的、智能型的生产空间取代传统的、封闭的、劳动密集型的生产。

我们正在经历一个信息技术快速发展的时代，随着互联网、云计算等新一代信息技术的发展，微信、微博、威客(Witkey-The key of wisdom)等社交工具给我们的生活、工作以及工业生产、管理方式带来了巨大的改变。一个以用户为中心、面向服务，注重用户创新、开放创新、协同创新、大众创新的创新 2.0 时代已经全面到来，激发了各个领域的创新和发展[7]。

《中国制造 2025》提出了实现中国制造向中国创造转变、中国速度向中国质量转变、中国产品向中国品牌转变，提出了智能化中国制造、重点领域科技目标及重大工程项目的任务。

制造业是国民经济的基础和支柱产业，也是一国经济实力和竞争力的重要标志。现阶段，制造业“大而不强”一直是困扰中国制造业发展的难题[8]。我国产值占全世界的20%，工业品产量居世界第一位的超过210多种，但钢铁、有色金属、石油化工、电力、煤炭、建材等15个行业，技术水平普遍比国际落后5～10年，有的甚至落后20～30年。即使在具有较高技术的通信、半导体、生物医药和计算机等高新技术出口产品中，国内企业获得授权的专利数也还不足40%。多数产业在国际产业分工体系中处于价值链的低端（见图2）。

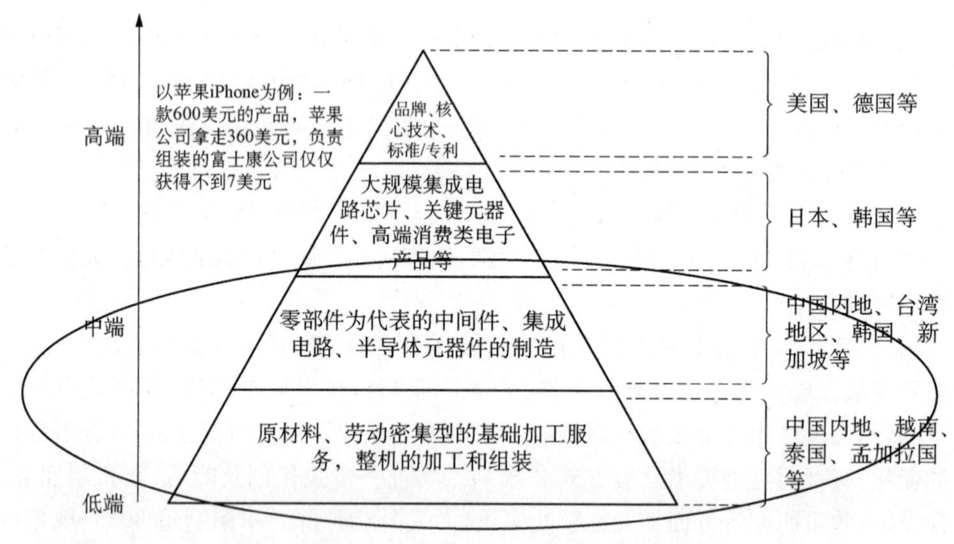

图2　中国制造业整体处于全球价值链的中低端水平[1]

相比德国工业4.0，中国工业大而不强，制造业基础薄弱。《中国制造2025》只是工业2.0的补课、工业3.0普及和工业4.0示范的并联式发展战略规划。其中既包括新型产业的培育，也包括传统产业的改造升级，任务更加复杂、更加艰巨[9]。

3）整体联动方式

智能制造已成为全球制造业发展的新趋势，要积极推动在智能测控、机器人、新型传感器、3D打印等领域的创新，推动产业体系的完善与发展。

“中国制造2025”把信息化与工业化深度融合作为未来10年“中国制造”的主要方向，细化标准、突出重点，推进“中国制造2025”重大装备研制、标准制定及“互联网+制造”，使中国制造重点从消费品转向中国装备，进而迈向中高端智能制造。

我国工业2.0是一种全新的、科学的生产方式，包含科学创新2.0、技术创新2.0、管理创新2.0。需要研究三者的互动，把握创新2.0时代趋势，并将工业1.0转向信息时代创新2.0。同时，管理创新2.0应注重管理、机制、制度的创新，商业模式的创新，重视配套体系、创新生态系统的建设。让中小企业也成为新一代智能化生产技术的使用者、受益者、先进工业生产技术的创造者和供应者。

Ⅱ.2　目标和任务

面临发达国家和其他发展中国家“双向挤压”的严峻挑战，中国制造业必须放眼全球，加紧战略部署，着眼建设制造强国，固本培元，化挑战为机遇，抢占制造业新一轮竞争制高点。围绕实现制造强国的战略目标，“中国制造 2025”的目标和任务见表4。归纳如下：一是提高国家制造业创新能力；二是推进信息化与工业化深度融合；三是强化工业基础能力；四是加强质量品牌建设；五是全面推行绿色制造；六是大力推动重点领域突破发展，聚焦新一代信息技术产业、高档数控机床和机器人、航空航天装备、海洋工程装备及高技术船舶、先进轨道交通装备、节能与新能源汽车、电力装备、农机装备、新材料、生物医药及高性能医疗器械等十大重点领域；七是深入推进制造业结构调整；八是积极发展服务型制造和生产性服务业；九是提高制造业国际化发展水平。

表 4　“中国制造 2025”的目标和任务

产业	装备	内　容
信息技术	集成电路及专用装备	提升信息与网络安全及电子整机产业的设计水平，丰富自主知识产权(IP)的核心通用芯片、设计工具和国产芯片的应用适配能力；掌握高密度封装及三维(3D)微组装技术，提升封装产业和测试的自主发展能力，形成关键制造装备供货能力
	信息通信设备	掌握新型计算、互联、存储、体系化安全保障等核心技术，全面突破第五代移动通信(5G)技术、核心路由交换技术、超高速大容量智能光传输技术、“未来网络”核心技术和体系架构，推动量子计算、神经网络等的发展，研发高端产品
	操作系统及工业软件	开发安全领域操作系统等工业基础软件；突破智能设计与仿真及其工具、制造物联与服务、工业大数据处理等高端工业软件核心技术；开发自主可控的高端工业平台软件和重点领域的应用软件；建立完善工业软件集成标准与安全测评体系及产业化应用
高档数控机床和机器人	高档数控机床	开发精密、高速、高效、柔性数控机床与基础制造装备及集成制造系统，加快高档数控机床、增材制造等前沿技术和装备的研发，提升可靠性、精度保持性，包括数控系统、伺服电机、轴承、光栅等主要功能部件及关键应用软件
	机器人	开发各行业机器人，包括服务机器人，标准化、模块化，突破关键部零件(本体、减速器、伺服电机、控制器、传感器与驱动器等)及系统集成设计制造的瓶颈

（续表）

产业	装备	内　　容
航空航天装备	航空装备	研制大型飞机、宽体客机、重型直升机；推进干支线飞机、直升机、无人机和通用飞机产业化；突破高推重比、涡桨（轴）发动机及大涵道比涡扇发动机技术，建立发动机自主的工业体系包括机载设备及其系统，形成完整的航空产业链
	航天装备	发展新一代运载火箭、重型运载器，提升进入空间能力；推进国家民用空间基础设施建设，发展新型卫星等空间平台与有效载荷、空天地宽带互联网系统，形成长期持续稳定的卫星遥感、通信、导航等空间信息服务能力
海洋工程	装备	发展深海探测、资源开发利用、海上作业保障装备及其关键系统和专用设备（深海空间站、大型浮式结构物），形成海洋工程装备综合试验、检测与鉴定能力
	船舶	突破豪华邮轮设计建造技术，全面提升液化天然气船等高技术船舶国际竞争力，掌握重点配套设备集成化、智能化、模块化设计制造核心技术
轨道交通	轨道交通装备	突破体系化安全保障、节能环保、数字化、智能化、网络化技术，研制先进可靠适用的产品和轻量化、模块化、谱系化产品
汽车	节能与新能源汽车	提升动力电池、驱动电机、高效内燃机、先进变速器、轻量化材料、智能控制等核心技术的工程化和产业化能力，推动自主品牌的节能、新能源汽车与国际接轨
电力	装备	推进大型高效超净排放煤电机组示范应用和产业化；提高超大容量水电机组、核电机组、重型燃气轮机制造水平；推进新能源和可再生能源装备、先进储能装置、智能电网用输变电及用户端设备发展；突破大功率电力电子器件、高温超导材料等关键元器件和材料的制造及应用技术，形成产业化能力
农机	装备	重点发展粮、棉、油、糖等大宗粮食和战略性经济作物（育、耕、种、管、收、运、贮等）主要生产过程使用的先进农机装备，如大型拖拉机、复式作业机具、大型高效联合收割机等高端农业装备及关键核心零部件，面向农业生产的信息化
材料	新品种	以特种金属功能、高性能结构、功能性高分子、特种无机非金属和先进复合材料（如超导材料、纳米材料、石墨烯、生物基材料等）为发展重点，加快研发先进熔炼、凝固成型、气相沉积、型材加工、高效合成等新材料制备关键技术和装备，加强基础研究和体系建设，突破产业化制备瓶颈

（续表）

产业	装备	内　容
医药医疗	生物医药	发展针对重大疾病的化学药、中药、生物技术药物新产品，包括新机制和新靶点化学药、抗体药物、抗体偶联药物、全新结构蛋白及多肽药物、新型疫苗、临床优势突出的创新中药及个性化治疗药物
	医疗器械	提高医疗器械的创新能力和产业化水平，重点发展影像设备、医用机器人等高性能诊疗设备，全降解血管支架等高值医用耗材，可穿戴、远程诊疗等移动医疗产品；实现生物3D打印、诱导多能干细胞等新技术的突破和应用

Ⅱ.3　发展三部曲

《中国制造2025》根据加快转变经济发展方式和走新型工业化道路的总体要求，提出实施“三步走”战略，力争用三个十年的努力，实现制造强国的战略目标[10]。

1）制造强国的内涵、特征与战略依据

制造强国的基本内涵大致如下：①规模和效益并举，产业质与量的提升；②具有较高国际分工地位，居于产业链的高端地位；③具有较好的发展潜力，即强大的自主创新能力，实现制造业资源节约、环境友好、绿色发展，保持持续发展。

制造强国的主要特征如下：①拥有雄厚的产业规模，具有成熟健全的现代产业体系；②拥有优化的产业结构，各产业、产业链各环节之间的密切联系，基础产业和装备制造业水平较高，拥有众多有较强竞争力的跨国企业；③具有良好的质量效益；④具有持续的发展能力。

制造强国战略的主要依据如下：一是基于对我国制造业发展现状的基本认识。我国具备了建成门类最为齐全的工业体系，建设制造强国的基础，同时也拥有赶超现有强国的市场环境和资源条件。二是基于对世界制造强国发展水平的总体研判。2012年各国的制造业综合指数划分为三个国家方阵：我国目前处在第三方阵，必须构建4项一级指标、18项二级指标构成的制造业评价体系。三是基于对我国制造强国进程的前瞻预测。对接党的十八大报告所确立的两个百年奋斗目标，建设创新型国家，到2020年基本实现工业化等一系列国家战略目标导向的要求，并与《国家“十三五”规划纲要》《工业转型升级规划（2010—2015年）》《2006—2020年国家信息化发展战略》《国家中长期科技发展规划纲要（2006—2020年）》等相关规划目标的实施进展进行衔接。

2）中国制造三部曲

为稳步发展、夯实基础，立足当前，着眼长远，必须坚持宏观调控正确取向，在实现稳增长、调结构双赢和促进经济行稳致远上持续发力。中国制造业的华丽转型分为三个阶段。

第一阶段，到 2025 年，我国在创新能力、全员劳动生产率、两化融合、绿色发展等方面迈上新台阶，形成一批具有较强国际竞争力的跨国公司和产业集群，在全球产业分工和价值链中的地位明显提升。我国综合指数接近德国、日本，实现工业化的制造强国水平，基本实现工业化，中国制造业迈入制造强国行列，进入世界制造业强国第二方阵。

第二阶段，到 2035 年，综合指数达到世界制造业强国第二方阵前列国家的水平，成为名副其实的制造强国。在创新驱动方面取得明显进展，优势行业形成全球创新引领能力，制造业整体竞争力显著增强。

第三阶段，到 2045 年，乃至建国一百周年时，制造业主要领域具有创新引领能力和明显竞争优势，建成全球领先的技术体系和产业体系。我国综合指数率略高于第二方阵国家的水平，进入世界制造业强国第一方阵，成为具有全球引领影响力的制造强国。

3）主要指标

确保经济运行在合理区间，实现增长、物价、就业、收入、环保多重目标协调发展[11]。考核的主要指标见表 5。

表 5　2020 年和 2025 年制造业主要指标①

类别	指标	2013 年	2015 年	2020 年	2025 年
创新能力	规模以上制造业研发费内部支出占主营收入比/%	0.88	0.95	1.26	1.68
	规模以上制造业每亿元主营收入有效发明专利数/件	0.36	0.44	0.70	1.10
	制造业质量竞争力指数	83.1	83.5	84.5	85.5
质量效益	制造业增加值率提高	—	—	比 2005 年增 2%	比 2005 年增 4%
	制造业全员劳动生产率增速/%	—	—	7.5 左右（“十三五”期间年均增速）	6.5 左右（“十四五”期间年均增速）
两化融合	宽带普及率/%	37	50	70	82
	数字化研发设计工具普及率/%	52	58	72	84
	关键工序数控化率/%	27	33	50	64
绿色发展	规模以上单位工业增加值能耗下降幅度	—	—	比 2015 年降 18%	比 2015 年降 34%

（续表）

类别	指标	2013 年	2015 年	2020 年	2025 年
	单位工业增加值二氧化碳排放量下降幅度	—	—	比 2015 年降 22%	比 2015 年降 40%
	单位工业增加值用水量下降幅度	—	—	比 2015 年降 23%	比 2015 年降 41%
	工业固体废弃物综合利用率/%	62	65	73	79

① 中国制造 2025(国务院，2015 年 5 月 8 日)。

Ⅱ.4　路径和措施

《中国制造 2025》行动纲领明确提出，要完善以企业为主体、市场为导向、政产学研用相结合的制造业创新体系。围绕产业链部署创新链，围绕创新链配置资源链，加强关键核心技术攻关，加速科技成果产业化，提高关键环节和重点领域的创新能力。

1）行动纲领

具体路径包括加强关键核心技术研发，提高创新设计能力，推进科技成果产业化，完善国家制造业创新体系，形成一批制造业创新中心，加强标准体系建设，强化知识产权运用等。

2）提升内生动力

为确保完成目标任务，《中国制造 2025》提出了深化体制机制改革、营造公平竞争市场环境、完善金融扶持政策、加大财税政策支持力度、健全多层次人才培养体系、完善中小微企业政策、进一步扩大制造业对外开放、健全组织实施机制等 8 个方面的战略支撑和保障。

从整体来看，工业增加值增幅与 GDP 增幅的相对应关系与国民经济一、二、三产业构成比例有关。2013 年年底工业增加值增幅 9.5%，2014 年 1 至 11 月规模以上的工业增加值增幅为 8.3%，这一增幅关键在于工业经济发展的内生动力和内在活力的提质增效、转型升级[2]。2016 年政府工作报告中指出，经济增长预期目标为 6.5%～7%，考虑了与全面建成小康社会目标相衔接，考虑了推进结构性改革的需要，也有利于稳定和引导市场预期。为了保就业、惠民生，有 6.5%～7%的增速就能够实现比较充分的就业和经济稳增长，具体措施如下。

第一，传统产业的改造升级。深入“供给侧改革”，调整存量和优化增量并存。通过加大对质量品牌、节能降耗、减排治污等传统产业的改造，达到对存量的改造调整和优化提升。

第二，要培育、发展战略性新兴产业。掌握核心技术和关键技术，用新一代信息技术推动制造业的智能化。

第三，要积极发展生产性服务业，向下游延伸制造业的产业链，其中制造业的服务化是重要的战略取向，围绕主导产品发展售后服务、增值服务，发展现代物流、电子商务等；同时向上游延伸，搞研发、咨询、工业设计、软件信息服务、节能环保服务等，构建社会的服务平台。

第四，抓好信息产业自身的发展。建设5G网络，扩大覆盖面，提高效率；加强自主可控软硬件研制，提升网络信息安全保障能力等。

3）措施

以雾霾为典型的环境问题是中国经济发展结构失衡的一个缩影。"环保"既与民生紧密相连，也是转方式、调结构的关键措施。

政府先后讨论通过了被称为"大气十条"的《大气污染防治行动计划》、被称为"水十条"的《水污染防治行动计划》，以及《中华人民共和国大气污染防治法(修订草案)》《畜禽规模养殖污染防治条例》，并部署推进青海三江源生态保护、建设甘肃省国家生态安全屏障综合试验区、京津风沙源治理、全国五大湖区湖泊水环境治理等一批重大生态工程。

从2011年至2014年，中国单位GDP能耗强度分别下降2.0%、3.6%、3.7%、4.8%。2015年上半年，这一降幅达到了5.9%。

Ⅱ.5　借鉴国外经验转型

中国要借鉴德国工业4.0，利用新一代信息应用技术，让工业生产过程更加灵活，实现产品独特的可识别性、个性化定制。

1）工业4.0特色

(1) 德国工业4.0工厂的特点：①基于"信息物理系统"实现"智能工厂"；②动态配置的生产方式；③智能工厂的标准化生产模式。

例如西门子生产的两大特点：第一，由原先制造先出图纸、做出样品、修改图纸再生产的传统方式，改变为数字化制造，即研发、制造基于同一个数据平台，研发和生产几乎同步，完全不需要纸质的图纸。第二，它拥有高度数字化的生产流程，能灵活实现小批量、多批次生产。

工业4.0的效果：每100万件产品残次品仅为10余件，生产线可靠性达到99%、可追溯性高达100%。

(2) 借鉴工业4.0的中国工业2.0，在实践工业化与信息化深度融合的战略过程中，必须解决标准化、复杂的系统管理、通信基础设施建设、网络安全保障4方面的难题[12]：①标准先行使我国在国际标准化舞台上由"听众"角色转化为倡导角色。②制造企业重视技术的同时，更要重视流程管控，尤其是在技术研发方面，需要产、学、研、管、用多个层面联合来推动制造业创新发展。③构建容量更大、服务质量更可靠的工业通信基础设施将成为未来制造业迫切需要解决的一项课题。④人力、物料、生产设备、各种生产管理系统以及价值链上的众多协同企业都将互联，建立一套完善的工业互联网信息安全认证体系，确保网络安全。

研究者认为，最适合中国制造业工业的变革路径应该是构建一个完全围绕用户价值、并为用户带来最佳体验的C2B商业模式(customer to business)，再由此转化企业的内驱力，实现市场部门、研发部门、服务部门，甚至是制造、采购和供应链部门的全面变革。

2) 实施步骤

(1) 工业4.0转型变革战略实施路线分为三个阶段：第一阶段，M2M(厂内与企业内厂际互联)，工厂内系统、设备与机器间在物联网的基础上互联互通。第二阶段，B2B(价值链上所有企业互联)，实现企业全方位供应链的互联互通。第三阶段，C2M(消费者与相关工厂间互联)，又称为“以软件定义产品与制造”阶段，在企业安全的架构体系之下全面地在云端互联互通，包括工厂、制造、物流、服务等。

(2) 具体步骤：①重建端到端的组织活动逻辑；②打造三个集成网络，即价值网络的水平集成，端到端的数字化集成，企业内部的垂直集成；③互联＋集成，推动制造业向智能化发展，围绕用户需求，快速集成产品设计、验证、仿真和虚拟生产；④变革“生产—研发模式”，以用户的个性化与运营需求形成“集成研发”能力；⑤智能工厂打通商业闭环，将工厂嵌入到整个端到端的闭环中去，真正实现智能工厂。

依此立本于民，搜集用户意见和反馈，快速改进产品。生产的产品本质上是个信息物理系统(CPS)，通过3C(computing、communication、control)技术的有机融合与深度协作，实现大型工程系统的实时感知、动态控制和信息服务，在实物产品生产之前的虚拟中产生。也就是，产品由若干虚拟零件构成，逐步与制造工艺、制造过程挂钩，紧接着，虚拟空间的零件和现实空间的零件挂钩。

工业4.0产品意味着产品生命周期乃至全价值链、全生态系统的变革。从关键的用户需求——工业4.0产品的角度切入，有助于理解其要义与精髓[13]。

3) 物联网功能

物联网的成长过程见表6。这只有形的大手推动物流产业的加速。在物联网支撑下的工业4.0变革为企业带来全面的业务价值与能力提升。

表6　物联网的成长过程

年份	内容	链接	备注
1999	IBM发明了MQTT(消息队列遥测传输)技术	MQTT协议是为大量终端的过程传感器和控制设备通信设计的即时通信协议	—

（续表）

年份	内容	链接	备注
2014	IBM、AT&T、思科、通用电气和英特尔在美国波士顿宣布成立工业互联网联盟(IIC)	融合物理世界和数字世界，更便利地连接和优化资产、操作及数据，提高灵活性，促进智能分析，以释放所涉及工业领域的商业价值	以期打破技术壁垒
2015	IBM宣布投资30亿美元成立物联网事业部。连接与整合云计算与平台服务、大数据、安全等核心技术，在设计、制造、运营和交付的不同环节提供了全方位的解决方案	连接ERP、MES、CRM、SCM等工业3.0的典型信息化系统，整合全球资源，针对工业4.0等重要领域进行物联网技术、应用与业务创新	借助IBMBlue mix云平台的新型物联网服务

IBM的智能物联平台4大核心功能如下：①强大的物联网连接与整合能力是物联网应用支撑平台的入口。②丰富的物联网大数据分析能力，从多种数据源中获取支撑整个企业，甚至价值链的相关业务决策。③推动价值链整合与业务创新的PaaS(PlatformAsAService，平台即服务)能力，简化应用程序的交付过程和应用程序开发。④完备的物联网安全保障能力，确保应用与数据免受各种安全威胁，符合法规要求。

转向工业4.0的路径如下：工业4.0是对未来的布局，必须要选择适合的切入点和实施方法，针对不同类型企业的转型，必须要选择合适的切入点和实施方法。

4）智能制造——发展的主攻方向和切入点

强化工业基础能力，提高综合集成水平，以推广智能制造为切入点，培育新型生产方式，推动制造业数字化、网络化、智能化。

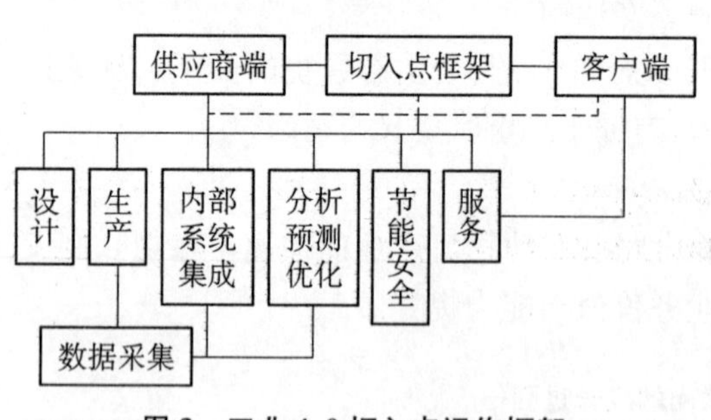

图3　工业4.0切入点运作框架

IBM总结出了一整套的转型方法论和切入点。7个切入点如下：工程与软件开发、产品合集成、智能制造与运维、供应链可视化、安全、智慧工厂的能源管理、创新服务与业务模型(见图3)。首先，找出与工业4.0进程相关的热点业务模块。然后找出具备的功能与业务流程，并订出改善后的功能与流程。

参考工业4.0的“切入点(entry points)”，寻找最迫切的点来切入，依序渐进。并且参考采用IBM工业4.0的基础平台与架构，来确定IT(Information Technology)与OT(Operation Technology)的集成技术。

参 考 文 献

[1] 延建林. 中国制造 2025 与制造企业转型升级的战略机遇[R]. 北京：中国工程院制造业研究室，2018.

[2] 李培根. 中国制造业必须从"工业 2.0"开始补课！[EB/OL]. [2015-01-07]. http://www.sohu.com/a/137833418_488176.

[3] 王沐伊. 回顾解读（五）"中国制造 2025"：抢占制造"智"高点[EB/OL]. [2015-8-10]. http://www.cgs.gov.cn/gywm/gnwdt/201603/t20160309_295040.html.

[4] 安筱鹏. 深入解读工业 4.0[OL]. [2015-09-28]. https://wenku.baidu.com/view/5ea565896c175f0e7cd137c4.htm.

[5] 苗圩. 中国制造 2025：迈向制造强国之路[N]. 人民网-人民日报，2015-05-26.

[6] 张爽. "制造强国战略研究"课题组阶段成果汇报交流会在京举行[OL]. [2014-04-02]. http://www.miit.gov.cn/n1146290/n1146397/c4231126/content.html.

[7] 朱慧. 借鉴德国工业 4.0 经验建设创新 2.0 时代的智造强国[OL]. [2014-08-14]. http://www.mgov.cn/complexity/info1408.htm.

[8] 赵欢. 解读《中国制造 2025》[J]. 时代汽车，2015，5：19-30.

[9] 苗圩.《中国制造 2025》是工业 2.0 到 4.0 并联式发展的战略[EB/OL]. [2015-05-14]. http://finance.takungpao.com/q/2015/0514/2999627.html.

[10] 规划司.《中国制造 2025》解读之六：制造强国"三步走"战略[EB/OL]. [2015-05-19]. http://www.miit.gov.cn/n1146295/n1652858/n1653018/c3780688/content.html.

[11] 杨洋. 本届政府最在意哪几项经济指标[OL]. [2015-08-06]. http://www.gov.cn/zhuanti/2015-08/06content_2909174.htm.

[12] 夏妍娜. 工业 4.0 引导中国制造转型[EB/OL]. [2015-10-22]. http://www.gkzhan.com/news_People/Detail/307.html.

[13] 物联网世界. 从物联网与工业 4.0 看中国制造 2025[OL]. [2015-09-23]. http://www.qianjia.com/html/2015-09/23_254760.html.

索　　引

B

薄膜分离　8,83

C

CCS(碳捕集与存储)　10,12,99,112,123,124,126,165,190,201,202,207,235,240,241

超超临界　16—20,23,26—36,39,40,52,54,61,62,64,65,71,76—81,164,167,172,173

创新驱动　1—3,6,13,258,264

D

低碳能源　2

电力构成　3,13

多联产　11,12,77,196,203,209,210,216,242,245,252,253

F

反应器　129,133—139,141,143,145,146,148,150,154,155,158,159,170,237,238

富氧燃烧　12,16,68,69,82—84,93,98,99,101—105,108—111,113—116,118—128,163—166,168,169,191,229,231,236

G

供给侧改革　12,78,265

锅炉性能　27,40,104,114

H

互联网＋　1,3,13

化学链燃烧　8,12,82,129,131—137,141—147,150—152,155,159,160,191,237,252

I

IGCC(整体煤气化联合循环)　11,12,16,27,30,82,125,164,191,193—196,198—211,216,221—234,236—239,241,242,245—247,249,251—253

J

节能减排　4,7,10,13,18,26,28,35,82—84,99,103,125,161,163,164,166,167,189,191,192

K

空分富氧　82,84,125,163,191

Q

气化炉　191,196—199,201,203—205,207,208,210—217,219—223,225—227,229,233,237,241—247,253

R

燃煤发电　16,18,26—29,31—33,61,79,124,161,163,191,194,227

S

生态环保　3,35

X

循环经济　1,4—6,8,9,13,28,70,190

Z

载氧剂　134,135,137,141,237